"十四五"职业教育河南省规划教材

STC单片机原理及应用

曹 领 常国权◎主 编
魏胜利 马炳周◎副主编

STC DANPIANJI YUANLI JI YINGYONG

中国铁道出版社有限公司
CHINA RAILWAY PUBLISHING HOUSE CO., LTD.

内 容 简 介

本书是“十四五”职业教育河南省规划教材，根据学生从基础到实践、从实践到应用的全流程学习过程，充分结合单片机的最新技术及发展成果编写而成。全书共有单片机基础原理、应用系统开发、单片机综合应用系统设计三大部分，分十个模块，包括认识单片机、STC8单片机的系统结构、STC8指令系统、STC8汇编语言程序设计基础、STC8 C51语言程序设计、STC8中断系统、定时器/计数器、串行通信、其他外围模块、STC851综合应用系统设计。本书所讲内容在保持与传统8051指令集兼容的基础上，进行了大量技术创新，可满足更多复杂应用场景的要求。

本书适合作为高等职业院校计算机、物联网、自动化、电子及相关专业的教材，也可作为单片机爱好者的参考书。

图书在版编目（CIP）数据

STC单片机原理及应用 / 曹领，常国权主编.
北京 ：中国铁道出版社有限公司，2025. 4. --（“十四五”职业教育河南省规划教材）. -- ISBN 978-7-113-31008-0

Ⅰ. TP368.1

中国国家版本馆CIP数据核字第2024XT8284号

书　　名：STC单片机原理及应用
作　　者：曹　领　常国权

策　　划：韩从付　　　　编辑部电话：（010）51873090
责任编辑：刘丽丽　彭立辉
封面设计：郑春鹏
责任校对：刘　畅
责任印制：赵星辰

出版发行：中国铁道出版社有限公司（100054，北京市西城区右安门西街8号）
网　　址：https://www.tdpress.com/51eds
印　　刷：河北京平诚乾印刷有限公司
版　　次：2025年4月第1版　2025年4月第1次印刷
开　　本：787 mm × 1 092 mm　1/16　印张：19　字数：506千
书　　号：ISBN 978-7-113-31008-0
定　　价：59.00元

前　言

单片机系统被广泛应用于嵌入式、电气自动化、机械自动化等领域，可实现数据采集、自动控制等功能。在物联网应用普及的今天，单片机系统的低功耗、低成本、可移动、可通信等特性也随之不断发展，更多单片机被应用于智能硬件、无线传感网等系统中。单片机原理及应用也成为高等职业院校计算机、自动化、机械、电子等专业的必修课程，单片机系统开发能力成为嵌入式系统工程师、自动化系统工程师等岗位的必备技能。

宏晶科技（STC）推出的STC系列单片机对我国单片机技术的发展产生了深远的影响。它以“设计中国人自己的核心芯片”为使命，专注于具有自主知识产权的集成电路设计，特别是8051内核单片机技术处于行业领先地位。宏晶科技设计生产的51单片机占据了全球8051单片机市场80%以上的份额，极大地推动了8051单片机在我国的普及和应用。

STC单片机在保持与传统8051指令集兼容的基础上，进行了大量的技术创新。例如，提高了运行速度（比普通8051快8～12倍），增强了抗干扰能力，降低了功耗，并集成了更多的外设功能（如PWM、ADC、SPI等）。这些技术创新使得STC单片机在性能上更加优越，满足了更多复杂应用场景的需求。

本书选用的STC8A8K64D4单片机具有超高速8051内核（1T），运行速度比传统8051约快12倍，指令代码完全兼容传统8051，包含43个中断源及4级中断优先级，支持在线仿真。该单片机具有最大64 KB Flash程序存储器（ROM），128 B内部直接访问RAM（DATA）、128 B内部间接访问RAM（IDATA）及8 192 B内部扩展RAM（内部XDATA）。它还具有内部高精度IRC（频率为4~45 MHz），支持宽电压供电（1.9~5.5 V）、5路16位定时器、4路高速串口、8组15位增强型PWM，具有SPI、IIC、LCD驱动模块、DMA等丰富的外设接口。该单片机具有丰富的资源和较强的稳定性，适用于智能家居、智能交通、智慧物流等各领域中的小规模单片机应用系统。

本书入选“十四五”职业教育河南省规划教材，面向高等职业院校计算机、物联网、自动化、电子及相关专业学生，介绍STC单片机基本工作原理，并着重讲解STC

单片机各模块基本结构及应用开发方法，语言简洁、案例丰富。

本书包含三部分共十个模块：

第一部分为单片机基础原理，包含模块一~模块五。模块一介绍单片机的基本概念、特点及发展趋势，帮助学生了解当前单片机产品的发展现状，了解单片机的典型应用场景；模块二介绍单片机的内部结构和功能特性，重点介绍STC8系列单片机的引脚功能、存储器结构、时钟与复位系统及通用I/O接口使用方法；模块三和模块四介绍STC8单片机指令系统及汇编语言程序设计方法，通过对指令系统及汇编程序的学习帮助学生对单片机结构及特性有更深的理解；模块五介绍单片机C51语言特性及编程方法，以及单片机系统中典型的I/O设备（如按键键盘、数码管、液晶屏）的编程方法。

第二部分为应用系统开发，包含模块六~模块九。其中模块六~模块八分别介绍STC8单片机中断系统、定时器/计数器及串行通信，几乎所有单片机应用系统都会用到这些内容；模块九介绍其他外围功能模块，包含ADC、SPI、I^2C、PCA及PWM模块，可以帮助开发者构建更加丰富的单片机应用场景。

第三部分为单片机综合应用系统设计，包含模块十，主要介绍STC8单片机的低功耗及可靠性设计，并通过PCF8591模块、DS1302模块、W25Q16模块等具体芯片实现单片机A/D、D/A、时钟、存储器等功能的扩展，提高单片机系统的实用性。

本书由曹领、常国权任主编，魏胜利、马炳周任副主编。具体编写分工为：曹领编写模块一、二、十，马炳周编写模块三~五，常国权编写了模块六、七，魏胜利编写模块八、九。本书中的所有案例代码均在由常国权开发的STC8单片机开发板上调试通过。本书所配的教学设计、教学PPT课件、案例源代码等教学资源可在“中国铁道出版社教育资源数字化平台”https://www.tdpress.com/51eds下载。在编写过程中，宏晶科技的技术人员给予了必要的指导，在此表示感谢。

由于时间仓促，编者水平有限，书中难免存在疏漏与不妥之处，敬请读者不吝指正。

编　者

2024年12月

目录

第一部分　单片机基础原理

第二部分 应用系统开发

第三部分 单片机综合应用系统设计

第一部分
单片机基础原理

模块一

认识单片机

学习导航

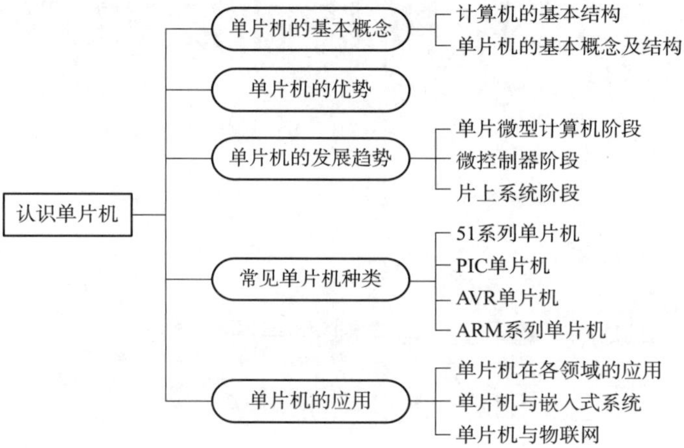

学习及素养目标

- 了解单片机的基本概念和特点。
- 了解当前主流单片机种类及其应用。
- 了解我国单片机发展现状。
- 掌握收集整理单片机数据手册的途径和方法。

在嵌入式系统、智能硬件、物联网等技术飞速发展并被广泛应用的今天，单片机越来越受到重视。单片机技术为智慧农业、智慧物流、智能交通、智慧医疗等各个领域的网络化、智能化发展提供了强有力的支撑。本模块将了解单片机的概念特点、品牌以及单片机的典型应用，后面再逐步学习如何使用单片机技术解决实际项目开发过程中的各类问题。

单元一　单片机的基本概念

1.1.1　计算机的基本结构

冯·诺依曼体系的计算机基本体系结构由运算器、控制器、存储器、输入设备、输出设备五大部分组成，这在单片机范围内仍然适用。图1-1所示为微型计算机的基本结构框图，其中包含中央处理单元、存储器、I/O系统、总线系统等部分。

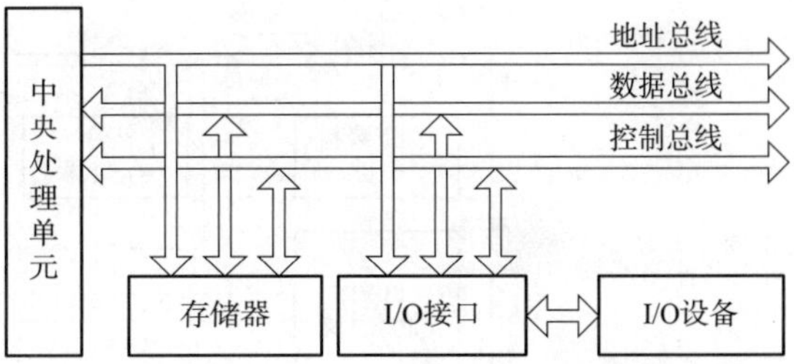

图1-1　微型计算机基本结构框图

①中央处理单元：亦称中央处理器（central processing unit, CPU），是计算机的核心控制部件，内部主要包括运算器和控制器两部分。CPU通过执行指令的方式实现对存储器、I/O设备等计算机构成部件的控制。

②存储器：用于存放计算机运行所需的程序和数据，并为程序运行过程中所需的堆栈、临时变量等提供空间。

③I/O系统：即输入/输出系统，主要实现将外界的信息、数据等输入计算机进行处理，并将处理结果以某种形式输出计算机并呈现给用户。I/O设备种类丰富，如鼠标、键盘、传声器、显示器、打印机等，这些I/O设备需要通过某种标准化的I/O接口与计算机系统连接，如串口、并口、网络接口等。

④总线系统：存在于计算机系统内部或周边，用于实现各部件之间的信号传输。总线系统主要包含地址总线、数据总线和控制总线。地址总线用于CPU访问存储器或I/O系统时，将访问地址发往被访问对象，以确定要访问的内存单元地址或I/O接口的编号。地址总线的信号总是由CPU发往其他部件。数据总线用于在计算机各部件之间传输数据。例如，CPU通过数据总线接收来自存储器或I/O设备的待处理数据，或者CPU将运算结果通过数据总线写入存储器或I/O设备，因此数据总线是双向的。控制总线用于将CPU发出的指令送往存储器或I/O系统，或接收来自存储器或I/O系统的状态信息，控制总线亦是双向的。

1.1.2　单片机的基本概念及结构

单片机即单芯片微型计算机，也称为微控制单元（micro controller unit, MCU），简称微控制器。单片机是在一个芯片中集成了CPU、RAM、ROM、时钟电路、总线系统、中断系统，以及通用I/O、串行接口、定时器/计数器等I/O设备的微型计算机系统。图1-2所示为Intel MCS-51单片机结构图，通过单片机内部总线相连，单片机对外引出各类引脚，实现单片机内外信号相连。

单片机的内部结构可看作计算机体系结构的一种实例化，它完全符合计算机系统的基本特征，且根据单片机的应用场景需求它有各种具体的设计。

①CPU内核：同样是单片机的核心控制部件，具有执行指令的功能。单片机的CPU内核实现相应的指令系统，支持汇编语言编程。例如，Intel MCS-51单片机的CPU内核为8051内核，支持8051汇编语言。

②单片机存储系统：分为内部存储器和外部存储器。内部存储器又分为程序存储器和数据存储器，分别由ROM和RAM来实现。在51系列单片机中将数据存储器中一部分地址空间映射为I/O寄存器空间，用于实现I/O接口的寻址和编程。在早期单片机应用系统中由于内部存储器空间有限，需要在单片机外部扩展一部分存储空间。随着单片机集成度的提高，外部存储器已被集成到单片机芯片内部，但为了保持和之前指令系统的兼容性，在访问方式上保持不变。在图1-2中外部存储器及其接口用虚线标出。

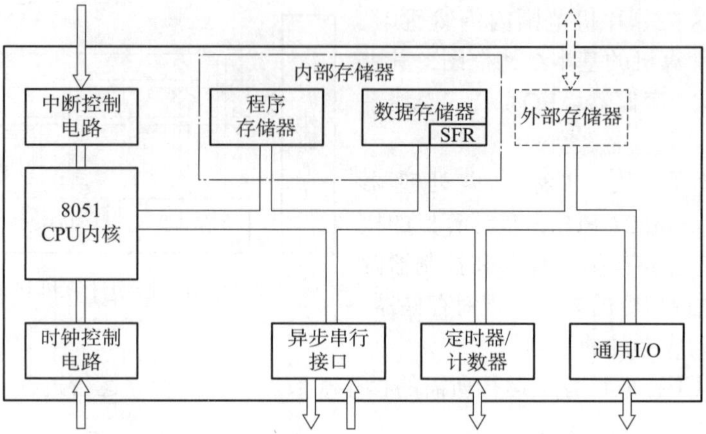

图1-2　Intel MCS-51单片机结构图

③异步串行接口：通常简称为串口，是单片机系统中最常用的现场串行总线接口，通过此接口实现和其他单片机或计算机系统的通信，或者用于扩展其他功能模块。

④定时器/计数器：通过可编程计数寄存器实现基本的定时和计数功能，并衍生出脉宽调制、输入信号捕捉、输出信号比较等功能。

⑤通用I/O：通常是单片机中占用引脚最多的部分，实现基本的信号输入和输出功能，同时也可以实现各类传感器、存储芯片、通信模块的扩展功能。

⑥中断控制电路：配合相应的中断服务程序实现单片机中断工作机制，主要用在异常处理、人机交互、多任务运行等场景中。

⑦时钟控制电路：为单片机提供基本的工作时钟，进而产生单片机系统各部件运行所需的时钟。单片机时钟可由片内时钟电路来实现，也可由片外晶振电路或信号源提供。

以上各部件是所有通用型单片机均包含的基本部件，再加上供电系统，即可构成单片机运行最基本的硬件基础，称为单片机的最小系统。

单元二　单片机的优势

单片机与微处理器（micro processor unit, MPU）、数字信号处理器（digital signal processor, DSP）及片上系统（system on chip, SoC）等构成了丰富多彩的嵌入式控制器大家族。由于单片机结构简单、功能丰富，多用于和终端用户关系紧密的智慧家居、智能安防、消费电子等领域，所以被更多开发人员、研究人员、学生所熟悉和使用。

单片机具有以下优势：

①体积小、集成度高：单片机的各组成部分被集成在一块芯片上，集成度很高，体积可以做得很小，方便将其嵌入到其他系统中，构成嵌入式微控制器。

②可靠性高：单片机本身通常是按工业测控环境要求设计的，内部布线短，抗工业噪声性能优于一般通用的CPU。单片机程序指令、常数等固化在ROM中而不易破坏，许多信号通道均在一个芯片内，因此可靠性很高。

③功耗低：很多单片机用于实现无线的可移动的电子设备，因此必须满足低功耗的要求，许多单片机内的工作电压仅为1.8~3.6 V，而工作电流仅为数百微安。单片机本身还具有休眠模

式、停机模式等低功耗模式，使得整体功耗可以降到更低。如果将单片机用于无线传感器网络中，低功耗的优势可以让传感器节点的在线工作时间更长。

④扩展能力强：单片机通常具有一定规模的通用并行、串行I/O接口，可以方便地进行存储器模块、传感器模块、通信模块等的扩展，快速构建具有很强实用性的单片机应用系统。

⑤性价比高：经过几十年的发展，当前的单片机性能已经有了长足的发展，而价格却在持续下降。RISC流水线、DSP等最新技术已经可以在单片机中得到应用，单片机的工作频率、存储容量、寻址能力等都有了很大的提高。由于使用范围广，使用数量多，使得各级别的单片机价格逐步下降，用较低的价格就可以买到一片功能强大的单片机。

单元三　单片机的发展趋势

单片机出现在20世纪70年代，最早用在工业控制领域。最初的单片机由芯片内仅有CPU的专用处理器发展而来，最早的设计理念是通过将大量外围设备和CPU集成在一个芯片中，使计算机系统更小，更容易集成进复杂的而对体积要求严格的控制设备当中。Zilog公司的Z80处理器及Z80单板机就是最早按照这种思想设计出的。此后，单片机和专用处理器分别走上了独立发展的道路。单片机的发展大体经历了单片微型计算机、微控制器、片上系统三个阶段。

1.3.1　单片微型计算机阶段

在探索适用于嵌入式系统应用的过程中形成单片微型计算机（single chip microcomputer, SCM）的体系结构，奠定了SCM与通用计算机相对独立的发展方向。以Intel公司针对工控领域的应用需求而推出的MCS-48、MCS-51是这一阶段的代表。尤其是MCS-51，它奠定了典型的通用总线型单片机体系结构的基础，其对此后的单片机发展起到重大影响，其设计中所体现出的完善的外部总线、丰富的指令系统、外围功能单元的集中式管理、位地址空间及位操作等被很多后来的公司所借鉴和使用。Motorola等多家公司也推出了各自的单片机产品，均取得很好的使用效果，单片机就此蓬勃发展起来。

1.3.2　微控制器阶段

在微控制器（MCU）阶段，单片机的主要技术特点是不断扩展I/O功能以满足嵌入式应用和工业控制要求的各种外围电路与接口电路，实现更加智能化的控制功能。Intel公司推出的MCS-96系列单片机，纳入了用于测控系统的模数转换器、程序运行监视器、脉宽调制器等，体现了单片机的微控制器特征。随着MCS-51系列单片机的广泛应用，许多芯片厂商竞相使用80C51为内核，并将许多测控系统中使用的电路技术、接口技术、多通道A/D转换部件、可靠性技术等应用到单片机中，增强了外围电路路功能，强化了智能控制的特征。随着单片机在各个领域全面深入地发展和应用，出现了速度快、容量大、运算能力强的8位、16位、32位通用型单片机，以及各类专用型单片机。图1-3所示为一块载有兼容80C51内核的STC公司推出

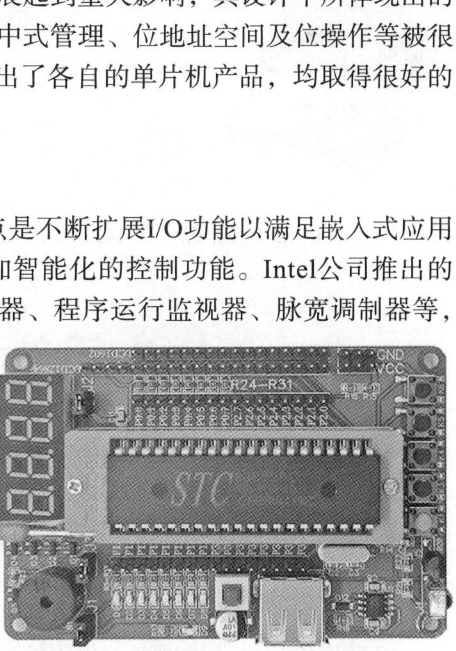

图1-3　STC89C52RC单片机开发板

的STC89C52RC单片机开发板。该单片机片内资源已较MCS-51有显著增强，各项性能指标能够满足简单应用的需求，用户可专注于单片机的程序设计和应用开发。

1.3.3 片上系统阶段

嵌入式应用系统需要在芯片上实现最大化解决方案，专用单片机的发展逐步形成了片上系统（SoC）化趋势。随着微电子技术、通信技术、IC设计、EDA工具的日臻成熟，促进了基于SoC的单片机飞速发展。智能硬件、无线传感器网络等技术的提出和应用，各类通信模块、传感器模块逐步被集成到单芯片中，构成了功能强大的单片机应用系统。图1-4所示为TI公司出品的CC2530单片机，其片内集成了51单片机的内核以及支持2.4 GHz IEEE 802.15.4的射频收发器，是一款典型的SoC产品。图1-5所示为板载CC2530芯片的支持ZigBee通信的节点板，在外围电路和ZigBee天线的配合下实现无线传感器网络的组网和通信。

近年来，传统的8位单片机的性能也得到了飞速提高，处理能力比起20世纪80年代提高了数百倍。由于8位单片机在性能、功能、成本等方面的优势，从数量上来看，嵌入式及物联网应用系统中半数的单片机为8位单片机。随着高性能单片机，尤其是ARM系列单片机的广泛应用，32位、64位单片机迅速取代16位单片机的地位，并且进入主流市场。目前，高端的32位、64位单片机主频已经达到吉赫兹水平，性能已经超过许多通用处理器，且价格大幅降低。同时，单片机系统不再只在裸机环境下开发和使用，大量专用的嵌入式操作系统广泛应用在全系列的单片机上。作为支持掌上计算机和手机等移动、无线应用需求的高端单片机甚至可以直接使用专用的Windows和Linux操作系统。图1-6所示为一款板载了单片机的开发板，STM32MP157单片机采用多核异构形式，包括一颗或两颗Cortex-A7，外加一颗Cortex-M4内核，可运行Linux、FreeRTOS、UCOS等嵌入式实时操作系统。

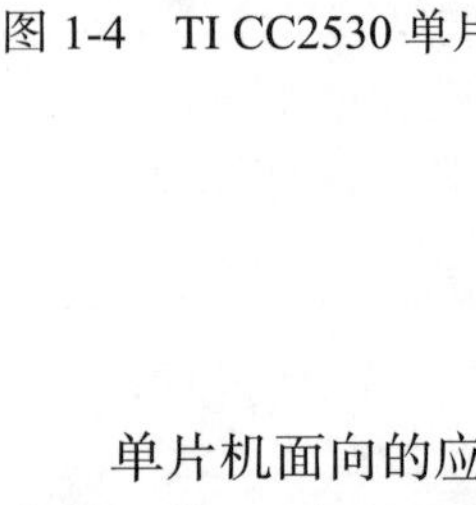

图 1-4 TI CC2530 单片机

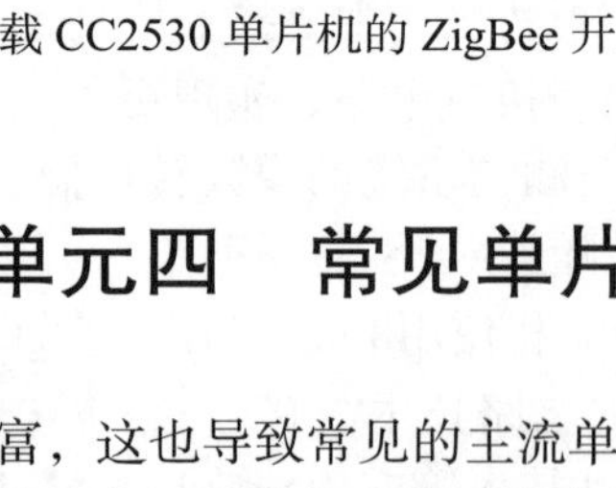

图 1-5 板载 CC2530 单片机的 ZigBee 开发板

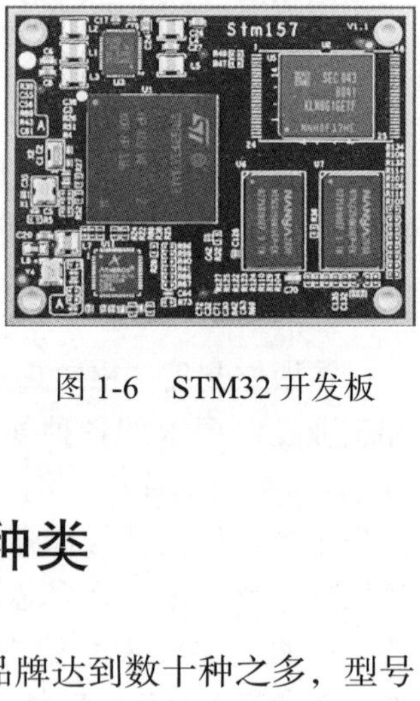

图 1-6 STM32 开发板

单元四 常见单片机种类

单片机面向的应用领域极其丰富，这也导致常见的主流单片机品牌达到数十种之多，型号有数百种。下面对最具代表性的几款单片机品牌或系列进行介绍。

1.4.1 51系列单片机

1. MCS-51系列单片机

51系列单片机是最早进入我国的单片机，由于结构成熟、性能优良，被广泛地应用于各类中低端电子产品中。经过几十年的发展，在国内已经积累了大量的51单片机工程师和丰富的学习资源。绝大多数高校采用51单片机作为入门单片机进行教学。其中，最具代表性的MCS-51系列单片机是Intel公司在MCS-48的基础上于20世纪80年代推出的8位单片机。

MCS-51系列单片机又分为基本型和增强型两种类型。

（1）Intel基本型51单片机

基本型MCS-51系列单片机的典型产品包括8031/8051/8751，为满足低功耗设计还推出了在指令系统和引脚上完全与8031/8051/8751兼容的80C31/80C51/87C51。8031内部包含1个8位的CPU、128 B的RAM、21个特殊功能寄存器（special function register, SFR）、5个中断源、4个8位的并行I/O、1个全双工的串行口、2个16位定时器/计数器、无片内程序存储器。8051基于8031在片内集成了4 KB的ROM作为程序存储器，而ROM中的程序是在单片机出厂时由厂家代为用户烧录的。8751在8051基础上用4 KB的EPROM取代了ROM作为程序存储器，用户可将程序固化在EPROM中，并可以反复擦写。8751单片机的使用效果相当于在8031单片机片外扩展了一片4 KB的RPROM。

（2）Intel增强型51单片机

Intel在MCS-51基本型单片机的基础上推出了增强型单片机产品8032/8052/8752，或称为52系列单片机。其片内RAM容量增大到256 B，8052、8752的片内程序存储器容量扩展到8 KB，内部包含6个中断源、3个16位定时器/计数器，串行口通信速率提高5倍。表1-1所示为MCS-51系列单片机片内资源情况。

表1-1　MCS-51系列单片机片内资源情况

类型	型号	片内程序存储器	片内数据存储器/B	I/O接口线/位	定时器/计数器/个	中断源/个
基本型	8031	无	128	32	2	5
	8051	4 KB ROM	128	32	2	5
	8751	4 KB EPROM	128	32	2	5
	8951	4 KB EEPROM	128	32	2	5
增强型	8032	无	256	32	3	6
	8052	8 KB ROM	256	32	3	6
	8752	8 KB EPROM	256	32	3	6
	8952	8 KB EEPROM	256	32	3	6

2. 兼容51系列单片机

51系列单片机不仅包含由Intel推出的MCS-51单片机，也泛指各个厂家采用Intel 8051 CPU内核，并对存储器、I/O进行增加或裁剪设计而推出的一系列单片机。20世纪80年代中后期，Intel逐渐将工作重心转移到高端CPU的开发中，而逐渐淡出单片机产品的研发和生产。由于MCS-51系列单片机在设计上的成功和较高的市场占有率，很多厂商通过专利购买或技术交换的方式继续采用8051内核设计生产51系列单片机兼容产品。目前使用的51单片机均属此类产品。表1-2所示为各个厂商推出的8051兼容产品，这些产品当中以Atmel系列单片机使用范围最广，其他各个品牌也在家电、仪表、通信等不同领域有深入的应用。

表1-2 各个厂商推出的8051兼容产品

生产厂商	单片机系列型号
Atmel（爱特梅尔）	AT89C5x系列（89C51/89S51、89C52/89S52、89C55等）
Philips（飞利浦）	80C51、8xC552系列
Cygnal	C80C51F系列
LG	GMS90/97系列
ADI	ADuC8xx系列
Maxim（美信）	DS89C420系列
Winbond（华邦）	W78C51、W77C51系列
AMD	8-515/535系列
Siemens（西门子）	SAB80512系列

3. STC系列51单片机

（1）STC单片机的发展及特性

STC系列51单片机是由宏晶科技公司（STC micro）推出的。STC科技于1999年成立，分别在香港、深圳和南通设有研发和生产基地，经过20年的发展，目前已成为全球最大的8051单片机设计公司。表1-3所示为STC科技在不同年份推出的51系列单片机产品。

表1-3 STC8051单片机的发展历程

年　份	代 表 产 品
2004	STC89C52RC、STC89C58RD+
2006	STC12C5410AD、STC12C2052AD
2007	STC90C52RC、STC12C5608AD、STC11F02E、STC12C5A60S2
2009	STC90C58AD
2010	STC15F100W、STC15F104W
2011	STC15F2K60S2、IAP15F2K61S2
2014	STC15W1K16S、STC15W4K32S4、IAP15W4K58S4
2016	STC8A8K64S4A12、STC8F2K64S4
2019	STC8G1K08、STC8H8K64U、STC8A8K64D4
2022	STC32G12K128

2016年，宏晶科技推出了包含I^2C接口的STC8系列单片机。2019年，STC8系列单片机成为宏晶科技主推的产品。STC8系列单片机是宏晶科技首次集成片内I^2C外设模块的单片机，同时也集成了其他丰富的外设资源。本书选用STC8系列的STC8A8K64S4A12单片机进行讲解。

STC8系列单片机是不需要外部晶振和外部复位，具有抗干扰能力强、可靠性高、速度快、功耗低、成本低等特点的8051兼容单片机。STC8系列单片机是单时钟周期（1T）单片机，在相同工作频率下其运行速度比传统8051单片机约快12倍。表1-4所示为STC8系列单片机片内资源清单。STC单片机的产品系列非常丰富，不断有最新的单片机产品发布，可以通过STC官网查询最新上市单片机信号及相关资料。

表1-4　STC8系列单片机片内资源

型号	URAT	定时器	ADC	增强型PWM	高级PWM	PCA	比较器	SPI	I^2C
STC8A8K64S4A12	√	√	√	√		√	√	√	√
STC8A4K64S2A12	√	√	√	√		√	√	√	√
STC8F2K64S4	√	√					√	√	√
STC8F2K64S2	√	√					√	√	√
STC8H1K64S2A10	√	√	√		√		√	√	√
STC8H1K08S2	√	√					√	√	√
STC8H04A10	√	√	√				√	√	√
STC8H04	√	√					√	√	√

（2）STC单片机的命名规则

不同品牌和系列的单片机都有相应的命名规则，熟悉单片机的命名规则能帮助开发者快速了解单片机的基本特性和功能，实现单片机的快速选型。STC8单片机的型号命名由6个字段构成。图1-7所示为STC8A8K64S4A12单片机的命名规则。在进行STC8系列单片机的选型时可以通过不同的子系列大体区分单片机的应用范围。例如，F系列为基础型51单片机，兼容传统8051，增加了8051没有的SPI（串行外设接口）、I^2C（集成电路总线）、比较器等I/O设备，且封装类型丰富。A系列为STC8系列单片机的主力款，不仅拥有最大8 KB的RAM空间，而且在F的基础增加了模拟外设ADC（模数转换器）、PWM（脉冲宽度调制），独立的Vref引脚还能使ADC更自由地发挥作用。C系列为模拟外设型，片内的ADC和PCA（可编程计数阵列）可以满足模拟外设的需求。G系列为二代模拟外设型，与C系列相比增加了硬件乘除法器，部分型号具有多达45通道的PWM。H系列为最新的主力型STC8系列单片机，包含A系列的全部功能，还增加了硬件USB控制器，主频也提高到48 MHz。

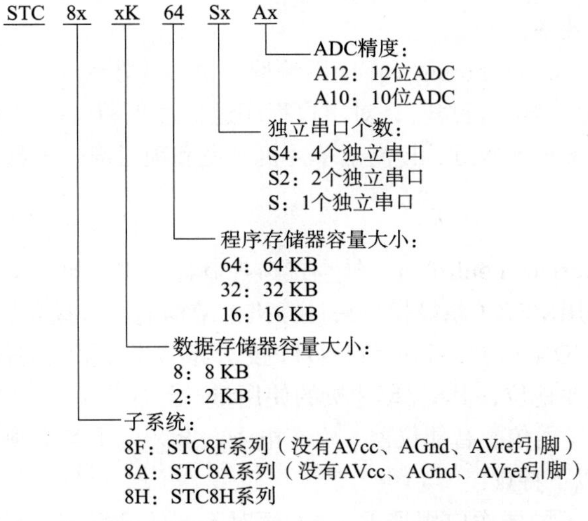

图1-7　STC8系列单片机命名规则

（3）STC单片机的封装类型

单片机的封装类型可以反映芯片的形状、引脚数量、尺寸、焊接方式等特性，直接决定了印制电路板（PCB）的设计和焊接过程。硬件工程师、产品经理必须了解芯片的封装类型，才能顺利完成单片机硬件系统的设计工作。封装类型主要有双列直插式封装（dual in-line-pin package, DIP）和表面安装器件（surface mount device, SMD）两种。表面安装器件封装又包含四方扁平式封装（low-profile quad flat package, LQFP）、小外形封装（small out-line package, SOP）、薄的缩小型小尺寸封装（thin shrink small outline package, TSSOP）、方形扁平无引脚封装（quad flat no-lead package, QFN）等形式。双列直插式封装的芯片尺寸一般较大，引脚密度低，要通过直插入过孔的方式焊接在PCB上，如图1-8所示。表贴式封装的芯片一般尺寸较小，呈扁平状，焊接在PCB表面的焊盘上，如图1-9所示。随着各类电子产品微型化、移动化的趋势，表贴式封装被越来越多的工程师所采用。

图1-8　DIP封装形式的芯片

图1-9　LQFP封装形式的芯片

STC8系列单片机提供了多种引脚版本，其封装包含LQFP64、LQFP44、QFN64、QFN44、PDIP40等类型。封装的具体参数可查阅STC8系列单片机官方数据手册。

（4）STC单片机的ISP和IAP

在单片机应用开发过程中，将编写好的用户代码写入单片机是非常重要的一步工作。ISP和IAP是两种可以应用于STC单片机的典型的用户程序下载和调试开发方式。

ISP（in-system programmability，在系统编程）通过运行固化于单片机中的ISP程序，借助连接了上位机的串口和相应的ISP上位机程序将上位机传来的数据写入存储器中，从而实现用户程序的下载。ISP方式无须将单片机从电路中取出，也无须采用专门的烧写器，大幅提高了单片机程序开发、调试效率。

IAP（in-application programming，在应用编程）也称为在线仿真，是指用户程序在运行过程中对User Flash的部分区域进行烧写，对用户程序运行过程和运行效果进行调试。IAP方式使开发环境和目标运行环境更加接近，提高了单片机开发和项目部署的灵活性。

1.4.2　PIC单片机

PIC（peripheral interface controller，外围接口控制器）单片机由Microchip（微芯）公司推出。该单片机是首先采用RISC（精简指令集计算机）结构的嵌入式微控制器，其高速度、低电压、低功耗、大电流LCD驱动能力和低价位OTP技术等都体现了它的优势。PIC系列单片机在世界单片机市场占有重要地位，其8位单片机的使用量已经居世界前列。PIC单片机广泛应用于计算机外设、家电控制、通信、智能仪器、汽车电子、金融电子各个领域。

PIC单片机主要有以下特点：

①型号丰富，满足不同层次应用需求。PIC面对不同的开发需求采用不同型号单片机实现更好的性价比。例如，PIC12C508单片机（见图1-10），其仅有8个引脚，但片内集成了512 B

ROM、25 B RAM、1个8位定时器、1根输入线、5根I/O线。这样一款单片机非常适合用于功能简单、价格低廉的应用系统中。同时，PIC还具有功能相对丰富的型号，如PIC16C74（见图1-11），有40个引脚，片内集成4 KB的ROM、192 B RAM、8路A/D、3个8位定时器、3个串行口、11个中断源、33个I/O脚，可以满足中等规模项目的开发需求。

②精简指令结构带来更高的执行效率。PIC系列8位单片机具有RISC结构，数据总线和指令总线分离的哈佛（Harvard）总线结构，指令具有单字长的特性，且允许指令码的位数可多于8位的数据位数。这与传统的采用CISC结构的8位单片机相比，可以达到2：1的代码压缩，速度可提高4倍。

图1-10　PIC12C508单片机

图1-11　PIC16C74单片机

此外，PIC单片机还具有仿真实时性高、引脚防瞬态电压能力强、保密性好、自带把关定时器（俗称看门狗）、低功耗模式等特点。

1.4.3　AVR单片机

AVR单片机是1997年由Atmel公司研发的增强型内置Flash的精简指令集高速8位单片机。AVR单片机广泛应用于计算机外围设备、工业实时控制、仪器仪表、通信设备、家用电器等各个领域。其主要特点如下：

①片内具有大容量的RAM，有效支持使用高级语言开发系统程序。

②片内集成Flash和EEPROM。Flash程序存储器可反复擦写，支持ISP和IAP，便于产品的调试、开发、生产、更新。片内集成EEPROM，可长期保存关键数据，避免断电丢失。

③高速度、低功耗，具有省电模式。每一条指令执行速度可达50 ns（20 MHz），而耗电则在l~2.5 mA之间。AVR运用Harvard结构概念（具有预取指令功能），即对程序存储和数据带有不同的存储器和总线，当执行某一指令时，下一指令被预先从程序存储器中取出，这使得指令可以在每一个时钟周期内被执行。

④AVR单片机可宽电压运行（2.7~5 V），抗干扰能力强，可降低一般8位机中的软件抗干扰设计工作量和硬件的使用量。

⑤AVR单片机的I/O线全部带可设置的上拉电阻，并行I/O接口输入/输出特性与PIC的HI/LOW输出及高阻抗输入相似，也可设置类似8051系列内部拉高电阻做输入端的功能，使得I/O接口资源灵活、功能强大、利用充分。

⑥AVR单片机片内具备多种独立的时钟分频器，分别供URAT、I^2C、SPI使用。其中与8/16位定时器配合的具有多达10位的预分频器，可通过软件设置分频系数提供多种档次的定时时间。AVR单片机中的定时器/计数器可双向计数形成三角波，再与输出比较匹配寄存器配合，生成占空比可变、频率可变、相位可变方波的脉宽调制（PWM）。

⑦工业级产品，具有大电流（灌电流）10~20 mA或40 mA（单一输出），可直接驱动SSR或继电器。内置的把关定时器用于防止程序运行出现错误而陷入死循环或无法正常运行，提高产

品的抗干扰能力。

AVR单片机的代表产品为ATmega16系列单片机，如图1-12所示。其具有16 KB的系统内可编程Flash、512 B EEPROM、1 KB SRAM、32个通用I/O口线、32个通用工作寄存器、用于边界扫描的JTAG接口，支持片内调试与编程、3个具有比较模式的定时器/计数器、片内/外中断，可编程串行USART、8路10位可编程的ADC，具有片内振荡器的可编程把关定时器、1路SPI串行端口，以及6个可以通过软件进行设置的省电模式。

图1-12 ATmega16系列单片机

Atmet公司已于2016年被Microchip公司收购，相关背景可以查阅官网资料。

1.4.4 ARM系列单片机

ARM系列单片机泛指采用ARM架构的单片机产品。ARM公司是全球领先的半导体知识产权（IP）提供商，ARM采用转让许可证制度，由遍布全球的100多家合作伙伴生产芯片。ARM公司前身为1979年成立的Acorn公司，是Acorn RISC Machine的缩写，是其推出的第一款低成本32位RISC微处理器，具有极高的性价比、实时中断响应和极低的功耗，并且占用硅片的面积少，从而使其成为高性能嵌入式系统的理想选择。目前全世界超过95%的智能手机和平板计算机都采用ARM架构。ARM设计了大量高性价比、耗能低的RISC处理器、相关技术及软件。ARM具有高性能、低成本和低能耗等特点，在智能手机、平板计算机、嵌入式系统、多媒体数字等处理器领域拥有主导地位。

ARM架构微控制器包含ARM7系列、ARM9系列、ARM9E系列、ARM10E系列、SecurCore系列。其中，ARM7、ARM9、ARM9E和ARM10为四个通用处理器系列，每一个系列提供一套相对独特的性能来满足不同应用领域的需求。SecurCore系列专门为安全要求较高的应用而设计。ARM公司在经典处理器ARM11以后的产品改用Cortex命名，并分成A、R和M三类，旨在为各种不同的市场提供服务。

图1-13 STM32F103系列单片机

由意法半导体推出的STM32系列单片机即是采用ARM Cortex-M内核的32位微控制器。图1-13所示为STM32F103单片机，其采用32位的Cortex-M3架构、工作频率最高72 MHz、16~512 KB的Flash程序存储器、最大64 KB的SRAM，I/O方面最多具有112路快速I/O接口、2路12位A/D转换器、8路定时器、2个IIC接口、3个USART接口、2个SPI接口，此外还具有CAN接口和USB接口。

单元五 单片机的应用

1.5.1 单片机在各领域的应用

单片机具有体积小、功耗低、扩展性强等优点，这使得单片机在很多领域被广泛使用。

①在工业控制领域，单片机可以实现设备的过程控制、数据采集和传输、状态监控等功能，在实现工业自动化过程中起到重要作用。

②在仪器仪表领域，单片机可以实现对测量信息的存储、处理、传输和联网控制，推动仪器仪表网络化、智能化发展。

③在家电及消费电子领域，单片机广泛地应用在电视机、电冰箱、洗衣机等几乎所有的家用电器、多媒体设备中，提高控制效率，改善体验效果。

④在计算机外设和通信产品中，单片机用于实现各类外设接口、通信接口的控制，使计算机内部及计算机之间的通信更加灵活高效。

⑤在汽车电子领域，单片机用于实现汽车的集中控制、动力监测、辅助驾驶等功能，推动车联网、自动驾驶等最新技术的发展。

⑥在医疗设备领域，单片机作为主控芯片或通信模块应用在各类诊断仪、分析仪、监护仪、呼叫系统等设备中，逐步推进智慧医疗进程。

此外，在航空航天、军事、办公自动化等诸多领域，单片机都起到了非常重要的作用，单片机技术的发展直接影响了各个领域自动化、网络化、智能化升级换代的进程。

1.5.2　单片机与嵌入式系统

嵌入式系统即嵌入到其他应用系统中的计算机系统，可以根据用户在功能、可靠性、成本、体积、功耗、环境等方面的需求对软硬件模块进行灵活裁剪。嵌入式系统有以下特点：

①以计算机技术为核心：嵌入式系统的最基本支撑技术包括集成电路技术、系统结构技术、传感与检测技术、实时操作系统技术、高可靠软件开发技术、通信技术、低功耗技术等，均围绕计算机基本体系结构设计实现用户的特定需求。

②具有专用性：嵌入式系统的应用场合大多对可靠性、实时性有较高要求，这就决定了服务于特定应用的专用系统是嵌入式系统的主流模式，它并不强调系统的通用性和可扩展性。这种专用性通常也导致嵌入式系统是一个软硬件紧密集成的最终系统，因为这样才能更有效地提高整个系统的可靠性并降低成本，并使其具有更好的用户体验。

③软硬件可裁剪：嵌入式系统针对的应用场景很多，并带来差异性极大的设计指标要求（功能性能、可靠性、成本、功耗），以至于实际很难有一套方案满足所有的系统要求。因此，根据需求的不同，灵活裁剪软硬件、组建符合要求的最终系统是嵌入式技术发展的必然技术路线。

嵌入式系统一般由嵌入式微控制器、外围硬件设备、嵌入式操作系统、特定的应用程序构成。嵌入式微控制器可由MPU、MCU、DSP及SoC等构成，而MCU以其在性能、功能、功耗、体积、易用性等诸多方面的优势成为最典型的嵌入式系统控制器。

1.5.3　单片机与物联网

物联网是指通过传感器设备，按照一定的协议将任何物体与网络相连，物体通过信息传播媒介进行信息交换和通信，以实现智能化识别、定位、跟踪、监控等功能。单片机结合传感器构成数据采集节点，采集被测对象的声、光、热、电、力、化学、生物、位置等信息，然后通过有线或无线的方式实现网络接入，借助网络技术构成物与物、物与人的泛在连接，最终通过相应的应用程序和信息技术为用户提供服务。

物联网从架构上可以分为感知层、网络层和应用层，如图1-14所示。

①感知层：负责信息采集和物物之间的信息传输。信息采集的技术包括传感器、条码和二维码、RFID射频技术、音视频等多媒体信息。信息传输包括远近距离数据传输技术、自组织组

网技术、协同信息处理技术、信息采集中间件技术等传感器网络。感知层是实现物联网全面感知的核心能力，是物联网中包括关键技术、标准化方面、产业化方面亟待突破的部分，关键在于具备更精确、更全面的感知能力，并解决低功耗、小型化和低成本的问题。当前学习的单片机技术即是用于实现物联网的感知层设计。

②网络层：利用无线和有线网络对采集的数据进行编码、认证和传输。广泛覆盖的移动通信网络是实现物联网的基础设施，是物联网三层中标准化程度最高、产业化能力最强、最成熟的部分。当前物联网网络层发展的关键在于对物联网应用特征进行优化和改进，形成协同感知的网络。

③应用层：提供丰富的基于物联网的应用，是物联网发展的根本目标，将物联网技术与行业信息化需求相结合，实现广泛智能化应用的解决方案集，关键在于行业融合、信息资源的开发利用、低成本高质量的解决方案、信息安全的保障，以及有效的商业模式的开发。

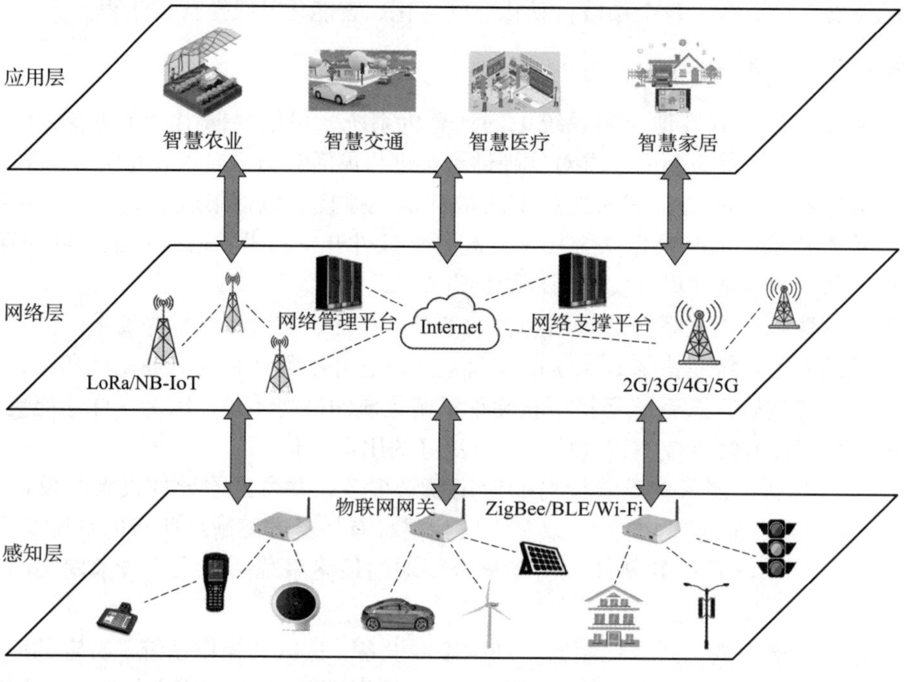

图1-14 物联网的三层架构

物联网的应用领域涉及方方面面，在工业、农业、环境、交通、物流、安保等基础设施领域的应用，有效地推动了这些方面的智能化发展，使得有限的资源更加合理地使用分配，从而提高了行业效率和效益。

小 结

本模块介绍了计算机及单片机系统的基本概念、基本结构及发展趋势，重点介绍了不同品牌单片机的种类，尤其是51系列及STC51单片机的基本情况。同时，还介绍了单片机在嵌入式系统、物联网等领域的应用情况。通过本模块的学习，可使读者了解STC及其单片机产品的基本特性，为后续学习做好准备。读者也可通过STC官网及其他学习材料进一步了解STC单片机的产品线及相关开发资源的情况。

习　　题

1. 简述计算机系统的基本结构。
2. 分析计算机系统与单片机系统的区别与联系。
3. 通过STC官网获取STC单片机型号及特性清单。
4. 通过互联网检索资料，分析STC单片机及ARM单片机各自应用领域的特点。
5. 通过互联网收集整理单片机在嵌入式系统及物联网应用领域的典型案例，并进行交流。

模块二

STC8单片机的系统结构

学习导航

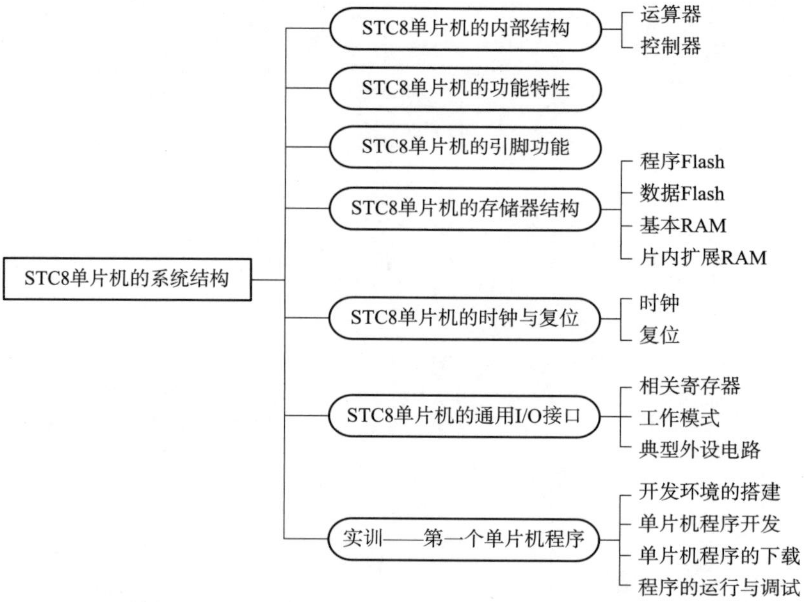

学习及素养目标

- 了解单片机的基本概念和特点。
- 了解当前主流单片机的种类及应用。

本模块介绍STC8A8K64S4A12单片机的内部结构、功能特性、引脚功能、存储器结构、时钟与复位、通用I/O接口等内容，还要对STC单片机的程序开发环境和过程进行介绍。通过学习，可了解单片机的基本功能特性和程序开发方法，为后续进一步学习各功能模块工作原理和编程方法打下基础。请注意：下文中出现的STC8如无特别说明，均指STC8A8K64S4A12单片机。

单元一　STC8单片机的内部结构

了解单片机的内部结构有助于深入认识单片机的指令系统和工作原理，从整体上把握单片机的功能特性。STC8系列单片机的内部结构如图2-1所示，与之前的STC89C51/52、STC15系列单片机在存储器、I/O设备等方面有些不同。STC8系列单片机通过内部总线实现各部件的连接，主要包括运算器、控制器、存储器、通用I/O接口、串口、IIC接口，以及其他各种I/O接口。

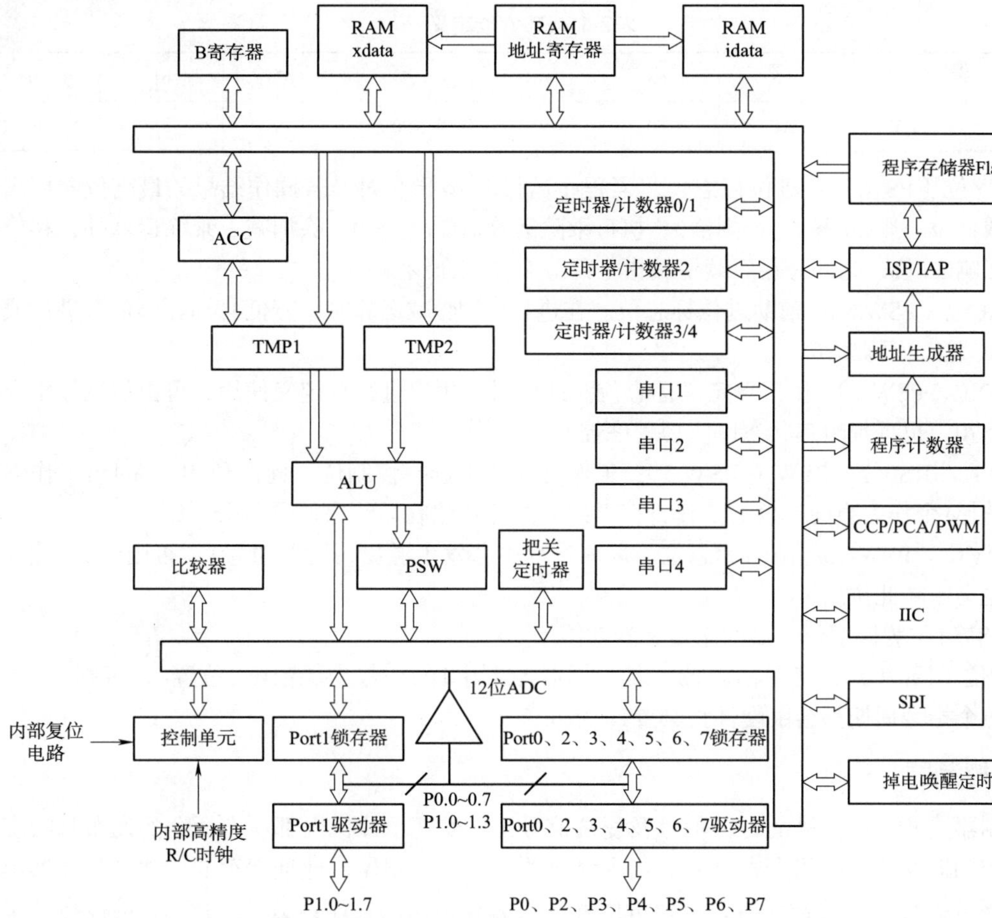

图2-1　STC8系列单片机内部结构图

2.1.1　运算器

STC8系列单片机的运算器以8位ALU为核心，以累加器、寄存器B、程序状态寄存器、比较器、暂存器TMP1和TMP2，以及其他必要的逻辑电路进行辅助，共同完成单片机的算术逻辑运算功能。

（1）累加器

累加器（ACC）在指令系统中记作A，是一个8位寄存器，在指令系统中出现得最为频繁，在很多指令中具有特殊的用途，常用于存放各类指令的操作数及运算结果。

（2）寄存器B

寄存器B也是一个8位寄存器，在指令系统中用于配合累加器ACC构成16位的存储空间，实现乘法、除法指令中操作数及运算结果的存放。对于其他非乘除法指令，寄存器B可用作暂存器。

（3）程序状态寄存器

程序状态寄存器（program status word, PSW）也称为程序状态字，用于存放指令执行后的各种标志位状态，如各种运算类指令执行结果的特征标志，这些标志位常作为判断条件用于配合其他跳转指令形成分支或循环程序。表2-1所示为PSW各个位的定义情况，这些位的0/1状态大多是由指令执行过程中的逻辑电路自动形成的，而有些位可由用户通过指令进行设置。

表2-1 PSW位定义

位号	b7	b6	b5	b4	b3	b2	b1	b0
符号	CY	AC	F0	RS1	RS0	OV	—	P

①CY位（PSW.7）：进位标志位。当程序运行加/减指令时，若操作结果的最高位向更高位有进位或借位，则CY置1，否则清0。执行乘除运算后CY位清0。除加减、乘除运算外，移位指令也会影响CY位，此部分在后续汇编指令部分有详细介绍。

②AC位（PSW.6）：辅助进位标志位。在进行8位加/减运算时，若低4位向高4位有进位或借位，则AC置1，否则清0。

③F0位（PSW.5）：用户自定义标志位。此位可由用户进行自定义使用，可由位操作指令将其置1或清0，也可判断其状态以实现程序控制。

④RS1、RS0位（PSW.4~PSW.3）：工作寄存器组选择控制位。此两位用于在4组工作寄存器组中选择1个作为当前有效的工作寄存器组，具体用法在后续存储器部分介绍。

⑤OV位（PSW.2）：溢出标志位。运算过程中若发生溢出，则此位置1，否则清0。此外移位运算也会影响此位。

⑥PSW.1位为保留位，目前未定义其功能。

⑦P位（PSW.0）：奇偶标志位。若累加器ACC中1的个数为偶数则P位置0，否则P位置1。此位在每个指令周期都会由硬件将其置1或清0。

2.1.2 控制器

控制器接收外部发来的时钟信号及复位信号，并实现单片机内部所有命令的发布和状态的监测。控制器主要包括指令寄存器、指令译码器、时序控制器、地址寄存器、地址生成器等不可由程序员编程访问的寄存器，以及可由程序员编程访问的程序计数器（PC）、堆栈指针寄存器（SP）等。

①程序计数器：称为PC寄存器，是一个16位的程序地址寄存器。PC寄存器专门用于存放下一条将要执行的指令的地址，具有自加1功能。CPU执行程序时先根据PC寄存器存放的地址从存储器中取出待执行的指令码，并送至指令译码器进行译码。指令执行结束后，PC寄存器内容自动加1，为CPU顺序执行下一条指令做准备。基于此工作机制，CPU可以实现周而复始的程序运行。

②堆栈指针寄存器：即SP寄存器，是一个8位寄存器，具有自增1和自减1的功能，用于存放当前堆栈栈顶的地址。堆栈是计算机系统中一种按照先进后出规则运行的数据结构，主要用于保存局部变量、临时数据、中断及子程序的返回地址等。

单元二 STC8单片机的功能特性

STC8系列单片机中包含中央处理器、程序存储器（Flash）、数据存储器（SRAM）、定时器/计数器、掉电唤醒专用定时器，以及I/O接口、高速A/D转换等丰富的I/O模块。STC8系列单片机几乎包含了数据采集和控制中所需要的所有单元模块，可称得上是一个真正的片上系统（system on chip, SoC）。

STC8的主要功能特性主要包含以下方面：

①内核：具有超高速8051内核（1T），比传统8051单片机约快12倍以上，指令代码完全兼容传统8051单片机，支持在线仿真。

②Flash存储器：支持最大64 KB Flash空间，用于存储用户代码，支持用户配置EEPROM大小，512 B单页擦除，擦写次数可达10万次以上。支持在系统编程方式（ISP）更新用户应用程序，无须专用编程器。支持单芯片仿真，无须专用仿真器，理论断点个数无限制。

③SRAM：支持128 B内部直接访问RAM（存储类型:DATA），128 B内部间接访问RAM（存储类型:IDATA），8 192 B内部扩展RAM（存储类型:XDATA），外部最大可扩展64 KB RAM（存储类型：XDATA）。

④时钟控制：包含三种时钟源选择方案，内部24 MHz高精度IRC（ISP编程时可进行上下调整），内部32 kHz低速IRC（误差较大），外部晶振（4~33 MHz）和外部时钟。

⑤复位：支持硬件复位、上电复位、复位脚复位（高电平复位）、把关定时器溢出复位、低压检测复位、软件复位等多种复位方式。

⑥中断：STC8A8K64D4提供43个中断源和4级中断优先级。

⑦GPIO：64引脚封装的STC8系列单片机中最多可达59个GPIO，分别为P0.0~P0.7、P1.0~P1.7、P2.0~P2.7、P3.0~P3.7、P4.0~P4.4、P5.0~P5.5、P6.0~P6.7、P7.0~P7.7。所有的GPIO均支持如下四种模式：准双向口模式、强推挽输出模式、开漏输出模式、高阻输入模式。

⑧数字外设：包含5路16位定时器，4路高速串口，4组16位PCA模块[①]，可用于实现输入捕获、高速脉冲输出和PWM功能。此外，还包含8组15位增强型PWM、4组传统的PCA/CCP/PWM，支持主、从模式的SPI接口模块，支持主从模式的I^2C接口模块。STC8系列的单片机也是STC推出的首款集成了I^2C总线接口的单片机系列。

⑨模拟外设：支持12位精度15通道的超高速模数转换，最快每秒可进行80万次模数转换，包含一组比较器。

⑩LCD控制模块：STC8A8K64D4包含LCM（LCD控制模块），支持8080和6800两种接口的液晶屏驱动控制，以及8位和16位数据宽度。

⑪DMA：支持SPI移位接收数据到存储器、SPI移位发送存储器的数据、串口1/2/3/4接收数据到的存储器、串口1/2/3/4发送存储器的数据、ADC自动采样数据到存储器（同时计算平均值）、LCD驱动发送存储器的数据，以及存储器到存储器的数据复制。

⑫工作电压与工作温度：宽电压设计，支持2.0~5.5 V，片内内建LDO低压差线性稳压器。可支持在-40~85 ℃环境温度下工作。

⑬封装：包含LQFP64S、LQFP48、LQFP44等封装形式。

---

①PCA和CCP是同一个模块的不同称呼，它们都是指单片机中的可编程计数器阵列（programmable counter array, PCA）。在单片机领域，CCP（capture, compare, PWM）是PCA模块的功能描述，指的是这个模块可以执行输入捕获、定时器比较和脉宽调制输出等操作。因此，CCP和PCA在功能上是相同的，只是称呼方式不同。

单元三　STC8单片机的引脚功能

STC8A8K64D4单片机有多种封装形式，引脚数量也有64、48、44等不同的版本，以便适应不同工程项目的设计需求。引脚数较多的封装版本通常是增加了一定数量的通用I/O引脚及I/O接口的数量，且不同封装和引脚数量的单片机在引脚的功能和分布上具有兼容性，方便用户进行单片机的软硬件设计。图2-2所示为LQFP封装、64引脚的STC8单片机的引脚图。将芯片上丝印文字放正观察，左下方小圆点处为1号引脚，其他引脚按逆时针顺序依次排列。

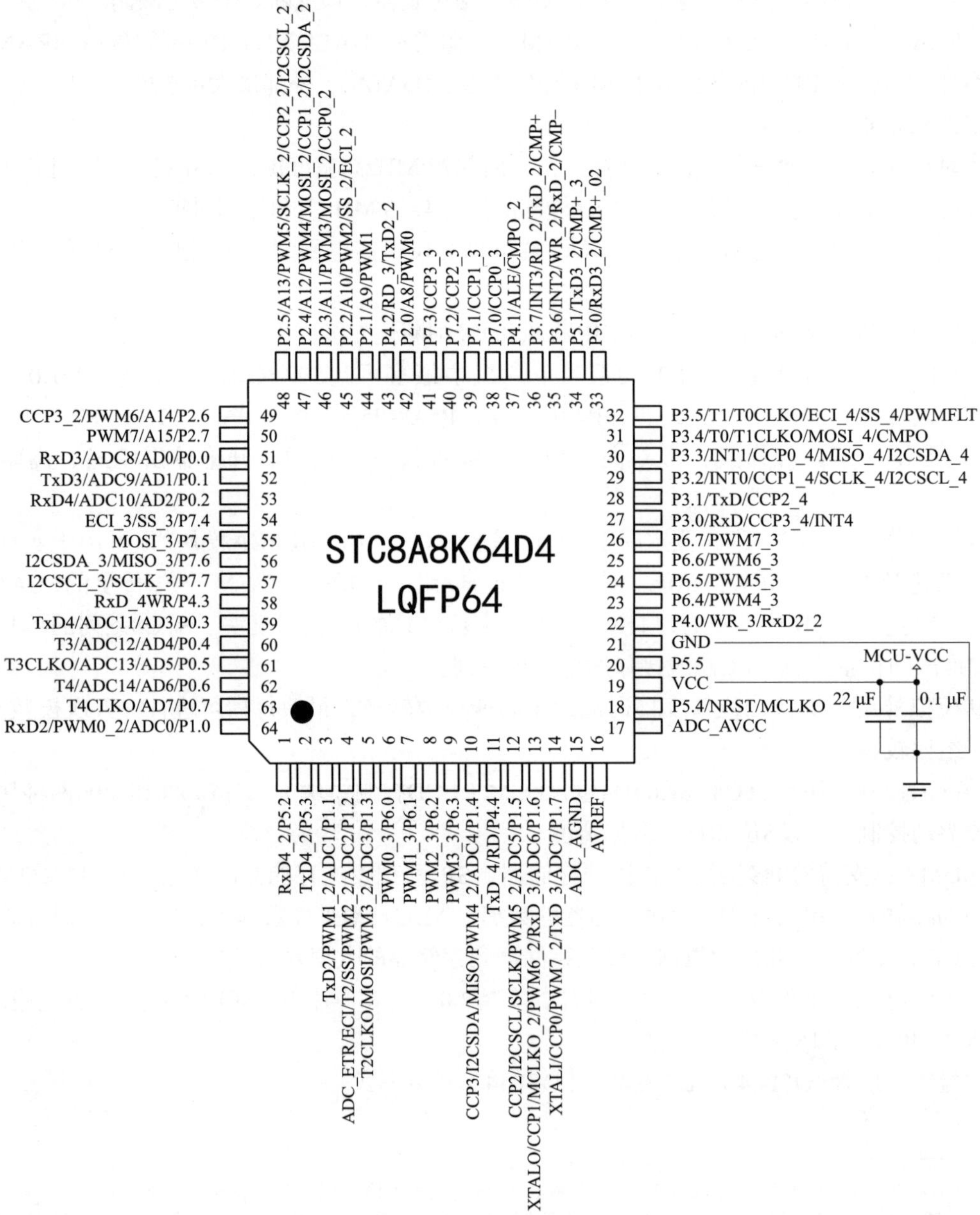

图2-2　STC8A8K64D4单片机引脚图

单片机引脚主要有两类：一类是电源引脚，为单片机提供多路电源支持；另一类是除电源引脚以外的其他所有引脚，均可以作为I/O接口使用。STC8单片机不需要外围电路，只要连接电源引脚，就能构成一个单片机的最小系统，完成一定的单片机功能。同时，为了既能较少引脚数量缩小芯片尺寸，又能实现单片机功能的最大化，所有的I/O引脚都采用了功能复用。当需要将某一引脚（如定时器/计数器引脚、USART引脚、ADC引脚）作为某一专用功能时，需要通过软件对相应I/O模块进行初始化。如果没有做特别的初始化，则引脚默认为通用的I/O接口引脚。

下面以STC8A8K64D4单片机LQFP64封装为例，介绍其引脚名称及主要功能。在其64个引脚中19、21号引脚分别为电源引脚、地线引脚，15、16、17分别为ADC的底线引脚、ADC参考电压引脚和ADC电源引脚，其他所有引脚均可作为I/O引脚，所以下面以I/O接口P0~P7的顺序来认知这些引脚功能。

（1）P0口

P0口包含8位口线，其引脚编号及对应功能见表2-2。

表2-2　P0口引脚功能定义

I/O接口	引脚	复用功能1	复用功能2	复用功能3
P0.0	51	AD0~AD7：访问片外扩展存储器时，采用分时复用的方式分别实现地址总线的低8位或8位的数据总线	ADC8~ADC14：ADC模拟输入通道8~14	RxD3：串口3数据接收端
P0.1	52			TxD3：串口3数据发送端
P0.2	53			RxD4：串口4数据接收端
P0.3	59			TxD4：串口4数据发送端
P0.4	60			T3：定时器/计数器T3外部计数输入端
P0.5	61			T3CLKO：定时器/计数器T3的时钟输出端
P0.6	62			T4：定时器/计数器T4外部计数输入端
P0.7	63			T4CLKO：定时器/计数器T4的时钟输出端

此外，规划中的CAN总线接口也在此范围的引脚中，但目前STC8系列单片机还未实现CAN总线功能。

（2）P1口

P1口包含8位口线，其引脚编号及对应功能见表2-3。

表2-3　P1口引脚功能定义

引脚	I/O接口	复用功能1	复用功能2	复用功能3	其他复用功能
64	P1.0	ADC0~ADC7：ADC模拟输入通道0~7	RxD2：串口2数据接收端	PWM0_2：PWM通道0输出引脚	—
3	P1.1		TxD2：串口2数据发送端	PWM1_2：PWM通道1输出引脚	—
4	P1.2		T2：定时器/计数器T2外部计数输入端	SS：SPI从机选择	PWM2_2：PWM通道2输出引脚；ECI：PCA的外部脉冲输入
5	P1.3		T2CLKO：定时器/计数器T2的时钟输出端	MOSI：SPI主机输出从机输入引脚	PWM3_2：PWM通道3输出引脚

续表

引脚	I/O接口	复用功能1	复用功能2	复用功能3	其他复用功能
10	P1.4	ADC0~ADC7：ADC模拟输入通道0~7	IICSDA：IIC接口数据线	MISO：SPI主机输入从机输出	PWM4_2：PWM通道4输出脚； CCP3：PCA的捕获输入和脉冲输出3
12	P1.5		IICSCL：IIC接口时钟信号线	SCLK：SPI的时钟引脚	PWM5_2：PWM通道5输出脚； CCP2：PCA的捕获输入和脉冲输出2
13	P1.6		RxD_3：串口1的接收引脚（备用）	MCLKO_2：主时钟分频输出	PWM6_2：增强PWM通道6输出脚； CCP1：PCA的捕获输入和脉冲输出1； XTALO：外部晶振输出脚
14	P1.7		TxD_3：串口1的发送引脚（备用）	XTALI：外部晶振/外部时钟的输入引脚	PWM7_2：增强PWM通道7输出引脚； CCP0：PCA的捕获输入和脉冲输出0

STC8系列单片机的特殊外设串口1、串口2、串口3、串口4、SPI、PCA、PWM、I^2C以及总线控制引脚可以在多个I/O接口线之间进行切换，以实现一个外设当作多个设备进行分时复用。例如，当需要将串口1的RxD（P3.0）、TxD（P3.1）引脚用作其他功能时，可通过设置P_SW1寄存器中的S1_S1、S1_S0控制位，将串行口1的RxD、TxD引脚切换为备用引脚P1.6（RxD_3）、P1.7（TxD_3）。在STC8单片机中还存在类似的引脚功能切换的情况，这项功能可以给单片机项目的软硬件设计带来一定的灵活性。

（3）P2口

P2口包含8位口线，其引脚编号及对应功能见表2-4。

表2-4　P2口引脚功能定义

引脚	I/O接口	复用功能1	复用功能2	复用功能3	其他复用功能
42	P2.0	A8~A15：访问片外扩展存储器时，用作地址总线高8位	PWM0~PWM7：PWM通道0~7输出引脚	RSTSV：端口的初始电平，在ISP下载时配置	—
44	P2.1			—	—
45	P2.2			SS_2：SPI的从机选择引脚（主机为输出，备用）	ECI_2：PCA的外部脉冲输入（备用）
46	P2.3			MOSI_2：SPI主机输出从机输入（备用）	CCP0_2：PCA的捕获输入和脉冲输出（备用）
47	P2.4			MISO_2：SPI主机输入从机输出（备用）	SDA_2：IIC接口的数据线（备用）； CCP1_2：PCA的捕获输入和脉冲输出（备用）
48	P2.5	—	—	SCLK_2：SPI的时钟引脚（备用）	SCL_2：IIC的时钟线（备用）； CCP2_2：PCA的捕获输入和脉冲输出（备用）
49	P2.6	—	—	CCP3_2：PCA的捕获输入和脉冲输出（备用）	—
50	P2.7	—	—	—	—

（4）P3口

P3口包含8位口线，其引脚编号及对应功能见表2-5。

表2-5　P3口引脚功能定义

引脚	I/O接口	复用功能1	复用功能2	复用功能3	其他复用功能
27	P3.0	RxD：串口1的接收引脚	INT4：外部中断4	CCP3_4：PCA的捕获输入和脉冲输出	—
28	P3.1	TxD：串口1的发送引脚	CCP2_4：PCA的捕获输入和脉冲输出	—	—
29	P3.2	INT0：外部中断0	CCP1_4：PCA的捕获输入和脉冲输出	SCLK_4：SPI的时钟引脚	SCL_4：IIC的时钟线
30	P3.3	INT1：外部中断1	CCP0_4：PCA的捕获输入和脉冲输出	MISO_4：SPI主机输入从机输出	SDA_4：IIC接口的数据线
31	P3.4	T0：定时器0外部时钟输入	T1CLKO：定时器1时钟分频输出	MOSI_4：SPI主机输出从机输入	CMPO：比较器输出引脚
32	P3.5	T1：定时器1外部时钟输入	T0CLKO：定时器0时钟分频输出	SS_4：SPI的从机选择脚（主机为输出）	ECI_4：PCA的外部脉冲输入；PWMFLT：PWM的外部异常检测脚
35	P3.6	INT2：外部中断2	WR_2：外部总线的写信号线	RxD_2：串口1的接收脚	CMP−：比较器负极输入
36	P3.7	INT3：外部中断3	RD_2：外部总线的读信号线	TxD_2：串口1的发送脚	CMP+：比较器正极输入

（5）P4口

P4口与其他端口不同，仅包含5位口线，在进行口线资源规划和软件设计时应特别注意。其引脚编号及对应功能见表2-6。

表2-6　P4口引脚功能定义

引脚	I/O接口	复用功能1	复用功能2
22	P4.0	WR_3：外部总线的写信号线	RxD2_2：串口2的接收脚
37	P4.1	ALE：地址锁存信号	CMPO_2：比较器输出
43	P4.2	RD_3：外部总线的读信号线	TxD2_2：串口2的发送引脚
58	P4.3	WR：外部总线的写信号线	RxD_4：串口1的接收脚
11	P4.4	RD：外部总线的读信号线	TxD_4：串口1的发送引脚

（6）P5口

P5口仅包含6位口线，同样需要注意P5口不满8位。其引脚编号及对应功能见表2-7。

表2-7　P5口引脚功能定义

引脚	I/O接口	复用功能1	复用功能2
33	P5.0	RxD3_2：串口3的接收脚	—
34	P5.1	TxD3_2：串口3的发送脚	—
1	P5.2	RxD4_2：串口4的接收脚	—

续表

引脚	I/O接口	复用功能1	复用功能2
2	P5.3	TxD4_2：串口4的发送脚	—
18	P5.4	RST：复位引脚	MCLKO：主时钟分频输出
20	P5.5	—	—

（7）P6口

P6口包含8位口线，其引脚编号及对应功能见表2-8。

表2-8　P6口引脚功能定义

引脚	I/O接口	复用功能1
6	P6.0	PWM0_3：PWM通道0输出引脚
7	P6.1	PWM1_3：PWM通道1输出引脚
8	P6.2	PWM2_3：PWM通道2输出引脚
9	P6.3	PWM3_3：PWM通道3输出引脚
23	P6.4	PWM4_3：PWM通道4输出引脚
24	P6.5	PWM5_3：PWM通道5输出引脚
25	P6.6	PWM6_3：PWM通道6输出引脚
26	P6.7	PWM7_3：PWM通道7输出引脚

（8）P7口

P7口包含8位口线，其引脚编号及对应功能见表2-9。

表2-9　P7口引脚功能定义

引脚	I/O接口	复用功能1	复用功能2
38	P7.0	CCP0_3：PCA的捕获输入和脉冲输出	—
39	P7.1	CCP1_3：PCA的捕获输入和脉冲输出	—
40	P7.2	CCP2_3：PCA的捕获输入和脉冲输出	—
41	P7.3	CCP3_3：PCA的捕获输入和脉冲输出	—
54	P7.4	SS_3：SPI的从机选择脚（主机为输出）	ECI_3：PCA的外部脉冲输入
55	P7.5	MOSI_3：SPI主机输出、从机输入	—
56	P7.6	MISO_3：SPI主机输入、从机输出	SDA_3：I^2C接口的数据线
57	P7.7	SCLK_3：SPI的时钟脚	SCL_3：I^2C的时钟线

在入门阶段只需要记住一些常用引脚的功能和位置，如外部中断、串口、定时器/计数器等相关的引脚，需要了解其他引脚时查阅教材或芯片数据手册即可。

单元四　STC8单片机的存储器结构

程序员编写的用户程序以及程序运行时所需要的变量、堆栈等空间都需要在存储器中实现，了解和掌握单片机存储器的结构、地址空间和读写方式对编写单片机应用程序十分重要。STC8单片机的存储器包含程序存储器和数据存储器，它们各自独立编址，需要通过不同的指令访问不同的存储空间，称为哈佛结构。

增强型STC单片机在Intel MCS-51单片机基础上对存储容量进行了扩充，可以满足中小型单片机项目的需求，但为了与MCS-51保持在指令系统等方面的兼容性，增强型STC单片机仍保留了MCS-51片内基本RAM区域的设计，同时增加了片内扩展RAM和片内的程序Flash存储器。表2-10所示为STC8系列各型号单片机的存储器资源情况。

表2-10 STC8系列单片机存储器资源情况

系列名称	内部直接访问RAM（DATA）	内部直接访问RAM（IDATA）	内部扩展RAM（XDATA）
STC8A8K64S4A12	128 B	128 B	8 192 B
STC8A4K64S2A12	128 B	128 B	4 096 B
STC8F2K64S4	128 B	128 B	2 048 B
STC8F2K64S2	128 B	128 B	2 048 B

STC8A8K64S4A12单片机片内在物理上有三个相互独立的存储区域，即Flash ROM、片内基本RAM和片内扩展RAM。在使用时可以分为四个空间，即程序Flash、数据Flash（EEPROM）、片内RAM和片内扩展RAM。

2.4.1 程序Flash

STC8A8K64S4A12单片机内部集成了64 KB的Flash程序存储器，用于存放用户程序、数据以及表格等信息，其地址范围是0000H~FFFFH，如图2-3所示。

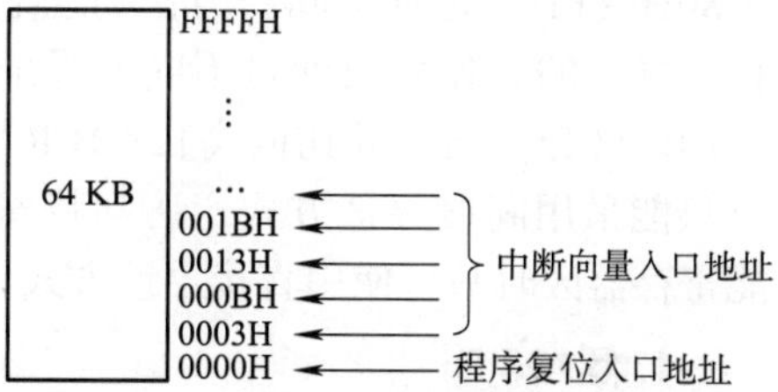

图2-3 64 KB Flash程序存储器

程序Flash起始位置的一段区域固定地用于存放起始程序和中断服务程序入口地址。

①0000H~0002H：从0000H开始的3个单元中通常存放一条无条件跳转指令，当单片机复位后，PC寄存器的值为0000H，单片机执行的第一条指令即放在0000H~0002H中的指令，在非下载程序的情况下，这条无条件跳转指令指向用户程序的入口。这一机制使得单片机复位后可进入用户程序开始执行。

②0003H~00CAH：此段空间存放了STC8A8K64S4A12单片机支持的22个中断源对应的中断响应的入口地址，也称中断向量地址。每个中断源占8个存储单元，通常在这段空间中放置一条无条件跳转指令，其操作数为中断服务程序的入口地址。当中断服务程序较短时，也可以将其直接放入中断源所对应的8个存储单元中。当中断被响应时，要么直接执行中断向量地址中所存放的程序指令，要么执行跳转指令，转入中断服务程序的执行区域。在实际编程过程中并不需要记住这些入口地址，因为每一个地址都会固定地对应到某一个中断号，在编写中断函数时指定相应的中断号即可。单片机中断程序的编写方法在后续内容中会详细介绍。

程序Flash空间的使用受到编译器的管理，需要对程序段类型、存储类型进行分析才能确定程序存储器地址的具体使用情况，入门阶段可先不考虑。

2.4.2 数据Flash

STC8系列单片机中都包含有数据Flash存储器，实现EEPROM的功能。其以字节为单位读/

写数据，以512 B为页单位进行擦除，利用ISP/IAP技术可在线反复编程擦写10万次以上。使用时，建议同一次修改的数据放在同一个扇区，不是同一次修改的数据放在不同的扇区，不一定要用满。EEPROM可用于保存一些需要在应用过程中修改并且掉电不丢失的参数数据。在用户程序中，通过相关寄存器可以对EEPROM进行字节读/字节编程/扇区擦除操作。在工作电压偏低时，建议不要进行EEPROM操作，以免发生数据丢失的情况。此外，STC8A8K64S4A10、STC8A4K64S2A10、STC8F2K64S4和STC8F2K64S2这4个型号的EEPROM的大小用户可以自己设置，有可能将保存重要参数的ROM空间设置为EEPROM而人为地将重要参数擦除或修改，所以使用时要特别注意。

2.4.3 基本RAM

STC8系列单片机内部基本RAM的结构如图2-4所示，共有256 B，可分为低128 B和高128 B两部分，地址空间分别为00H~7FH和80H~FFH。低128 B的数据存储器与传统8051兼容，既可直接寻址也可间接寻址。高128 B RAM，即在8052中扩展的高128 B RAM，与特殊功能寄存器区共用相同的逻辑地址，都使用80H~FFH的地址空间，但在物理上是相互独立的，使用时通过不同的寻址方式加以区分。当需要访问高128 B RAM时只能采用间接寻址方式，访问特殊功能寄存器区时只可使用直接寻址方式。

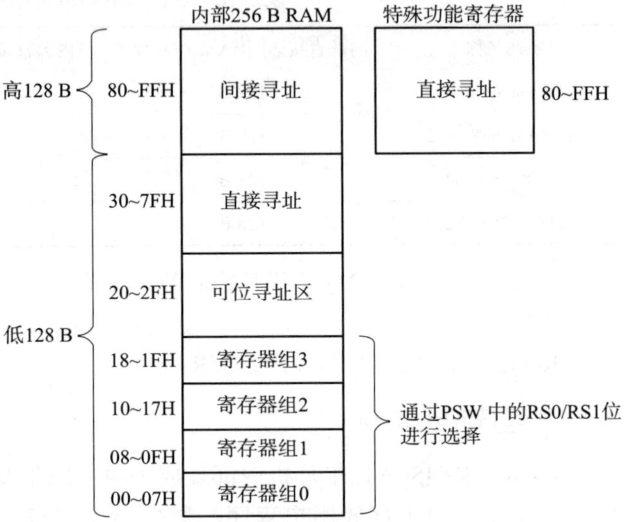

图2-4 基本RAM结构

1. 低128 B

低128 B RAM也称为通用RAM区，分为工作寄存器组区、可位寻址区、通用RAM区和堆栈区。

工作寄存器组区地址为00H~1FH，共32 B，分为4组，每一组称为一个寄存器组。工作寄存器组每组包含8个8位的工作寄存器，编号均为R0~R7，但属于不同的物理空间。通过程序状态字PSW寄存器中的RS1和RS0两位决定当前使用哪一个工作寄存器组，见表2-11。在进行工作寄存器组切换时，原来工作寄存器组中各寄存器的内容被屏蔽保护起来，因此实现了对程序运行现场的保护。使用工作寄存器组，还可以提高运算速度。

表2-11 工作寄存器组地址分配

组号	RS1	RS0	R0	R1	R2	R3	R4	R5	R6	R7
0	0	0	00H	01H	02H	03H	04H	05H	06H	07H
1	0	1	08H	09H	0AH	0BH	0CH	0DH	0EH	0FH
2	1	0	10H	11H	12H	13H	14H	15H	16H	17H
3	1	1	18H	19H	1AH	1BH	1CH	1DH	1EH	1FH

可位寻址区地址为20H~2FH，共16 B。可位寻址区每字节8位，共计128位。此区域既可按字节寻址访问，又可按位寻址访问。从20H的第0位到2FH的第7位，其对应的位地址依次为

00H~7FH。此外，还可以通过字节地址加位号的方式来访问位寻址区的各个位，如21H.3表示21H单元中的第3位，也可以直接用位地址0BH来访问。

通用RAM区和堆栈区地址为30H~7FH，共80 B。此区域即为普通的RAM区域，一般用于实现数据缓冲区和堆栈区。通过堆栈指针寄存器SP进行堆栈操作。单片机复位后，堆栈指针SP为07H，指向了工作寄存器组0中的R7，用户初始化程序都应对SP设置初值，一般设置在80H以后的单元为宜。STC8系列单片机的堆栈是向高位地址生长的，即将数据压入堆栈后，SP的值增大。

2. 高128 B

高128 B基本RAM地址为80H~FFH，为普通存储区域，可以作为通用RAM区和堆栈区。高128 B的基本RAM在逻辑地址上和特殊功能寄存器是重叠的，为了区分这两个不同的区域，在用汇编语言编程时，采用寄存器间接寻址访问普通存储区域，采用字节寻址方式访问特殊功能寄存器。在用C语言编程时因为有特殊功能寄存器定义头文件和编译器的支持，所以不用考虑此问题。

3. 特殊功能寄存器区

特殊功能寄存器（special function register, SFR）区的地址范围也是80H~FFH。特殊功能寄存器是将该地址范围内的某一单元的内容与某一具体硬件接口电路产生相关性，用特殊功能寄存器的值来控制或反映硬件接口电路的工作状态，它是一组具有特殊功能的RAM单元。对单片机内部I/O接口的管理和控制是通过对特殊功能寄存器的操作来实现的。这些寄存器主要包括控制寄存器、状态寄存器、数据寄存器等。其他厂家的单片机中也将这类寄存器称为I/O接口寄存器或I/O映射寄存器。STC8系列单片机特殊功能寄存器区地址映射表见表2-12。

表2-12　特殊功能寄存器地址映射表

地址范围	0/8	1/P	2/A	3/B	4/C	5/D	6/E	7/F
F8~FFH	**P7**	CH	CCAP0H	CCAP1H	CCAP2H	CCAP3H	PWMCR	RSTCFG
F0~F7H	**B**	PWMCFG	PCA_PWM0	PCA_PWM1	PCA_PWM2	PCA_PWM3	PWM1F	PWMFDCR
E8~EFH	**P6**	CL	CCAP0L	CCAP1L	CCAP2L	CCAP3L	IP3H	AUXINTIF
E0~E7H	**ACC**	P7M1	P7M0	DPS	DPL1	DPH1	CMPCR1	CMPCR2
D8~DFH	**CCON**	CMOD	CCAPM0	CCAPM1	CCAPM2	CCAPM3	ADCCFG	IP3
D0~D7H	**PSW**	T4T3M	T4H	T4L	T3H	T3L	T2H	T2L
C8~CFH	**P5**	P5M1	P5M0	P6M1	P6M0	SPSTAT	SPCTL	SPDAT
C0~C7H	**P4**	WDT_CONTR	IAP_DATA	IAP_ADDRH	IAP_ADDRL	IAP_CMD	IAP_TRIG	IAP_CONTR
B8~BFH	**IP**	SADED	P_SW2	VOCTRL	ADC_CONTR	ADC_RES	ADC_RESL	ADC_RESH
B0~B7H	**P3**	P3M1	P3M0	P4M1	P4M0	IP2	IP2H	IPH
A8~AFH	**IE**	SADDR	WKTCL	WKTCH	S3CON	S3BUF	TA	IE2
A0~A7H	**P2**	BUS_SPEED	P_SW1	Reserved	—	—	—	Reserved
98~9FH	**SCON**	SBUF	S2CON	S2BUF	Reserved	—	Reserved	Reserved
90~97H	**P1**	P1M1	P1M0	P0M1	P0M0	P2M1	P2M0	AUXR2
88~8FH	**TCON**	TMOD	TL0	TL1	TH0	TH1	AUXR	INTCLK0
80~87H	**P0**	SP	DPL	DPH	S4CON	S4BUF	—	PCON

当某SFR的地址可以被8整除时，即表中**带有阴影的表格中**所指示的寄存器，即可进行字节寻址，又可进行位寻址。其中包括P0~P7、PSW、SCON、TCON等。

SFR是单片机CPU内核与片内集成的外设进行沟通的通道，为实现更多外设的集成，就需要有更大空间用于实现SFR的功能。在STC8系列单片机中还提供了扩展的SFR，即XSFR，其逻辑地址位于扩展RAM区，访问XSFR之前要先将P_SW2寄存器的最高位EAXFR置1，然后通过MOVX A，@DPTR和MOVX @DPTR，A来访问XSFR，访问结束后还需要将EAXFR位清0，以实现下一次的正常访问。XSFR的地址映射表可参阅STC8数据手册。

2.4.4 片内扩展RAM

STC8A8K64S4A12单片机中除了256 B的基本RAM外，还集成了8 KB的内部扩展RAM区，地址范围为0000H~1FFFH。STC8系列40引脚以上的单片机均具有64 KB外部数据存储器的扩展能力，并且访问内部扩展RAM的方式同8051单片机中访问外部扩展RAM的方法是一样的，这就需要区分具体的访问对象。在C语言中，通过将变量的存储类型声明为XDATA来访问内部扩展RAM。对内部扩展RAM的访问还受到辅助寄存器AUXR中EXTRAM位的控制，当EXTRAM=0时，可以访问内部扩展RAM的8 KB空间。当访问地址超过1FFFH时，则总是访问外部数据存储器，若没有实现片外RAM的扩展，则这种访问是无效的。当EXTRAM=1时，禁止访问内部扩展RAM，当通过单片机总线接口扩展了片外的RAM或I/O并且需要访问时，应将EXTRAM设置为1，如图2-5所示。EXTRAM的复位状态为0，即默认访问片内扩展RAM，在当前的项目开发中已很少通过单片机总线接口进行外部RAM的扩展。

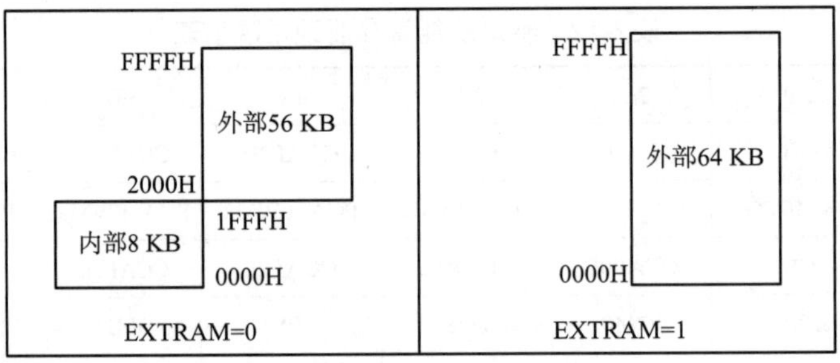

图2-5　片内扩展RAM结构

单元五　STC8单片机的时钟与复位

传统8051单片机的时钟和复位信号都是由片外器件提供的，而STC15、STC8系列单片机在片内集成了时钟和复位电路，节省了在片外扩展的硬件开销，提高了集成度。

2.5.1 STC8单片机的时钟

STC8系列单片机的系统时钟结构图如图2-6所示，系统时钟的产生主要涉及时钟选择寄存器CKSEL和时钟分频寄存器CLKDIV，分别实现对时钟源选择、主时钟分频，以及时钟输出的控制。所产生的系统时钟SYSCLK将为单片机内的CPU和所有I/O设备提供工作时钟。

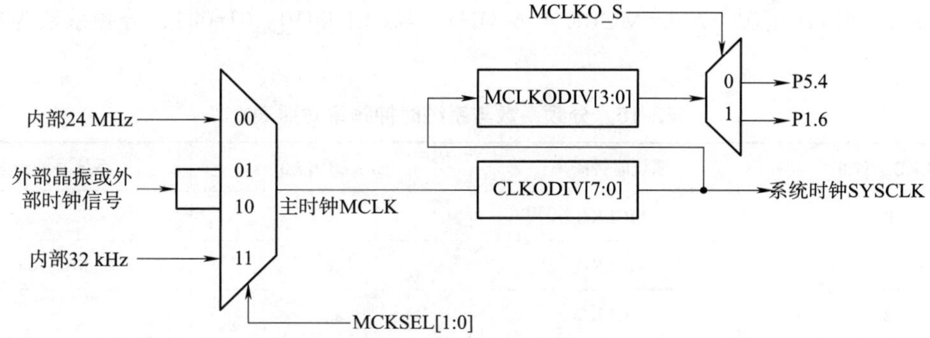

图2-6　系统时钟结构图

1. 时钟源

STC8单片机的时钟选择寄存器CKSEL见表2-13，它是一个扩展SFR寄存器，地址为FE00H。

表2-13　CKSEL寄存器

CKSEL	b7	b6	b5	b4	b3	b2	b1	b0
FE00H	MCLKODIV[3:0]				MCLKO_S	—	MCKSEL[1:0]	

CKSEL中MCKSEL[1:0]两位用于选择时钟源，分别为：①内部高精度24 MHz的IRC时钟；②内部32 kHz的IRC时钟（误差较大）；③外部晶体振荡器或外部时钟信号，见表2-14。

表2-14　MCKSEL选择四种时钟源

MCKSEL[1]	MCKSEL[0]	功　能
0	0	选择内部24 MHz高精度IRC
0	1	选择外部晶体振荡器或外部输入时钟信号
1	0	
1	1	选择内部32 kHz的低速IRC

MCKSEL[1:0]默认状态下为00，即选择内部24 MHz的高精度IRC为时钟源。

2. 主时钟分频

主时钟源输出信号并不直接提供给单片机CPU和其他I/O接口使用，而是通过一个可编程时钟分频器输出系统时钟提供给单片机CPU和内部接口，系统时钟频率记为F_{SYS}。若用MCLK表示主时钟源频率，则有F_{SYS}=MCLK/N，N为时钟分频器的分频系数，由时钟分频寄存器CLKDIV的值给出。CLKDIV寄存器见表2-15。

表2-15　CLKDIV寄存器

CLKDIV	b7	b6	b5	b4	b3	b2	b1	b0
FE01H	CLKDIV[7:0]							

CLKDIV[7:0]的8位数值共给出256个分频系数，见表2-16。CLKDIV的复位值为

00000100B，即默认情况下F_{SYS}=MCLK/4=6 MHz。当CLKDIV[7:0]=0时，分频系数为1，即不分频。

表2-16 分频系数与系统时钟频率对照表

CLKDIV[7:0]	系统时钟频率	CLKDIV[7:0]	系统时钟频率
0	MCLK/1	…	…
1	MCLK/1	x	MCLK/x
2	MCLK/2	…	…
3	MCLK/3	255	MCLK/255

3. 时钟输出

STC8单片机具有通过引脚向外输出时钟的功能。CKSEL寄存器中的MCLKO_S为主时钟输出选择位，当其为1时，分频后的主时钟从P1.6引脚输出；当其为0时，分频后的主时钟从P5.4引脚输出。CKSEL寄存器中的MCLKODIV[3:0]字段为输出时钟分频因子选择位，实现对输出时钟的分频控制，见表2-17。

表2-17 时钟输出频率选择对照表

MCLKODIV[3]	MCLKODIV[3]	MCLKODIV[3]	MCLKODIV[3]	分频系数
0	0	0	0	不输出时钟
0	0	0	1	主时钟频率/1
0	0	1	x	主时钟频率/2
0	1	0	x	主时钟频率/4
0	1	1	x	主时钟频率/8
1	0	0	x	主时钟频率/16
1	0	1	x	主时钟频率/32
1	1	0	x	主时钟频率/64
1	1	1	x	主时钟频率/128

下载用户程序时可以通过STC公司提供的STC-isp软件对用户程序运行时的IRC频率进行设置，后续2.7节将进行详细说明。

2.5.2 STC8单片机的复位

复位可以使单片机的CPU及其他功能部件从某一确定的初始状态开始运行，复位操作在单片机程序的调试阶段及运行阶段都起着非常重要的作用。STC8单片机的复位分为硬件复位和软件复位两种。

1. 硬件复位

硬件复位主要包含上电/掉电复位、低压检测复位、外部复位引脚复位及把关定时器复位等。硬件复位后，所有寄存器的值都会被复位到初始值，系统重新读取所有硬件选项。

（1）上电/掉电复位与MAX810专用复位电路复位

当单片机电源电压低于掉电/上电复位检测门槛电压时，单片机内部所有逻辑电路都会复位。当内部工作电压高于掉电/上电复位检测门槛电压后，延迟32 768个时钟后，结束掉电/上电复位过程。对于5 V供电的单片机来说，掉电/上电复位检测门槛电压为3.2 V，而对于3.3 V供电的单片机来说该电压为1.8 V。当掉电/上电复位过程结束后，特殊功能寄存器IAP_CONTR中的SWBS位将被置1，单片机将从系统ISP（图像信号处理）监控区启动程序。IAP_CONTR寄存器见表2-18，其复位值为00000000H。SWBS位称为复位启动选择位，为0时单片机选择从用户程序区启动；为1时单片机选择从ISP监控区启动。

表2-18　IAP_CONTR寄存器

IAP_CONTR	b7	b6	b5	b4	b3	b2	b1	b0
C7H	IAPEN	SWBS	SWRST	CMD_FAIL	—	IAP_CMD[2:0]		

STC8单片机中还集成了MAX810专用复位电路来实现掉电/上电复位。要想使用此功能，需要在STC-isp软件中勾选“上电复位使用较长延时”选项，否则该电路无效。当用MAX810专用复位电路时，在产生掉电/上电复位后，再经过约180 ms的复位延时后复位过程才结束。

（2）低压检测复位

STC8单片机内部除了有掉电/上电复位检测门槛电压，还提供了一组内部低电压检测门槛电压（LVD）。当电源电压低于此电压时将产生复位信号，以防止当电压较低或不稳定时产生的程序混乱或硬件损坏。使用此复位需要在STC-ISP软件中勾选“允许低压复位（禁止低压中断）”选项，否则在电源电压低于LVD时，将产生低压检测中断。

（3）外部复位引脚复位

在STC8系列单片机中设置了外部复位引脚RST，如STC8A8K64S4A12单片机中的P5.4即RST引脚。当外部给RST引脚施加24个时钟外加20 μs的高电平复位脉冲后就可使单片机复位。RST引脚恢复低电平后复位过程结束，并将IAP_CONTR寄存器中的SWBS位置1，单片机从系统ISP监控区启动程序。

（4）把关定时器复位

为提高单片机的可靠性设计，STC8内部集成了把关定时器电路。它是一个独立运行的定时器，使能把关定时器后能起到监视CPU运行状态的功能。CPU正常执行程序地过程中会周期性地复位把关定时器，当单片机系统受到外界干扰或程序设计存在Bug时，把关定时器无法得到正常的复位，当把关定时器计数溢出时，把关定时器电路即发出复位型号，将单片机系统复位，使系统恢复正常运行。把关定时器复位的详细使用方法将在模块十单元二节讲到。

2. 软件复位

单片机在执行用户程序过程中也有可能需要对单片机进行复位操作，这种复位称为软件复位。STC8单片机通过IAP_CONTR寄存器的SWBS位和SWRST位实现软件复位。SWRST叫作软件复位触发位，默认状态为0，当该位为1时，软件控制单片机产生复位。SWBS位控制软件复位后的启动选择。

3. 冷启动复位与热启动复位

根据单片机复位时所处的运行环境复位还可以分为冷启动复位和热启动复位。系统由掉电到再次上电引起的硬件复位称为冷启动复位，系统在运行过程中引发的复位称为热启动复位。冷启动与热启动的具体分类见表2-19。电源控制寄存器PCON中的POF称为上电复位标志位。冷启动后POF位为1，热启动复位后POF位不变。在程序中可通过此位判断单片机当前状态是上电复位，还是其他复位。当判断单片机为上电复位后应及时将POF位清零。

表2-19 冷启动与热启动分类

复位类型	复位源	上电复位标志（POF）	复位后程序启动方式
冷启动复位	系统断电后再上电引起的硬复位	1	从系统ISP监控程序区开始执行程序，若检测不到合法的ISP下载命令流，则转到用户程序区执行用户程序
热启动复位	控制RST引脚产生的硬复位	不变	同上
	内部把关定时器复位	不变	若SWBS=1，则复位到系统ISP监控程序区；若SWBS=0，则复位到用户程序区0000H处
	通过对IAP_CONTR寄存器操作实现软复位	不变	同上

单元六　STC8单片机的通用I/O接口

单片机内部的各类指令和数据都要通过通用I/O接口与外界进行沟通。一款单片机的通用I/O接口的数量、性能、编程方法等特性从一定意义上决定了这款单片机的整体性能。本单元重点学习STC8单片机通用I/O接口的工作模式及典型应用。

2.6.1 通用I/O接口相关寄存器

STC8单片机的通用I/O接口包括P0~P7，每一个I/O接口都需要通过一组寄存器来进行I/O接口的配置以及实现对I/O接口的使用，这些寄存器包括端口数据寄存器、端口配置寄存器、端口上拉电阻控制寄存器及端口施密特触发控制寄存器。

1. 端口数据寄存器

P0~P7端口①数据寄存器见表2-20，它是单片机内外的数据通道，实现CPU对端口数据的读/写操作。当给对应的位写0时，即输出低电平到端口缓冲区；当给对应的位写1时，即输出高电平到端口缓冲区。当读取端口时，需要先将端口置1，才能正确读出端口状态，即端口对应引脚上的电平。

表2-20 P0~P7端口数据寄存器分布

端口	地址	b7	b6	b5	b4	b3	b2	b1	b0
P0	80H	P0.7	P0.6	P0.5	P0.4	P0.3	P0.2	P0.1	P0.0
P1	90H	P1.7	P1.6	P1.5	P1.4	P1.3	P1.2	P1.1	P1.0

①P0~P7端口为通用I/O接口中的8路通用数据端口，也可简称为P0口、P1口、P7口等。

续表

端口	地址	b7	b6	b5	b4	b3	b2	b1	b0
P2	A0H	P2.7	P2.6	P2.5	P2.4	P2.3	P2.2	P2.1	P2.0
P3	B0H	P3.7	P3.6	P3.5	P3.4	P3.3	P3.2	P3.1	P3.0
P4	C0H	P4.7	P4.6	P4.5	P4.4	P4.3	P4.2	P4.1	P4.0
P5	C8H	—	—	P5.5	P5.4	P5.3	P5.2	P5.1	P5.0
P6	E8H	P6.7	P6.6	P6.5	P6.4	P6.3	P6.2	P6.1	P6.0
P7	F8H	P7.7	P7.6	P7.5	P7.4	P7.3	P7.2	P7.1	P7.0

2. 端口配置寄存器

端口配置寄存器也称模式控制寄存器，用于设置通用I/O接口的工作模式，通过8组寄存器来完成对每一个端口的模式设置。以P0口为例，P0口的配置寄存器为P0M0和P0M1，见表2-21。

表2-21　P0M0和P0M1寄存器

P0M0	b7	b6	b5	b4	b3	b2	b1	b0
94H	P0M0.7	P0M0.6	P0M0.5	P0M0.4	P0M03	P0M0.2	P0M0.1	P0M0.0
P0M1	b7	b6	b5	b4	b3	b2	b1	b0
93H	P0M1.7	P0M1.6	P0M1.5	P0M1.4	P0M1.3	P0M1.2	P0M1.1	P0M1.0

两个寄存器中相应位P0M0.x和P0M1.x（x为0~7）组合起来用于控制I/O接口的驱动模式，见表2-22。P0M0和P0M1的复位值均为全零，所以端口驱动模式默认为准双向端口。

表2-22　P0M1.x和P0M0.x的组合含义

P0M1	P0M0	含　义
0	0	准双向端口，与传统8051模式兼容。其灌电流可达20 mA，拉电流为150~270 μA
0	1	推挽输出，即强上拉输出，电流可达20 mA，在使用时需要接限流电阻
1	0	仅为输入（高阻）
1	1	开漏（open drain），内部上拉电阻断开。在该模式下，既可读外部状态，也可对外输出高低电平。需要加上拉电阻，否则无法读取外部状态，也不能对外输出高电平

3. 端口上拉电阻控制寄存器

STC8系列单片机中每个端口都集成了上拉电阻，用户无须再额外设计上拉电阻，进一步降低了硬件电路成本。用户可以通过XSFR中的P*x*PU寄存器（*x*为0~7）选择是否使用内部上拉电阻，见表2-23。当在上拉电阻控制寄存器的某位写0时，禁止该位内部上拉电阻；写1时使能内部上拉电阻。该寄存器复位值为全零，即默认状态下禁止内部上拉电阻。

表2-23　端口上拉电阻控制寄存器

寄存器名	寄存器功能	寄存器地址	复位值
P0PU	P0上拉电阻控制寄存器	FE10H	00000000B
P1PU	P1上拉电阻控制寄存器	FE11H	00000000B

续表

寄存器名	寄存器功能	寄存器地址	复位值
P2PU	P2上拉电阻控制寄存器	FE12H	00000000B
P3PU	P3上拉电阻控制寄存器	FE13H	00000000B
P4PU	P4上拉电阻控制寄存器	FE14H	xxx00000B
P5PU	P5上拉电阻控制寄存器	FE15H	xx000000B
P6PU	P6上拉电阻控制寄存器	FE16H	00000000B
P7PU	P7上拉电阻控制寄存器	FE17H	00000000B

2.6.2 通用I/O接口的工作模式

在STC8单片机中能用作通用I/O接口的引脚在前面已经做过介绍，所有这些I/O接口都可以工作在四种工作模式下，即准双向输出、强推挽输出、仅为输入（高阻）和开漏输出。不同的工作模式使用于不同的应用场景，通过端口模式寄存器实现对I/O接口工作模式的设置。

1. 准双向输出模式

根据前面介绍的端口配置寄存器可知，STC8单片机通用I/O接口的默认工作模式即为准双向输出模式。此工作模式电路结构如图2-7所示。准双向输出模式下，当口线输出为高电平“1”时，驱动能力很弱，允许外部电路将其拉低；当输出为低电平“0”时，I/O接口驱动能力很强，可以吸收相当大的电流。因此，I/O接口可用于直接输出，不需要重新配置口线的输出状态。

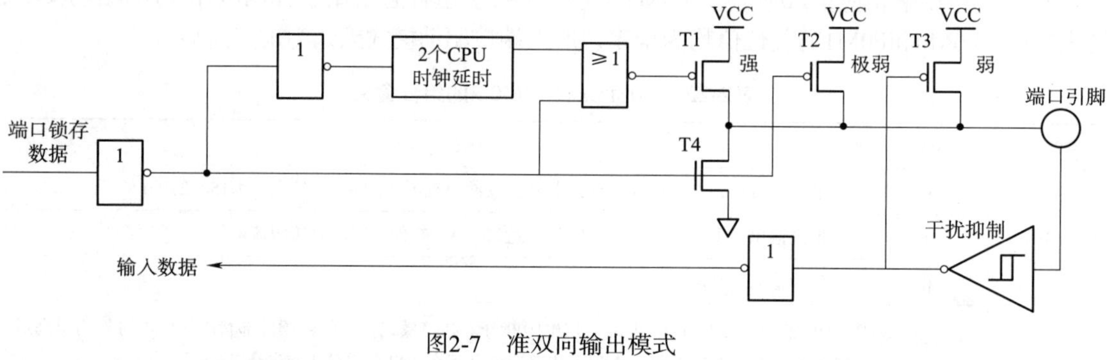

图2-7 准双向输出模式

从电路可知，每个I/O接口都包含一个锁存器，即端口数据寄存器P0~P7。该端口电路在执行输出操作时具有锁存功能，再次出现新的输出数据之前口线数据一直保持不变；但对于输入信号状态是不锁存的，所以外部输入的数据必须保持到数据被取走为止。

准双向口设有3个上拉场效应管T1、T2、T3，以适应不同的电路需要。T1称为“强上拉”管，上拉电流可达20 mA；T2称为“极弱上拉”管，上拉电流一般为30 μA；T3称为“弱上拉”管，上拉电流典型值为200 μA。输出低电平时端口灌电流最大可达20 mA。

当从端口引脚输入数据时，电路中T4一直处于截止状态。若在输入操作之前曾输出锁存过“0”，则T4是导通的，此时引脚上的电位始终被钳位在低电平，使输入的高电平无法读入。因此，需要从端口引脚输入数据时，必须先将端口锁存器置为高电平，即写入“1”，使T4截止。

2. 强推挽输出模式

强推挽输出模式电路结构如图2-8所示，其下拉结构与开漏输出和准双向口的下拉结构相同。不同的是，强推挽输出模式下，I/O接口的上拉是持续的强上拉。若输出高电平，输出拉电流最大可达20 mA；若输出低电平，输出灌电流最大也可达20 mA。当从端口引脚输入数据时，必须先将端口锁存器置为高电平，即向端口写1，使T2截止。强推挽输出模式一般用于需要更大驱动电流的情况下。

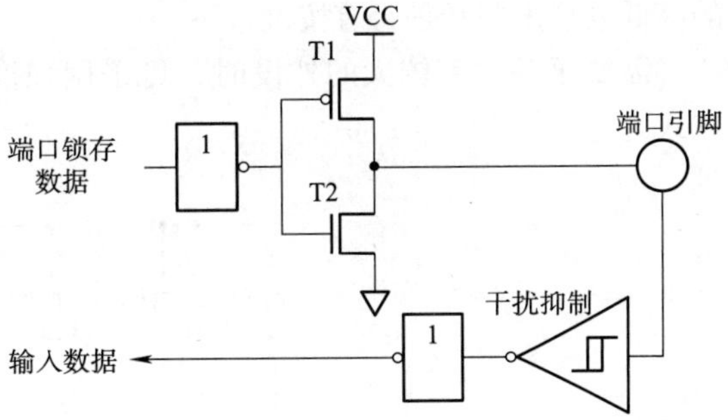

图2-8 强推挽输出模式

3. 仅为输入（高阻）模式

仅为输入（高阻）模式电路结构如图2-9所示。此模式下可直接从端口引脚读入数据，不需要先对端口写1。仅为输入（高阻）工作模式时不提供吸收20 mA电流的能力。

4. 开漏输出模式

开漏输出模式电路结构如图2-10所示。此模式下I/O接口输出的下拉结构与强推挽输出和准双向口一致，输出电路与准双向口一致。输出驱动无任何负载，即开漏状态，输出时必须外接上拉电阻。

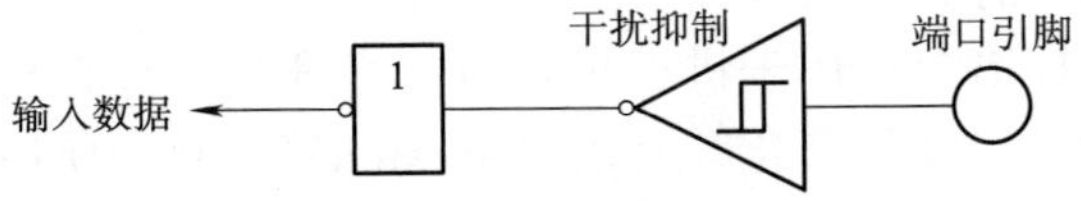

图2-9 仅为输入模式

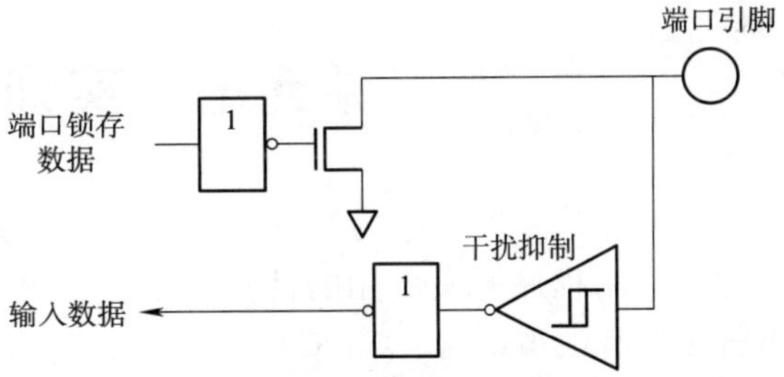

图2-10 开漏输出模式

2.6.3 通用I/O接口典型外设电路

发光二极管是单片机系统中简单实用的输出设备，可用于各类状态或数据的输出。通用I/O接口驱动发光二极管的典型电路如图2-11所示。因单片机I/O引脚本身的驱动能力有限，在实际使用中应尽量采用灌电流的驱动方式，以提高系统的可靠性。所以，推荐采用图中电路驱动方式。

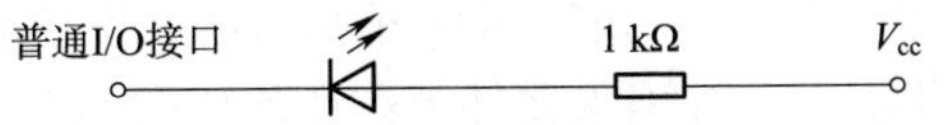

（a）灌电流方式

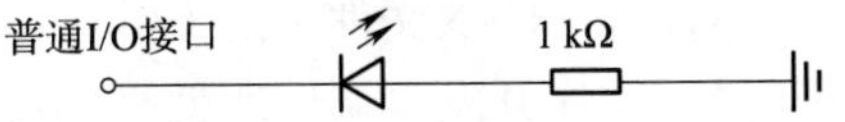

（b）拉电流方式

图2-11 典型发光二极管驱动电路

按键电路是单片机系统中典型的输入设备，可实现控制操作或数据的输入。图2-12所示为单片机驱动按键的典型电路，四条输入线接到单片机的I/O接口上，当按下按键S1时，+5 V通过电阻R1然后再通过按键S1最终进入GND形成一条通路，那么这条线路的全部电压都加到了R1这个电阻上，KEYIN1这个引脚就是个低电平。当松开按键后，线路断开，就不会有电流通过，那么KEYIN1和+5 V就应该是等电位，是一个高电平。此时，就可以通过KEYIN1这个I/O接口的高低电平来判断是否有按键按下。

需要驱动功率较大的外设时，可采用强推挽输出方式，或采用I/O引脚控制三极管的驱动方式。

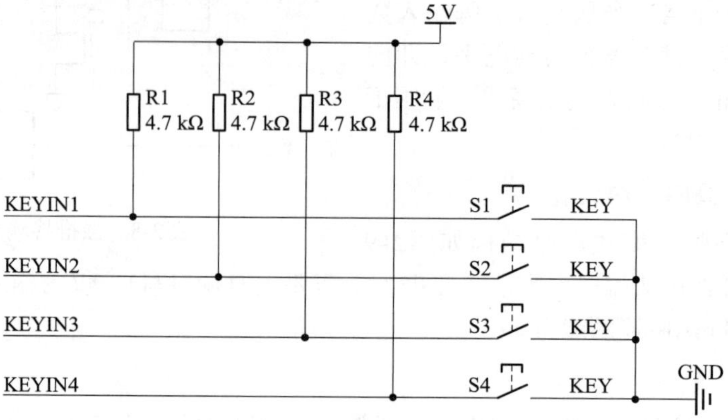

图2-12　典型按键驱动电路

单元七　实训——第一个单片机程序

要进行单片机应用的开发，除了熟悉单片机的基本结构和工作原理外，还要熟练掌握单片机应用程序开发所用的计算机语言和开发环境。可用于进行单片机程序开发的计算机语言主要有汇编语言、C、C++、Java、Python，以及图形化开发语言Scratch等，其中使用最多的是C语言和汇编语言。无论使用哪种语言，都需要有专门的集成开发环境（integrated development environment, IDE）支持。STC单片机汇编语言和C语言的基本语法和程序设计方法在后续章节具体介绍，本单元结合STC单片机常用的IDE软件平台展示一个实例工程的开发过程。

2.7.1　开发环境的搭建

单片机项目的开发环境是指用于进行单片机程序开发及调试所用到的相关软件工具的集合。具体来说，开发环境应能够实现单片机程序源代码的编辑、编译，单片机运行环境参数的配置，目标代码（HEX文件）的下载，单片机程序的调试等功能。STC单片机的开发环境主要包括用于进行程序开发、调试所使用的Keil，以及用于进行HEX文件下载所使用的STC_ISP工具软件。

1. Keil

Keil由原Keil Software公司（已于2005年被ARM公司收购）开发，是一款全球流行的集成开发环境，它包括代码编辑器、编译器、调试器和仿真器等工具，可用于编写和调试单片机、嵌入式系统代码。Keil支持多种嵌入式系统架构，包括ARM、8051、C166和ST10等。本书使用Keil工具实现单片机汇编语言和C语言的开发与调试。

读者可在Keil官网下载Keil安装包，如图2-13所示。下载时选择C51产品，即是本书需使用的开发软件。该软件是一款商业软件。未付费版本会受到用户代码不得超过32 KB的限制，请读者自行下载、安装并注册。

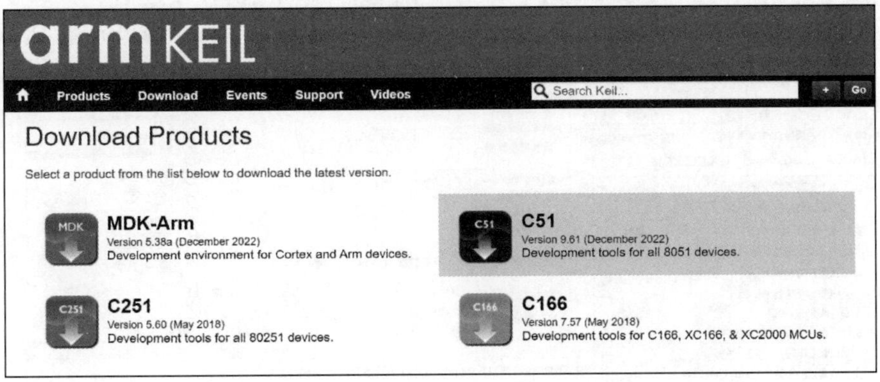

图2-13　Keil官网下载界面

Keil软件安装成功后进入开发界面，如图2-14所示。图中①号区域为菜单栏，Keil中所有开发功能都由菜单栏中的某一菜单实现，主要包括文件管理、编辑、视图、工程管理等。图中②号区域为工具栏，将菜单栏中的一些常用功能设置为功能按钮，方便开发者快速操作。图中③号区域为工程资源导航栏，可以通过资源目录树快速导航到工程中的相关源文件、头文件或文件中的某一位置。图中④号区域为源代码编辑区，新建或导入源文件后在此区域对代码进行编辑。图中⑤号区域为编译结果输出栏，将显示代码编译的结果，提示编译成功或给出错误信息，以便开发者对代码进行修改。

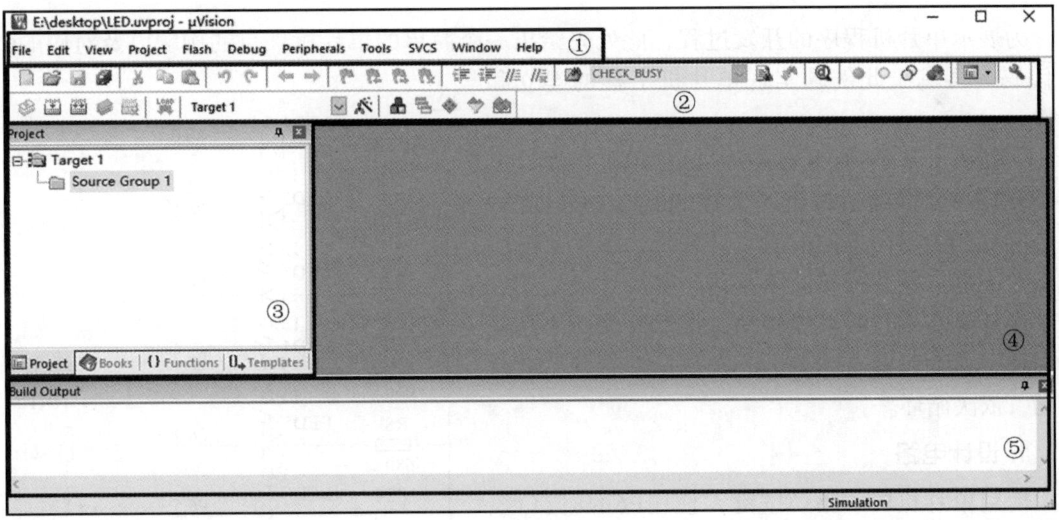

图2-14　Keil主界面

2. STC_ISP

STC_ISP是一款由STC公司专门为STC系列单片机项目开发所推出的软件工具，从软件名称可以看出该软件主要用于实现STC单片机目标代码的ISP下载。除此功能外，它还包含串口助手、软件延时计算器、定时器计算器等实用工具。STC_ISP软件可在STC官网首页下载，该软件是一款绿色免费软件，无须安装即可运行使用，其界面如图2-15所示。

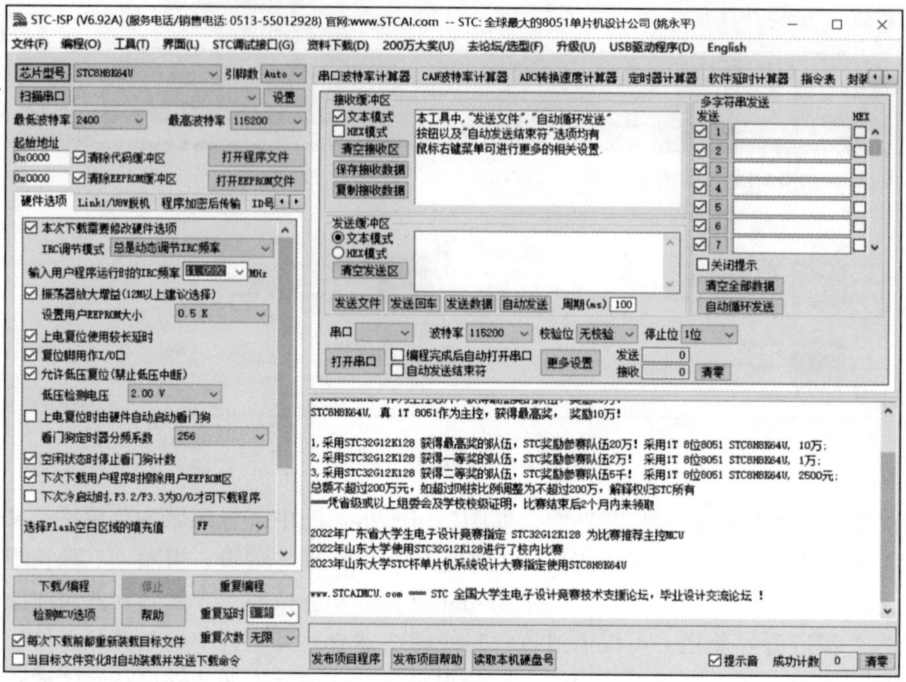

图2-15 STC_ISP界面

2.7.2 单片机程序开发

为展示单片机程序的开发过程，此处先给出一个简单的单片机项目的例题以及对应的C语言代码，再基于此例题实现单片机工程的建立和开发。

【例2-1】基于STC8A8K64S4A12单片机设计电路及程序，实现通过按键开关控制8位LED灯中的一个小灯产生不同方向的流水灯效果，系统上电后最低位小灯点亮并开始连续左移，移动到最左端后下一次从最右端开始继续移动，按动开关后小灯变为右移，移动到最右端后下一次从最左端开始继续移动，依次循环。

1. 设计电路

使用单片机P3.2驱动按键，使用P6的8位口线驱动8位LED灯，按照之前给出的小灯及按键的典型驱动电路，设计例2-1电路图，如图2-16所示。

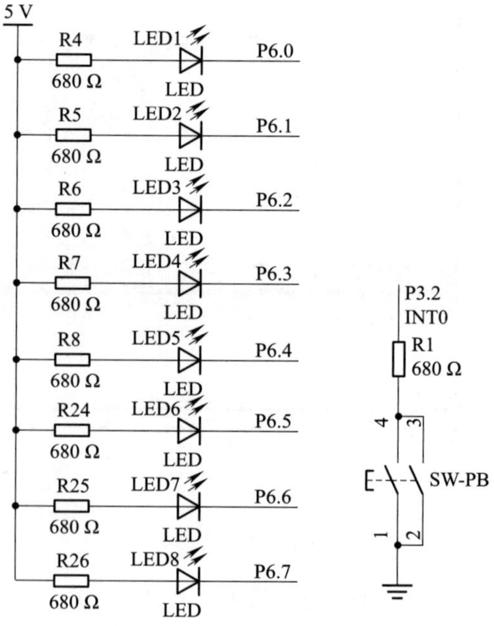

图2-16 流水灯电路原理图

2. 设计代码

给出此例题的C程序源代码如下，读者可根据所掌握C语言基本语法对程序进行初步理解，或由教师进行讲解，后续将具体介绍C程序编程方法。

```
#include<stc8h.h>
#include<intrins.h>
#define uchar unsigned char
#define uint  unsigned int
uchar x=0xfe;
sbit k1=P3^2;
/*--------延时函数--------*/
void delay(uint ms)
{
    uint i,j;
    for(j=0;j<ms;j++)
        for(i=0;i<1210;i++);
}
/*--------主函数--------*/
void main(void)
{
    while(1)
    {
        P6=x;
        if(k1==0)
        {
            x=_crol_(x,1);
            delay(1000);
        }
        else
        {
            x=_cror_(x,1);
            delay(1000);
        }
    }
}
```

3. 建立工程和代码编译

基于Keil平台的单片机程序的开发是以工程为单位来管理单片机程序的各种资源的。进行单片机程序开发一般包含新建工程、编辑源代码、编译并生成目标代码三个基本步骤。

（1）新建工程

打开Keil软件，选择Project→New μVision Project命令，如图2-17所示。

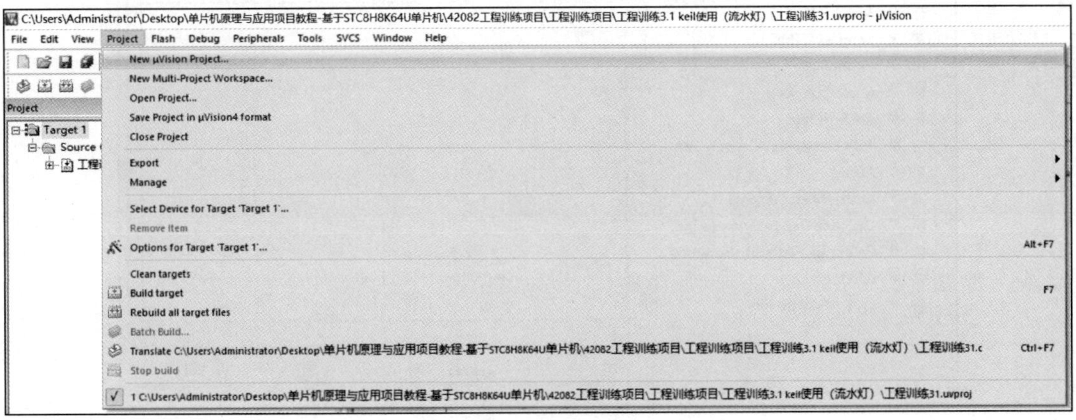

图2-17　新建工程菜单

选择New μVision Project命令后打开新建工程对话框，如图2-18所示。在此对话框中为新建的工程指定工程文件存放的目录以及新建的工程名。新建工程目录为D:\MCU，文件名为LED，单击“保存”按钮后，系统会将名为LED.uvproj的工程文件保存在该目录中。uvproj即为Keil中工程文件的扩展名。

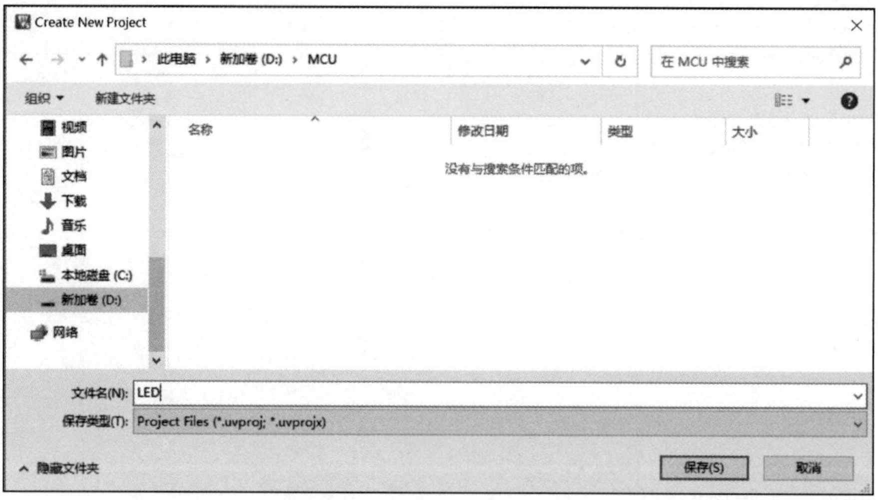

图2-18　新建工程对话框

单击“保存”按钮后系统将提示选择哪种单片机CPU数据库文件，如图2-19所示。默认数据库为Device Database，其中包含Acer、Atmel等多种常见的兼容8051 CPU内核的单片机型号，如图2-20所示。

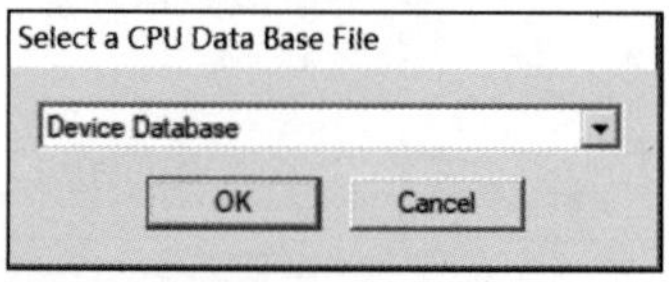

图2-19　选择CPU数据库文件

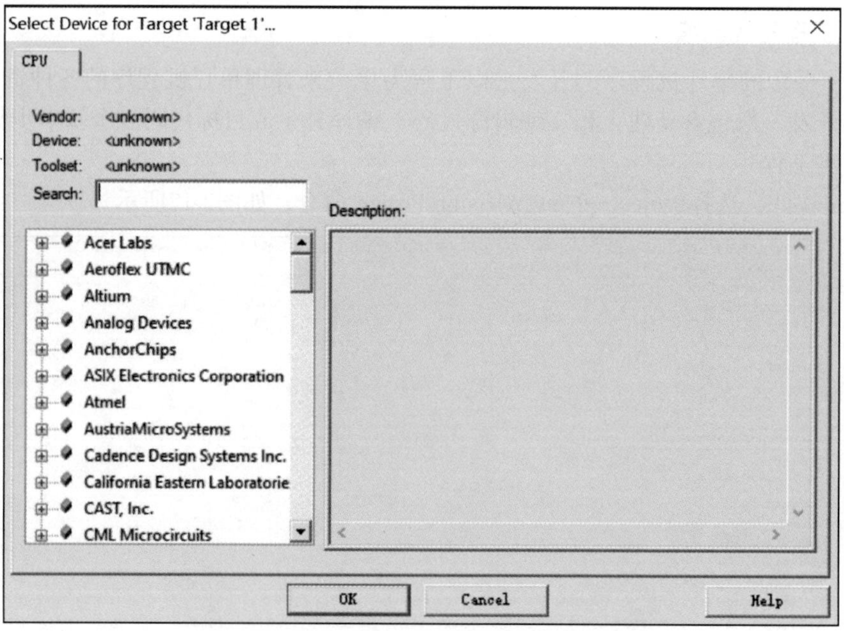

图2-20　兼容8051 CPU内核的单片机型号

如果是第一次在Keil软件中进行STC系列单片机程序的开发，在默认的单片机CPU数据库文件列表中并不能找到STC系列单片机，就需要使用STC-ISP软件将STC系列单片机的设备文件添加到Keil软件相关目录中。在STC-ISP软件右侧菜单选项中选择“Keil仿真设置”选项卡，单击“添加型号和头文件到Keil中，添加STC仿真器驱动到Keil中”按钮，如图2-21（a）所示。在弹出的对话框中指定Keil软件的安装目录，如图2-21（b）所示。单击“确定”按钮后将弹出STC MCU型号添加成功的提示框，如图2-21（c）所示，表示已将STC单片机所需头文件的相关文件添加到了Keil开发系统中。完成添加后在新建工程时就可以看到STC MCU Database选项，如图2-21（d）所示。本书所有案例中均需要选择此选项。

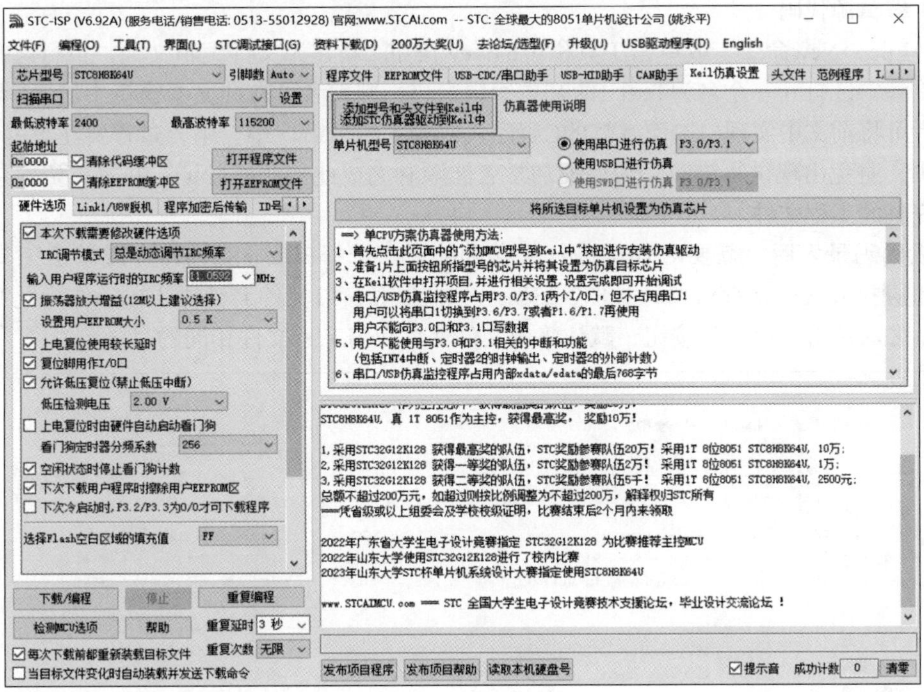

（a）“Keil仿真设置”选项卡

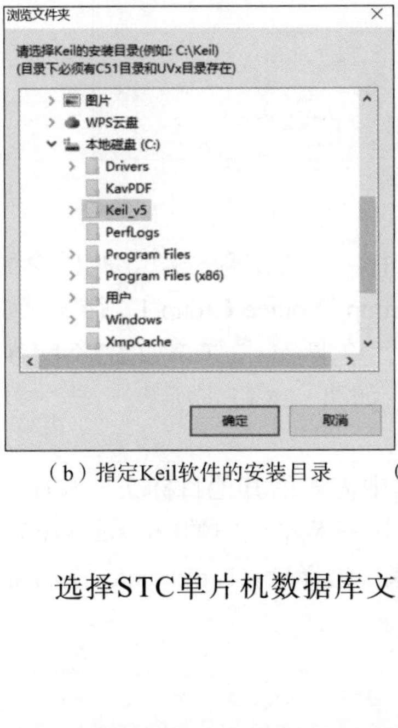

（b）指定Keil软件的安装目录

（c）STC MCU型号添加成功提示框

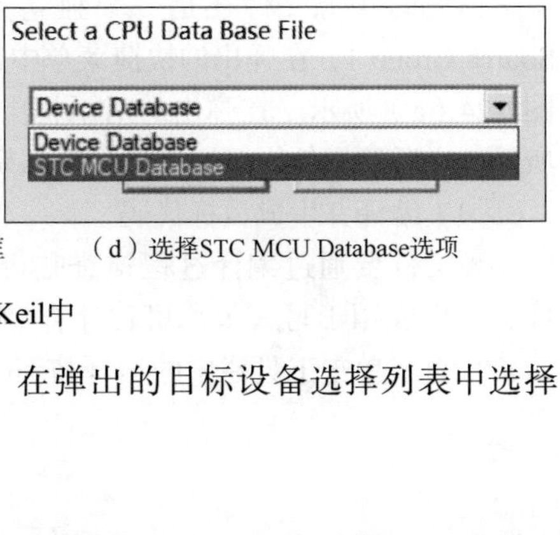

（d）选择STC MCU Database选项

图2-21　添加STC库文件到Keil中

选择STC单片机数据库文件后单击“确定”按钮，在弹出的目标设备选择列表中选择

STC8A8K64S4A12 Series选项，单击“确定”按钮。在弹出的对话框中系统提示是否在工程中添加STARTUP.A51，如图2-22所示。对于初学者此处可先单击“否”按钮跳过，则编译器将自动添加一段初始化内存及堆栈等的代码。此后Keil将进入如图2-14所示主界面，新建工程中默认将目标设备命名为Target 1，并在此设备下建立默认文件分组Source Group 1，后期开发者可根据需要对资源导航栏中的文件进行分组管理。

图2-22　是否添加STARTUP.A51

（2）编辑源代码

选择File→New命令，或单击工具栏中的New按钮新建源文件编辑文档，执行此操作后将在源文件编辑区打开一个名为Text 1的文本编辑窗口，开发者可在此文本窗口中输入C语言源代码。读者可将前文中实现LED流水灯的C程序代码录入编辑窗口中。录入过程要注意遵守C语言语法规则，避免出现拼写错误。为保证初学者能顺利完成此例题的验证，在本书资料包中提供此例程完整的工程文件。

完成代码录入后，需要对代码进行保存和编译。选择File→Save命令或单击工具栏中的Save按钮打开文档保存窗口，如图2-23所示。在保存窗口文件名处输入led.c作为此源文件的文件名，之后单击“保存”按钮，默认将源文件保存在与工程文件相同的目录下。

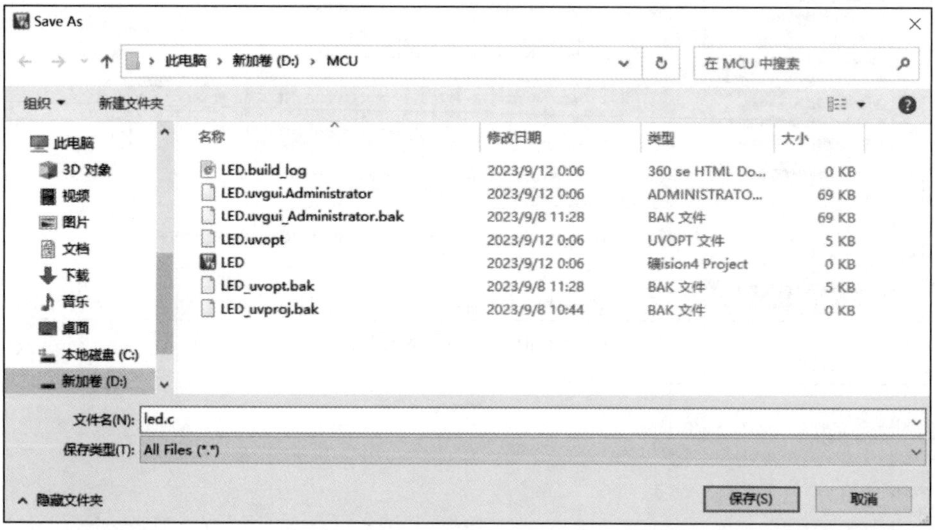

图2-23　源文件保存窗口

但此时该源文件还是一个独立文件，还未加入LED工程中。右击工程资源导航栏中的Source Group 1，在弹出的快捷菜单中选择Add Existing Files to Group “Source Group 1” 命令，如图2-24（a）所示。在弹出的对话框中选择刚保存的led.c源文件，单击Add按钮，如图2-24（b）所示。之后源文件led.c被添加到默认资源分组Source Group 1中，如图2-24（c）所示。

（3）编译并生成目标代码

源文件要通过编译过程检查是否存在语法错误、连接工程中需要的其他目标文件和库文件，并生成用于写入单片机程序存储器的目标代码HEX文件。选择菜单栏中的Project→Build target命令或单击工具栏中的编译按钮即可对当前文件进行编译，编译后在Build Output输出框

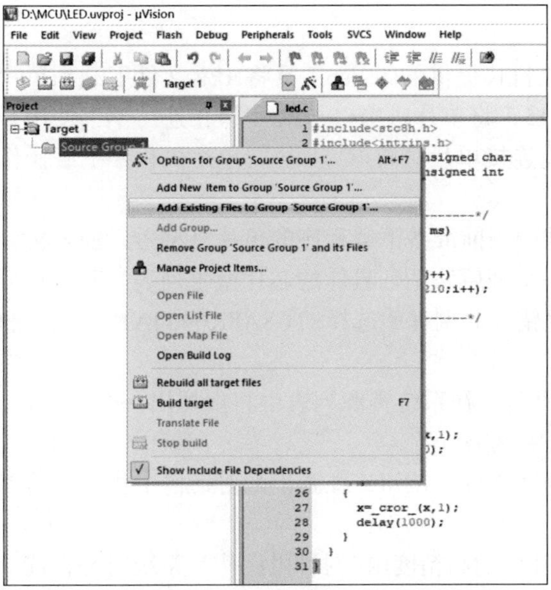

（a）选择Add Existing Files to Group ‘Source Group 1’命令

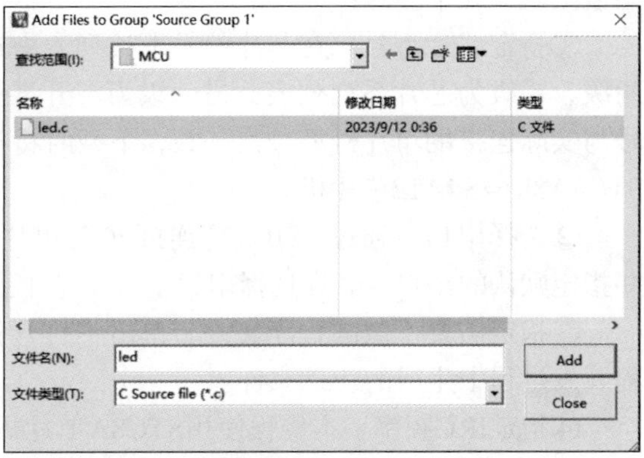

（b）选择led.c源文件

（c）源文件led.c添加到Source Group 1中

图2-24　将源文件添加到工程中

将显示编译结果。如果有错误将提示错误类型及位置，可通过查询Keil帮助文档了解错误原因及解决方案。为生成用于目标程序下载的HEX文件，可单击工具栏中的“目标选项”按钮，选择Output子页，选中Creat HEX File复选框。若编译通过将显示严重错误（Error）和警告错误（Warning）均为0，如图2-25所示。在当前工程文件目录下将生成默认文件名的HEX文件led.hex。

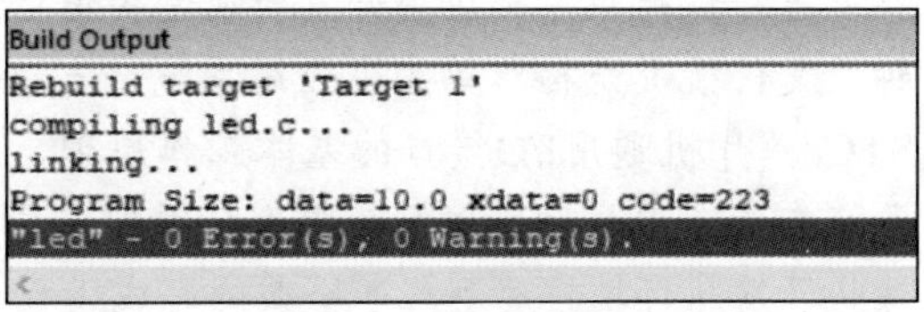

图2-25　编译成功提示

2.7.3 单片机程序的下载

编译通过并生成HEX文件后，即可通过宏晶科技提供的stc-isp工具将HEX文件下载到单片机程序存储器中。打开STC-ISP软件，参见图2-15，将单片机串口与PC串口相连（本书使用开发板配有串口转USB接口电路，可通过USB线缆连接单片机与PC）。执行单片机程序下载操作共包括以下五个步骤：

①指定芯片型号。在芯片信号下拉列表中选中当前准备下载程序的单片机型号，列表包含两级，一级为芯片系列列表，另一级为展开某一系列后该系列具体的芯片型号列表。若选择型号与实际连接的单片机型号不一致，下载时将报错。此例程中选择STC8A8K64S4A12系列中的STC8A8K64S4A12单片机。

②选择串口。通过USB线缆连接PC与单片机后，在系统资源列表中将虚拟出一个串行口，并指定默认的串口号。在选择串口下拉菜单中选中该串口号。

③指定需要下载的程序文件。单击“打开程序文件”按钮，在弹出的对话框中指定之前工程开发过程中生成的HEX文件。

④指定IRC频率。本例程使用STC8A单片机片内的高精度IRC时钟电路作为系统时钟，选中“本次下载需要调节IRC时钟”复选框，并在IRC频率下拉菜单中选择与工程开发过程中一致的时钟频率。

⑤下载/编程。此处下载和编程是同样的含义，均是将定的HEX文件写入目标单片机的程序Flash中。单击“下载/编程”按钮，在开发板上进行一次掉电再上电的操作，开发板重新上电后，将自动进入程序下载模式，并开始下载。下载过程及结果将显示在SIC-ISP软件右下角文本框中。下载成功后，单片机自动重启并开始运行用户程序。

通过以上五个步骤将用户程序下载到单片机程序存储器中。读者可使用STC公司提供的单片机实验箱或其他类似开发板进行试验。

2.7.4 程序的运行与调试

HEX文件下载至单片机后用户程序自动进入运行状态，可通过观察开发板运行效果验证程序工作的正确性。同时，可通过Keil集成开发环境中的调试功能对程序运行过程进行深入分析、调试和仿真。

小 结

单片机的系统结构对认识和理解单片机工作原理、掌握单片机开发方法具有重要意义。本模块从STC8单片机内部结构、功能特性及引脚功能入手深入介绍STC8单片机的结构和功能，重点介绍了STC8单片机的存储器结构，包括STC8单片机片内存储器的类型、功能及使用方法。存储器是进行单片机应用开发时非常关键的系统资源，对其结构及特性要深入理解。单片机时钟及复位情况是构建单片机应用系统、支撑单片机正常工作的关键环节。本模块还详细介绍了STC8单片机通用I/O接口的基本工作原理，通用I/O接口是单片机系统最基本、最重要的I/O资源，在所有单片机应用系统中都会用到。最后通过一个具体的单片机程序的开发过程介绍了单片机开发从环境搭建到程序下载的完成过程，引导读者掌握单片机开发的基本方法。

习　　题

1. 简述STC8单片机的内部结构。
2. 列举STC8单片机主要功能特性。
3. 通过访问STC单片机官网，收集并阅读不同封装的STC8单片机引脚图。
4. 通过互联网收集资料，对STC8及ARM系列单片机的存储系统进行比较。
5. 通过Proteus仿真系统搭建简单单片机应用电路，并编写流水灯程序在仿真系统上运行。

模块三

STC8指令系统

学习导航

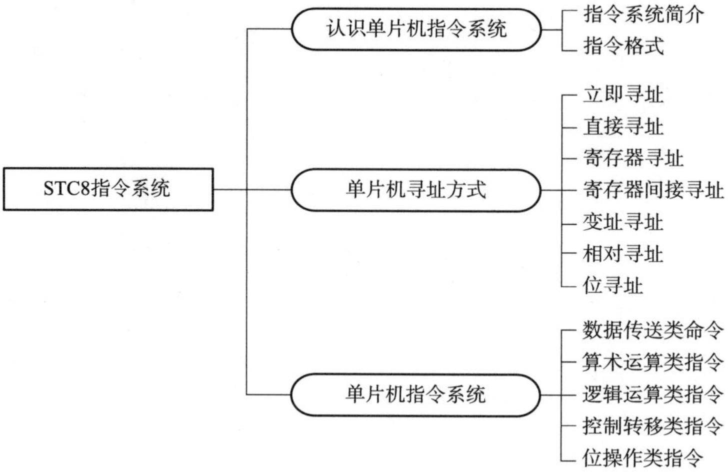

学习及素养目标

- 了解STC8单片机指令系统的基本概念。
- 掌握STC8单片机指令的格式。
- 掌握STC8单片机的寻址方式。
- 掌握STC8单片机的各类指令。
- 熟悉不同指令对单片机硬件资源的访问和操作方式。
- 能够灵活运用各种指令实现数据传送、算术逻辑运算、控制转移等功能。
- 具备创新意识和能力，能够运用所学知识解决实际问题，推动单片机技术的创新和应用。

只有硬件的情况下，单片机是不可能工作的，还需要有相应的软件配合。单片机的软件就是利用其指令系统所编写的程序。所以，本模块将主要介绍STC8系列单片机汇编语言的指令系统。指令是用来指示微处理器执行操作的命令，不同的微处理器具有不同的功能，而这些功能的实现是通过执行一系列相关指令来完成的。因此，计算机所能执行的每一种操作称为一条指令，计算机所能执行的全部指令的集合称为指令系统。STC8系列单片机的指令系统与传统8051单片机完全兼容，指令系统包含111条汇编指令。汇编指令常用英文名称或缩写形式作为助记符。这种采用助记符、符号地址和标号编写的程序语言称为汇编语言。

单元一　认识单片机指令系统

3.1.1　指令系统简介

STC8系列单片机的指令系统是一种占用存储空间少、执行速度快、功能强、效率高的指令系统。

若按指令在程序存储器中所占的字节数，可以把指令分为三类：单字节指令49条、双字节指令45条和三字节指令17条。

若按照指令的执行时间，也可以把指令分为三类：单机器周期指令64条、双机器周期指令45条和四机器周期指令2条。只有乘法、除法指令是四机器周期指令。当STC8系列单片机的系统时钟为12 MHz时，如果系统在12 T工作模式（系统时钟12分频）下，每个机器周期为1 μs，指令的执行时间分别为1 μs、2 μs和4 μs；如果系统在1 T工作模式（系统时钟不分频）下，每个机器周期为1/12 μs，则指令的执行时间分别为1/12 μs、1/6 μs和1/3 μs。由此可见，指令的执行速度较快，指令系统对存储空间和时间的利用率较高。为方便学习与计算，下面设置系统为12 T工作模式，端口默认为准双向I/O接口模式。

若按指令的功能，可以把指令分为五类：数据传送类指令29条、算术运算类指令24条、逻辑运算类指令24条、控制转移类指令17条和位操作类指令17条。

因此，STC8系列单片机的指令系统具有较强的运算、控制及处理能力，指令运行速度快。

3.1.2　指令格式

指令格式是指令的表示方式。通过给计算机发送指令，计算机完成相应的操作。构成计算机的电子器件特性，决定了计算机只能识别二进制代码。所以，原始的指令格式就是机器码格式的，即采用数字的形式，如75H、90H、00等。为了便于记忆，就出现了助记符格式的，如MOV R1，#00H等。这种形式的指令在功能方面与数字形式表示的指令完全一样，本质上完全等价，更重要的是直观，易于记忆，便于编程和修改。

1. 指令的构成

一条指令通常由两部分构成：操作码和操作数。操作码决定了指令的操作功能，而操作数指定了指令操作的对象。操作数有多种形式，可以是一个具体的数据，也可以是指向数据的地址或符号。指令的长度不同，指令的格式也有所区别。单字节指令只有一个字节，操作码和操作数包含在这一个字节中；双字节指令包含两个字节数据，其中，前一字节为操作码，后一字节为操作数；三字节指令包含三个字节数据，其中，前一字节为操作码，后两字节为操作数，两字节的操作数可能是数据，也可能是指向数据的地址。

2. 指令的标准格式

单片机汇编指令的标准格式如下：

```
[标号:]     操作码    [目的操作数]          [源操作数]          [;注释]
LOOP:       MOV          A                  ,R0                ;A←(R0)
```

下面详细介绍指令中的各个部分：

①方括号[]：表示该项是可选项，根据实际情况可以省去。

②标号：用户编程时设置的入口地址符号，代表该指令所处的地址值，控制转移类指令可以根据此标号跳转到该指令开始执行程序。标号必须是以字母开头、以分号“;”结束的字符串，可以是字母或数字。

③操作码：采用英文缩写的指令助记符，表示一条指令所要完成的操作功能。例如，ADD表示加法操作指令，ANL表示逻辑与操作指令。单片机的每一种操作功能都有对应明确的指令助记符，编程时不允许省略。

④目的操作数：用来提供操作的对象，并指出目标地址，表明指令操作结果存储的地址单元。与操作码之间至少要用一个空格符分隔开。例如，SUBB　A, #20指令，表示目的操作数是累加器A的内容，减法操作执行完成后，将运算结果送回至累加器A中保存。

⑤源操作数：用来提供一个源地址或者立即数，表示指令的源操作数的来源，与目的操作数之间用逗号“,”隔开，如ADD　A, #20指令，表示源操作数是立即数，与累加器A的内容相加，结果保存在A中；ADD　A, 25H指令，表示源操作数从片内25H单元取出，与A的内容相加，结果保存在A中。

⑥注释：在编程过程中，为了提高程序的可读性，对某一条指令或某程序段进行的功能性说明和解释。编译器不会对注释部分进行编译。注释要以分号“;”开头，可以用中文、英文或某些符号来表达。注释部分不是程序指令，编译时不会写入到程序的执行代码内，只是在源程序中出现。

3. 指令常用的助记符号

在介绍STC8系列单片机的指令之前，先将一些符号的含义做如下约定：

①Ri：R表示当前选定的工作寄存器组的名字，i只能取值0或1，特指可作间接寻址的两个工作寄存器R0、R1。

②Rn：表示当前选定的工作寄存器组R0~R7（n可取值0~7），当前工作寄存器组的选定由PSW寄存器的RS1、RS0位确定。

③#data：只能作为源操作数，表示包含在指令中的8位立即数。其中#表示立即数，data为8位常数。

④#data16：同#data，表示包含在指令中的16位立即数。

⑤rel：以补码形式表示的相对地址（偏移量），是一个8位带符号位的补码数，因此，地址转移范围为-128~127，即以当前指令为起点，可向前跳转128 B或向后跳转127 B处开始执行，主要用在无条件转移指令（SJMP）和条件转移指令中。

⑥addr11：表示11位的目的地址。指令跳转的目的地址应在相同的2 KB程序存储器地址段内转移，主要用于绝对转移指令（AJMP）和子程序调用指令（ACALL）中。

⑦addr16：表示16位的目的地址。指令跳转的目的地址可以在64 KB程序存储器地址范围内转移，主要用于绝对转移指令（LJMP）和子程序调用指令（LCALL）中。

⑧direct：表示8位可直接寻址的地址，即单片机片内RAM的地址单元（00H~7FH）和特殊功能寄存器SFR的地址。对于特殊功能寄存器，可以用寄存器名称代替其直接地址。

⑨bit：位寻址，指片内RAM单元（20H~2FH）和特殊功能寄存器SFR中的可直接寻址的位地址。

⑩C或CY：表示进位标志位或位处理器中的累加器。

⑪DPTR：16位数据指针，可用作16位的地址寄存器。

⑫@：间接寻址前缀符号，如@Ri、@DPTR表示寄存器间接寻址，@A+DPTR表示基址+变址间接寻址。

⑬(x)：表示x中的内容，其中x代表寄存器名或片内单字节单元地址。

⑭((x))：表示用x中的内容作为地址，该地址单元的内容用((x))表示。

⑮/：位操作，表示对该位操作数取反，但不影响该位的原值。

⑯←：表示指令操作流程，即将箭头一侧的内容送入箭头指向的单元中。

单元二 单片机寻址方式

操作数是指令的重要组成部分。绝大多数指令的执行都需要操作数。操作数指出了参与运算的数或操作数所在的地址单元。寻址就是从指定的地址中获取指令执行所需要的操作数的过程。寻址方式是每一种计算机的指令集中不可缺少的部分，规定了数据的来源和目的地。一般来说，寻址方式的多少是计算机功能强弱的重要标志，寻址方式越多，计算机的功能越强，灵活性越好，指令系统越复杂。STC8系列单片机的寻址方式有以下7种：立即寻址、直接寻址、寄存器寻址、寄存器间接寻址、相对寻址、变址寻址和位寻址，下面分别进行介绍。

3.2.1 立即寻址

立即寻址的特点是操作数以常数形式直接出现在指令中，操作数本身也称立即数。立即数（常数）作为指令的一部分，与操作码一起存储在程序存储器中。程序执行时，可立即得到操作数，而不需要到寄存器或者存储器单元中寻找或取数。指令中的立即数以“#”作为前缀，立即数可以是8位或者16位，可以用十进制、十六进制或二进制的形式表示。其指令格式为：

例如：

```
MOV    A, #70H              ;十六进制表示的立即数，A←70H
MOV    A, #21               ;十进制表示的立即数，A←21
MOV    A, #01010000B        ;二进制表示的立即数，A←01010000B
```

这三条指令的功能是将一个立即数传送至累加器A中，分别用十六进制、十进制和二进制的形式表示。

立即寻址主要用来给寄存器或存储单元赋初值，并且只能用于源操作数，而不能用作目的操作数。

立即数的数值范围：对工作寄存器和片内RAM单元赋初值时，范围为00H~FFH或0~256；对特殊功能寄存器，除DPTR赋初值范围为0000H~FFFFH外，其他的赋初值范围为00H~FFH或0~256；对片外RAM地址单元不能直接赋初值，即不能采用立即寻址，只能采用间接寻址赋初值，赋初值范围为00H~FFH或0~256。

3.2.2 直接寻址

直接寻址的特点是，指令中的操作数域给出的是参加运算操作数的地址。直接寻址方式只能用来表示特殊功能寄存器、内部数据寄存器。

例如：

```
MOV    A, 50H               ;A←(50H)
```

```
MOV    40H,A                    ;(40H)←A
```

这两条指令的功能分别是将片内RAM存储单元50H（累加器A）的内容取出送到累加器A（片内RAM存储单元40H）中。

STC8系列单片机的直接寻址方式只能支持8位二进制数表示的地址，因此，直接寻址方式的寻址范围只限于以下三种地址：

①对片内RAM的基本地址00H~7FH单元的访问采用直接寻址。

②对特殊功能寄存器（SFR）的访问采用直接寻址。特殊功能寄存器除了以单元地址的形式表示外，还可以采用寄存器符号名称的形式表示，如MOV A, 90H表示把P1口（地址为90H）的内容传送至A，该指令还可以书写为MOV A,P1，执行相同的功能，这两种书写形式是完全等价的。

③在程序存储器中程序的跳转或子程序调用要采用直接寻址。例如，长转移指令LJMPaddr16和绝对转移指令AJMPaddr11，长调用指令LCALL addr16和绝对调用指令ACALL addr16，指令中直接给出了16位程序存储器地址或者11位程序存储器地址。当CPU执行这样的指令时，程序计数器（PC）的整个16位或11位将更换为指令中直接给出的地址，机器将按照访问所给定的程序存储器地址取指令或取数，并依次执行。

3.2.3 寄存器寻址

寄存器寻址的特点是，指令中的操作数域直接指定寄存器的名称，通过寄存器来读取或存储操作数。指令指定的寄存器指当前工作区中的寄存器，包括选定的工作寄存器R7~R0、累加器A、通用寄存器B、地址寄存器和进位C。其中寄存器R7~R0由指令码的低3位表示，A、B、DPTR及进位C隐含在指令码中。因此，寄存器寻址也包含一种隐含寻址方式。

例如：

```
MOV    A,R0                     ;A←(R0)
MOV    R7,A                     ;R7←(A)
```

这两条指令表示把工作寄存器R0中的内容传送至累加器A，也可以把累加器A的内容传送至工作寄存器R7。指令中的源操作数和目的操作数是通过寻址A、R0和R7寄存器得到的。

3.2.4 寄存器间接寻址

寄存器间接寻址的特点是，指令中的操作数域直接指定寄存器的名称，但是指令利用寄存器存储操作数的地址。通过寄存器访问该地址的方法称为寄存器间接寻址。指令中的可间接寻址寄存器通常以“@”作为前缀，表示把寄存器中的内容作为操作数的地址，通过寄存器间接地对该地址进行读或写操作来完成指令功能。

例如：

```
MOV    R1,#40H                  ;R1←#40H
MOV    A,@R1                    ;A←((R1))
INC    R1                       ;R1←(R1)+1
MOV    @R1,A                    ;((R1))←A
```

第一条指令将立即数40H保存至R1寄存器中，即把R1指针指向40H地址单元。第二条指令利用R1寄存器进行间接寻址，把R1指针指向的40H地址单元的内容5EH取出来传送到累加器A中。第三条指令将R1的内容自加1，即指向41H地址单元。第四条指令利用R1进行间接寻址，把累加器A的内容取出来，保存至R1指向的41H地址单元中，执行完成后40H和41H单元的内容是5EH，如图3-1所示。

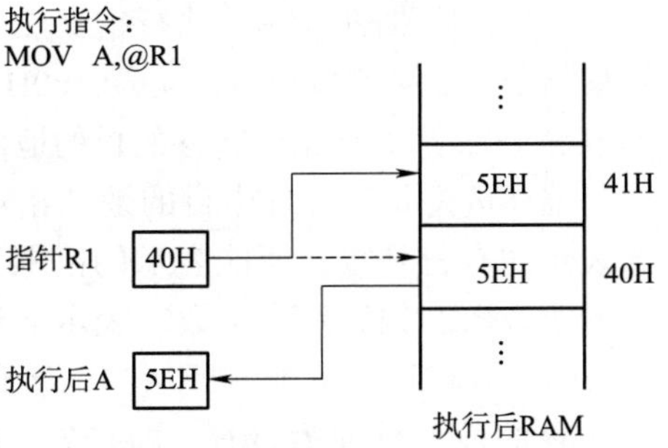

图3-1　寄存器间接寻址示意图

可进行间接寻址的寄存器如下：

①工作寄存器中只有R0、R1可以作为寄存器间接寻址，当作单字节地址的数据指针，间接地访问片内RAM的基本地址（00H~70H）和扩展地址（80H~FFH）时，必须以“@”作为前缀。

②特殊功能寄存器中的DPTR、SP也可以用来寄存器间接寻址。访问片外RAM的64 KB范围，即0000H~FFFFH地址范围时，DPTR寄存器当作双字节地址的数据指针；访问片外RAM的00H~FFH地址范围时，既可以把寄存器DPTR作为数据指针，也可以把寄存器R0、R1作为数据指针，进行寄存器间接寻址，寄存器必须以“@”作为前缀。访问堆栈区时，需要利用堆栈指针SP进行寄存器间接寻址。堆栈操作的压栈指令PUSH和出栈指令POP，通过SP进行间接寻址，实现堆栈区内数据的压入和弹出。需要说明的是，堆栈操作默认通过堆栈指针SP进行间接寻址，不需要在PUSH和POP指令中显式地指出。

3.2.5　变址寻址

变址寻址是把变址寄存器的内容（即变址基地址）和偏移量寄存器的内容（即偏移量）相加的结果，作为操作数的有效地址，访问该地址获得操作数。变址寻址只能以地址寄存器DPTR或程序计数器PC作为变址寄存器，以累加器A作为偏移量寄存器，把两者相加后形成的16位结果作为操作数的有效地址。例如，MOVC A, @A+DPTR，假设变址寄存器DPTR的内容为1010H，A的内容为20H，程序存储器1030H单元内容为74H，则该指令执行的结果是把程序存储器1010H + 20H = 1030H单元中的内容74H传送至累加器A中，如图3-2所示。

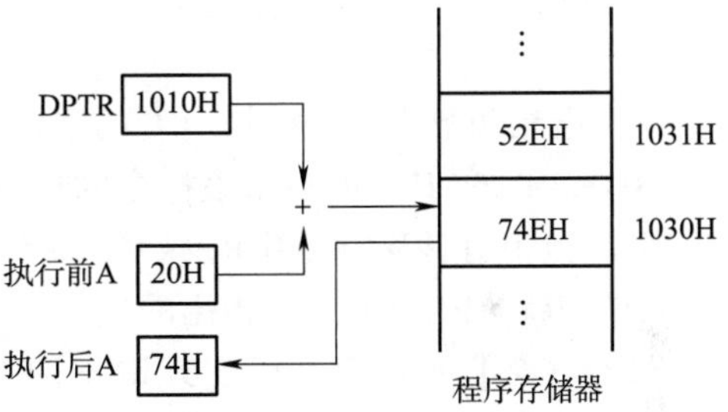

图3-2　变址寻址示意图

变址寻址是专门针对程序存储器的寻址方式，寻址范围可达到64 KB，多用于数据存储器的查表应用中。这种寻址方式的指令只有如下三条，这三条指令都是单字节指令：

```
MOVC    A,@A+DPTR              ;读取程序存储器地址中的数据传送至A
MOVC    A,@A+PC                ;读取程序存储器地址中的数据传送至A
JMP     @A+DPTR                ;无条件跳转到程序存储器的某个地址处开始执
```

3.2.6　相对寻址

相对寻址只出现在相对转移指令中。其特点是把程序计数器（PC）的当前值与指令中指定的偏移量rel相加，形成相对转移指令的转移地址（也称为转移目的地址）。由于目的地址是相对于PC中的基地址而言，所以这种寻址方式称为相对寻址。

PC的当前值称为基地址，是相对转移指令的下一条指令的首地址。如果把相对转移指令的地址作为源地址，则PC值=源地址+相对转移指令的字节数。于是，可以得到：

目的地址 = 源地址 + 相对转移指令的字节数 + 偏移量rel

例如，假设rel=75H，执行指令JZ rel时，该指令是以累加器A的值等于零为条件的双字节转移指令，如果该指令的地址为0300H，则该指令执行时，此时PC的值为0302H。如果累加器A的值等于0，那么该指令转移的目的地址为0300H + 2 + 75H=0377H。

偏移量是相对寻址中目的地址相对于PC寄存器当前值的偏移，是一个单字节的用补码形式表示的有符号数，所能表示的范围为-128~127，偏移量rel=目的地址–源地址–相对转移指令的字节数。偏移量为负数，表示从当前指令地址向上转移，即目的地址小于源地址，偏移量rel=128–转移字节数，即从当前转移地址的下一条指令算起到目的地址之间的字节数，向上转移的最大范围为7FH，即127，如例3-1；偏移量为正数，表示从当前指令地址向下转移，即目的地址大于源地址，偏移量rel =转移字节数，向下转移的最大范围为7FH，即127，如例3-2。

【例3-1】如下程序段实现10个单字节无符号数相加，从源地址0108H转移到目的地址0106H的转移字节数为4，则偏移量为128-4 = FCH（最高位是符号位，即-4的补码表示形式）。

```
地址    机器码    指令助记符
0100    78 30     MOV        R0,#30H
0102    7A 0A     MOV        R2,#10
0104    E4        CLR        A
0105    C3        CLR        C
0106    36        LOOP:      ADDC A,@R0        ;目的地址
0107    08        INC        R0
0108    DA FC     DJNZ       R2,LOOP           ;相对转移指令（源地址）
010A    22        RET
```

执行相对转移指令时，PC的当前值等于源地址0108H+相对转移指令的字节数2，即0108H+2=010AH，再根据该指令的执行结果，计算出下一条执行指令的目的地址，并保存至PC中。当相对转移指令中R2减1结果不为零时，目的地址=PC+偏移量=0106H；结果为零时，目的地址就是PC当前值所指出的地址。

【例3-2】如下程序段实现取出两个数进行除法运算，从源地址0101H转移到目的地址010DH的转移字节数为10，则偏移量为= 0AH。

```
地址    机器码    指令助记符
0100    HE6       MOV        A,@R0
0101    60 0A     JZ         QUIT              ;相对转移指令（源地址）
0103    C5 F0     XCH        A,B
0105    08        INC        R0
0106    E6        MOV        A,@R0
0107    84        DIV        AB
0108    F6        MOV        @R0,A
0109    18        DEC        R0
010A    C5 F0     XCH        A,B
010C    F6        MOV        @R0,A
010D    22        QUIT:      RET               ;子程序返回
```

执行相对转移指令时，PC的当前值等于源地址0101H+相对转移指令的字节数2，即0101H+2=0103H，再根据该指令的执行结果，计算出下一条执行指令的目的地址，并保存至PC中。当累加器A的内容等于零时，目的地址=PC+偏移量=010DH；累加器A的内容不等于零时，目的地址就是PC当前值所指出的地址。

3.2.7　位寻址

采用位寻址方式的指令的操作数是8位二进制数中的某一位。在进行位寻址时，借助于进位标志C作为位操作累加器，指令操作数直接给出该位的位地址，然后根据操作码的性质对该位进行位操作。位地址在指令中用bit表示，例如CLR bit。单片机对内部RAM和特殊功能寄存器的数据位进行位操时作采用该寻址方式。例如，MOV　C, 20H是把位地址20H中的二进制值传送到进位标志C。位寻址范围说明如下：

1. 内部RAM中的位寻地区

（1）内部RAM中的位寻址区，即20H~2FH单元共128个位可以通过位寻址进行位操作，位地址范围为00H~7FH。这些位在指令中的表示方法有如下两种：

①位地址表示法：例如，指令MOV　C, 30H是把位地址30H中的二进制值送到C中。

②点操作符表示法（即单元地址加上位）：例如，指令MOV　C, 26H.0是把26H单元中的第0位，也就是最低位送到C中，与指令MOV　C, 26H是完全等价的。

2. 特殊功能寄存器的可寻址位

这些可寻址位在指令中的表示方法存在如下四种：

①位地址表示法：例如，P1口有8位，这8位的位地址分别是90H~97H。

②位名称表示法：有些位有专用名称，可以采用此专门的位名称来表示该位。例如，PSW.6是Ac标志位，可以使用AC来表示PSW寄存器的第6位。

③点操作符表示法：例如，P1口的字节地址为90H，90H.0表示P1口的第0位，也可以用P1.1表示；PSW的字节地址为D0H，PSW的第5位可以用D0H.5表示，也可以用PSW.5表示。

④用户自定义位名称表示法：例如，用户可以给20H.2位自定义名称TEMP，这样就可以在指令中用TEMP表示20H.2位。

综上所述，STC8系列单片机的指令究竟是对哪个存储器地址进行操作是由指令中的操作码和寻址方式决定的，见表3-1。

表3-1　单片机寻址方式及其寻址空间

寻址方式	源操作数寻址空间	指　令
立即寻址	ROM程序存储器中	MOV　A, #55H
直接寻址	片内RAM的00H~7FH区域（低128 B） 特殊功能寄存器SFR	MOV　A, 55H
寄存器寻址	工作寄存器R0~R7、A、B、CY、DPTR	MOV　55H, R6
寄存器间接寻址	片内RAM的00H~7FH区域[@R0,@R1]、堆栈区域[SP]（仅限PUSH和POP）、片外RAM[@R0,@R1,@DPTR]	MOV　A, @R0 MOVX　A, @DPTR
变址寻址	程序存储器（@A＋PC，@A＋DPTR）	MOVC　A, @A+DPTR
相对寻址	程序存储器256 B范围（PC+偏移量）	SJMP　55H
位寻址	片内RAM的20H~2FH字节地址，部分特殊功能寄存器	CLR　C SETB　00H

单元三　单片机指令系统

STC8系列单片机指令系统共111条，按照功能可分为五大类：数据传送类指令（29条）、算术运算类指令（24条）、逻辑运算类指令（24条）、控制转移类指令（17条）和位操作类指令（17条）。下面按功能分类分别介绍各条指令。

3.3.1　数据传送类指令

数据传送类指令是单片机使用最频繁的一类指令，共有29条。STC8系列单片机为用户提供了极其丰富的数据传送指令，种类多、功能强。这类指令可以将源操作数传送到目的操作数（地址或寄存器）中，而源操作数保持不变。或者使用交换型指令，源、目的操作数都能保留，实现相互交换。

数据传送类指令不会影响进位标志C、半进位标志AC和溢出标志OV，但是数据传送操作可以改变累加器A的值，从而影响奇偶标志P和零标志Z。

MOV是数据传送类指令的操作助记符。数据传送类指令的指令格式如下：

```
MOV    <目的操作数>,<源操作数>
```

1. 以累加器A为目的操作数的指令

这组指令有四条，如下所示：

```
MOV    A,#data          ;立即寻址，A←#data
MOV    A,#direct        ;直接寻址，A←(direct)
MOV    A,Rn             ;寄存器寻址，A←(Rn),n=0~7
MOV    A,@Ri            ;寄存器间接寻址，A←((Ri)),i=0~1
```

这组指令可以通过立即、直接、寄存器和寄存器间接方式获取源操作数，完成将源操作数传送到累加器A的功能。例如：

```
MOV    A,#4AH           ;立即寻址，A←4AH
MOV    A,35H            ;直接寻址，A←(35H)
MOV    A,R2             ;寄存器寻址，A←(R2)
MOV    A,P0             ;寄存器寻址，A←(P0)
MOV    A,@R1            ;寄存器间接寻址，A←((R1))
```

2. 以工作寄存器Rn为目的操作数的指令

这组指令有三条，如下所示：

```
MOV    Rn,#data         ;Rn←#data, n=0~7
MOV    Rn,#direct       ;Rn←(direct),n=0~7
MOV    Rn,A             ;Rn←(A),n=0~7
```

这组指令可以实现将源操作数传送到当前工作寄存器区R0~R7的某一个寄存器中，源操作数可以通过立即、直接、寄存器等寻址方式获得。但STC8系列单片机共有4组Rn，选择哪一组Rn，由PSW寄存器的RS1、RS0位确定。例如：

```
MOV     R4,#0E6H                ;立即寻址，R4←#0E6H
MOV     R2,41H                  ;直接寻址，R2←(41H)
MOV     R6,A                    ;寄存器寻址，R6←(A)
```

3. 以直接地址direct为目的操作数的指令

这组指令有五条，如下所示：

```
MOV     direct,#data            ;direct←#data
MOV     direct1,direct2         ;direct1←(direct2)
MOV     direct,A                ;direct←(A)
MOV     direct,Rn               ;direct←(Rn),n=0~7
MOV     direct,@Ri              ;direct←((Ri)),i=0~1
```

这组指令可以实现将源操作数传送到直接地址指定的存储单元中，源操作数可以通过立即、直接、寄存器、寄存器间接等寻址方式获得。direct指的是内部RAM（地址范围00H~7FH）或特殊功能寄存器（地址范围80H~FFH），可以实现片内RAM之间、特殊功能寄存器SFR之间、片内RAM和特殊功能寄存器SFR之间直接传送数据。数据直接传送不需要借助累加器A或使用工作寄存器Rn来间接寻址，提高了数据传送的效率。例如：

```
MOV     30H,#12H                ;30H←#12H
MOV     60H,5AH                 ;60H←(5AH)
MOV     44H,A                   ;44H←(A)
MOV     52H,R2                  ;52H←(R2)
MOV     21H,@R0                 ;21H←((R0))
```

4. 以寄存器间接地址为目的操作数的指令

这组指令有三条，如下所示：

```
MOV     @Ri,#data               ;((Ri))←#data,i=0~1
MOV     @Ri,direct              ;((Ri))←(direct),i=0~1
MOV     @Ri,A                   ;((Ri))←(A),i=0~1
```

这组指令可以实现将源操作数传送到以Ri的内容为地址的片内RAM单元中（即R*i*作指针），源操作数可以通过立即、直接、寄存器等寻址方式获得。间接寻址可以访问片内RAM的低128个单元（00H~7FH）和高128个单元（80H~FFH），但不能用于访问特殊功能寄存器SFR。

【例3-3】假设单片机片内RAM单元(40H)=30H，(30H)=20H，(20H)=10H，(P1)=5AH，分析如下程序段执行后各单元及寄存器的内容。

```
MOV     R1,#40H                 ;(R1)←40H
MOV     A,@R1                   ;(A)←30H
MOV     R0,A                    ;(R0)←30H
MOV     B,@R0                   ;(B)←20H
MOV     @R1,P1                  ;(40H)←5AH
MOV     P2,P1                   ;(P2)←5AH
MOV     R0,B                    ;(R0)←20H
MOV     A,@R0                   ;(A)←10H
MOV     B,A                     ;(B)←10H
MOV     @R0,#1FH                ;(20H)←1FH
MOV     P1,@R0                  ;(P1)←1FH
```

上述程序段执行后，最后的结果为(P1)=1FH，(40H)=5AH，(30H)=20H，(20H)=1FH，(A)=10H，(B)=10H，(R0)=20H，(R1)=40H，(P2)=5AH。

5. 外部数据存储器传送指令

这组指令有五条，如下所示：

```
MOV     DPTR,#data          ; DPTR←#data
MOVX    A,@Ri               ; A←((Ri))，读取外部RAM或I/O接口
MOVX    A,@DPTR             ; A←((DPTR))，读取外部RAM或I/O接口
MOVX    @Ri,A               ; ((Ri))←A，向外部RAM或I/O接口写数据
MOVX    @DPTR,A             ; ((DPTR))←A，向外部RAM或I/O接口写数据
```

利用这组指令实现对外部扩展RAM存储器或I/O接口的读/写操作。STC8系列单片机对外部扩展RAM存储器或I/O接口进行访问时，必须通过寄存器间接寻址。间接寻址寄存器可以是DPTR、R1或R0，借助累加器A进行数据中转，每次仅能传送一个字节的数据。这组指令传送数据时，实际要通过P0、P2口来完成，即片外RAM存储器地址的低8位由P0口发送，高8位由P2口发送，数据由P0传送（P0口是双向口，分时复用）。

MOV　　DPTR,#data是唯一的一条16位数据传送指令，立即数的高8位送入DPH，立即数的低8位送入DPL。采用16位的DPTR进行间接寻址时，高8位地址（DPH）由P2口输出，低8位地址（DPL）由P0口输出。最大可寻址64 KB片外RAM存储器，如下所示：

```
MOV     DPTR,#0230          ;DPTR←#0230H
MOVX    A,@DPTR             ;A←((0230H))，把外部RAM的0230H单元的内容传送至A
```

采用工作寄存器R0或R1进行间接寻址时，R0或R1存储地址的低8位，8位地址和数据均由P0口传送，因此最大可寻址256 B的片外RAM存储器。如果扩展的外部RAM的存储空间在256 B内时，就可以利用R0或R1进行间接寻址。如下所示：

```
MOV     R0,#8AH             ;R0←#8AH
MOVX    A,@R0               ;A←((8AH))，把外部RAM的8AH单元的内容传送至A
```

也可以利用R0或R1通过间接寻址方式来访问地址为16位的外部扩展RAM，具体方法是地址的高8位由P2口传送，低8位地址存储在R0或R1中，这样P2 R0或P2 R1也可以形成16位的片外RAM的地址，并进行间接寻址，如下所示：

```
MOV     P2,#10H             ;P2←#10H
MOV     R1,#20H             ;R1←#20H
MOVX    A,@R0               ;A←((1020H))，把外部RAM的1020H单元的内容传送至A
```

执行MOVX指令访问外部扩展RAM时，将会从P3口输出$\overline{WR}$、$\overline{RD}$信号。对外部扩展RAM进行写操作时，$\overline{WR}$信号有效，由P3.6输出；对外部扩展RAM进行读操作时，$\overline{RD}$信号有效，由P3.7输出。

6. 程序存储器数据表格传送指令

单片机有两条查表指令，将数据表格存放在程序存储器中，采用变址寻址方式，把程序存储器中的数据表格读出来，传送至累加器A。值得注意的是目的操作数只能是累加器A。两条查表指令如下：

```
MOVC    A,@A+PC             ;PC←(PC)+1,A←((A)+(PC))
```

```
MOVC    A,@A+DPTR            ;PC←(PC)+1, A←((A)+(DPTR))
```

这两条指令都是单字节指令，CPU读取指令后，PC的内容先自动加1，然后把基址寄存器PC或DPTR的内容与变址寄存器A的内容相加，得到一个16位的无符号数，以此为地址访问程序存储器，读取该地址单元的内容并传送至A。

MOVC　A, @A+DPTR指令以DPTR为基址寄存器进行查表。使用前需要先给DPTR赋予一个任意的16位无符号地址，所以查表范围可达整个程序存储器的64 KB空间，称为远程查表，而且各个程序块可以共用一个表格。但若DPTR已赋值待用，装入新值前必须保存其原值，可利用堆栈操作指令PUSH来保存。查表完成后，利用POP指令从堆栈中恢复DPTR的原值。

【例3-4】分析如下程序段的执行结果：

```
PUSH    DPH                                 ;DPH压栈
PUSH    DPL                                 ;DPL压栈
MOV     DPTR,#3200H                         ;DPTR←#3200
MOV     A,#07H                              ;A←#07H
MOVC    A,@DPTR+A                           ;A←((A)+(DPTR))
POP     DPL                                 ;DPL出栈
POP     DPH                                 ;DPH出栈
…
ORG     3200H
DB      00,01,04,09,16,25,36,49,64,81       ;表格内是0~9的平方值
```

该程序段是从表格内读取7的平方值49。指令执行结果：(DPTR)=3200H，(A)=31H。

所以，MOVC　A, @A+DPTR指令的执行结果只与指针DPTR和累加器A的内容有关，与该指令存储的地址及常数表格存储的地址无关。另外，该指令执行后，DPTR的内容保持不变，只是PC=(PC)+1。

MOVC　A,@A+PC指令以PC为基址寄存器，CPU从程序存储器中读取该单字节指令后，PC的值会自动加1，指向下一条指令的首地址。因此，执行该指令时，当前PC值已经增加了1。由于累加器A是一个单字节寄存器，最大值为255，这样就限制了该指令查表的范围，即只能查找指令所在地址以后的256 B范围内的代码或常数，同时也限制了表格的地址空间分配，因此称为近程查表。

编程时还需要计算MOVC　A,@A+PC指令与表格首地址的偏移量，即MOVC指令所在的下一条指令地址与存储表格的首地址之间相差的字节数，并且用一条加法指令将偏移量加到累加器A中实现地址调整。偏移量的计算方法为：

$$偏移量 = 表格首地址 - (MOVC指令地址 + 1)$$

【例3-5】分析如下程序段的执行结果：

```
ORG     1030H
(1030H)    MOV     A,#04H                               ;A←#04H
(1032H)    ADD     A,#03H                               ;A←(A)+#03H
(1034H)    MOVC    A,@A+PC                              ;A←((A)+(PC))
(1035H)    MOV     30H,A                                ;30H←(A)
(1037H)    RET
(1038H)    DB      00,01,04,09,16,25,36,49,64,81        ;表格内是0~9的平方值
```

该程序段是从表格内读取4的平方值16。数据表格的首地址为1038H，MOVC指令地址为

1034H，根据计算公式，偏移量为03H。执行MOVC指令前，(A)=04H+03H=07H。执行MOVC指令时，PC已指向下一条指令MOV 30H,A的地址，即(PC)=1035H，此时将1035H+07H=1042H地址内保存的十进制数据16传送到A中，所以MOVC指令执行后，(PC)=1035H，(A)=10H。

MOVC　A, @A+PC指令的优点是不改变特殊功能寄存器及PC的状态，根据A的内容就可以读取表格中的数据；缺点是表格只能存储在该指令后面的256个单元之内，表格的大小受到限制，且表格只能被一段程序所使用。

7. 堆栈操作指令

STC8系列单片机的片内RAM中存在一个后进先出（last in first out, LIFO）的区域，称为堆栈。堆栈指针寄存器SP指向堆栈的栈顶位置。堆栈区域常用来保存数据或恢复现场。堆栈只存在两个操作：压栈操作PUSH和出栈操作POP。堆栈操作有如下两条指令，分别对应堆栈的压栈操作和出栈操作。

```
PUSH    direct          ;SP←SP+1,((SP))←(direct)
POP     direct          ;(direct)←((SP)),SP←SP-1
```

压栈操作时，先将堆栈指针SP加1，即SP←SP+1；然后把direct地址单元的内容传送到堆栈指针SP所指向的内部RAM单元中，即((SP))←(direct)。

【例3-6】假设(SP)=6FH，(A)=30H，(B)=5CH，(40H)=9FH，执行如下指令：

```
PUSH    A               ;SP←6FH+1=70H,70H←(A)=30H
PUSH    B               ;SP←70H+1=71H,71H←(B)=5CH
PUSH    40H             ;SP←71H+1=72H,72H←(40H)=9FH
```

最后结果为(70H)=30H，(71H)=5CH，(72H)=9FH，SP=72H。

出栈操作时，先将堆栈指针SP所指向的内部RAM单元的内容传送至direct地址单元中，即(direct)←((SP))；然后堆栈指针SP减1，即SP←SP-1。

【例3-7】假设(SP)=72H，(70H)=30H，(71H)=1CH，(72H)=9FH，执行如下指令：

```
POP     A               ;30H←((SP)),SP←SP-1
POP     DPH             ;DPH←((SP)),SP←SP-1
POP     DPL             ;DPL←((SP)),SP←SP-1
```

最后结果为(30H)=9FH，(DPTR)=1C30H，(SP)=6FH。

8. 数据交换指令

交换指令使得单片机在保证数据稳定可靠的同时，能够更加高效、快捷地对数据进行处理。这组指令有五条，如下所示：

```
XCH     A,direct;(A)↔(direct)
XCH     A,Rn            ;(A)↔(Rn),n=0~7
XCH     A,@Ri           ;(A)↔((Ri)),i=0~1
XCHD    A,@Ri           ;(A3~0)↔((Ri)3~0),i=0~1
SWAP    A               ;(A3~0)↔(A7~4),A的高4位和低4位交换
```

前三条指令是字节交换指令，实现源操作数与累加器A的相互交换。源操作数可以通过直接寻址、寄存器寻址和寄存器间接等寻址方式获取。

第四条指令是半字节交换指令，源操作数通过寄存器间接寻址方式获取，实现累加器A的

低4位与源操作数的低4位相互交换，A和源操作数的高4位保持不变。

第五条指令是累加器半字节交换指令，实现累加器A的高4位（高半字节）和低4位（低半字节）相互交换。

【例3-8】 假设(A)=60H，(R4)=32H，(40H)=57H，(R1)=40H，试分析如下汇编程度段执行的结果。

```
XCH      A,40H
XCH      A,R4
XCH      A,@R1
XCHD     A,@R1
SWAP     A
```

该汇编程序段执行的最终结果：(A)=26H，(R4)=57H，(40H)=30H，(R1)=40H。

3.3.2　算术运算类指令

STC8系列单片机共有算术运算类指令24条，可以分为加法、带进位加法、带借位减法、加1、减1、乘法、除法和十进制数调整指令。这些指令都是单字节二进制数算术运算指令，完成单字节操作数的加、减、乘、除运算。

借助溢出标志OV，可实现有符号数的二进制补码运算；借助进位标志，可实现多字节二进制数加、减法运算，对压缩BCD码也能进行加、减法运算。加、减、乘、除运算指令必须在累加器中进行。

算术运算类指令执行的结果只对CY、AC、OV三种标志位有影响，但加1、减1指令除外，并不影响这些标志位。只要修改了累加器A的值，就会影响奇偶标志位P。

1. 加法指令

加法指令共有四条，把累加器A的内容与源操作数相加，结果保存在A中。必须在累加器A中完成加法操作。四条加法指令如下：

```
ADD    A,#data            ;A←(A)+#data
ADD    A,direct           ;A←(A)+(direct)
ADD    A,Rn               ;A←(A)+(Rn),n=0~7
ADD    A,@Ri              ;A←(A)+((Ri)),i=0~1
```

这组指令参与加法运算的都是8位二进制数，可以是无符号数，也可以是有符号数的补码形式。例如，二进制数10110110，可以是无符号数182，也可以是有符号数-54的补码。无论如何，都是进行加法运算，按照二进制的加法运算规则进行运算。

进行加法运算时，当第3位或第7位发生进位时，则分别将辅助进位标注AC、进位标志Cy置1，否则置0。

因为加法运算结果修改了A的值，所以P标志位受到影响。若累计器A中“1”的个数为奇数，则P为1；如果“1”的个数为偶数，则P为0。

加法运算指令会影响OV溢出标志。但是只有当参与加法运算的数为有符号数时，OV溢出标志位才有意义。两个有符号数进行算术运算，当OV为1时，发生了溢出，表明运算结果有误；当OV为0时，未发生溢出，运算结果正确。

进行算术运算时，CPU不会区分参与运算的数是否有符号，总是当作有符号数对待。运算时，只要第6位和第7位其中一个向高位有进位，则设置OV为1，表明发生了溢出；如果第6位和第7位同时有进位或同时没有进位，则设置OV为0，表明未发生溢出。

【例3-9】设(A)=C3H，(R2)=AAH，执行指令ADD　A, R2。

运算结果为：(A)=6DH，CY=1，AC=0，OV=1，P=1。

2. 带进位加法指令

带进位加法指令共有四条，把累加器A的内容、进位标志CY与源操作数相加，结果保存在A中。必须在累加器A中完成加法操作。四条带进位加法指令如下：

```
ADDC    A,#data             ;A←(A)+#data+Cy
ADDC    A,direct            ;A←(A)+(direct)+Cy
ADDC    A,Rn                ;A←(A)+(Rn)+Cy,n=0~7
ADDC    A,@Ri               ;A←(A)+((Ri))+Cy,i=0~1
```

这组指令的特点是进位标志位CY参与了加法运算，对标志位CY、AC、OV、P的影响与加法指令相同，常用于实现多字节加法。

【例3-10】编程实现两个双字节无符号数加法，即R7 R6←(R5 R4)+(R3 R2)。

分析：双字节无符号数是16位的二进制数，这两个数的高字节分别保存在R5和R3中，低字节分别保存在R4和R2中，运算结果的高字节保存到R7，低字节保存到R6。单片机没有16位二进制数的加法指令，需要编程实现。先进行低字节的加法，高字节相加时，需要把低位产生的进位CY一起加上。程序如下：

```
MOV     A,R2                ;取被加数的低字节
ADD     A,R4                ;低字节相加
MOV     R6,A                ;保存和的低字节到R6
MOV     A,R3                ;取被加数的高字节
ADDC    A,R5                ;高字节加数、被加数、CY相加
MOV     R7,A                ;保存和的高字节到R7
```

3. 带借位减法指令

带借位减法指令共有四条，将累加器A的内容减去进位标志CY的同时，减去源操作数的值，结果保存在A中。必须在累加器A中完成减法操作。四条带借位减法指令如下：

```
SUBB    A,#data             ;A←(A)-#data-CY
SUBB    A,direct            ;A←(A)-(direct)-CY
SUBB    A,Rn                ;A←(A)-(Rn)-CY,n=0~7
SUBB    A,@Ri               ;A←(A)-((Ri))-CY,i=0~1
```

指令的执行会影响CY、AC、OV、P四个标志位。做减法操作时，如果第7位有借位，则置CY为1，否则CY为0。如果第3位有借位，则置AC为1，否则AC为0。只有当参与减法运算的数为有符号数时，OV溢出标志位才有意义，如果第6位和第7位其中一个有借位，则设置OV为1，表明发生了溢出；如果第6位和第7位同时有借位或同时没有借位，则设置OV为0，表明未发生溢出。如果累计器A中“1”的个数为奇数，则P为1；否则，如果“1”的个数为偶数，则P为0。

注意： 减法指令都是带借位的减法指令，如果要进行不带借位的减法操作，则需要在SUBB指令执行前，借助CLR　C指令将借位标志CY清零，即CY=0。

4. 加1指令

加1指令共有五条，指令助记符为INC，将操作数所指定的内容自加1。指令如下：

```
INC     A               ;A←(A)+1
INC     direct          ;(direct)←(direct)+1
INC     Rn              ;(Rn)←(Rn)+1,n=0~7
INC     @Ri             ;((Ri))←((Ri))+1,i=0~1
INC     DPTR            ;DPTR←(DPTR)+1
```

这五条指令需要注意的事项如下：

①指令的执行不影响CY、AC、OV标志位。

②当操作单元的内容为FFH时，执行INC指令加1后，操作单元内容变为00H，但并不影响CY标志位。

③只有涉及累加器的INC指令，如INC　A，才会影响P标志位。

④INC　A指令和ADD　A, #01H指令都将累加器A的内容加1，但后者对CY、AC、OV标志位有影响。

⑤INC　DPTR指令是16位操作数加1指令，该指令首先对DPL内容加1操作，当产生溢出时，才对DPH的内容进行加1操作，并不影响CY标志位。

⑥当操作数的直接地址为P0~P3端口时，其功能是修改I/O接口的输出内容。指令执行时，先从端口读入原始数据，然后在CPU中加1，再将结果写入端口输出，即“读→修改→写”操作。

5. 减1指令

减1指令共有四条，指令助记符为DEC，将操作数所指定的内容自减1。指令如下：

```
DEC     A               ;A←(A)+1
DEC     direct          ;(direct)←(direct)+1
DEC     Rn              ;(Rn)←(Rn)+1,n=0~7
DEC     @Ri             ;((Ri))←((Ri))+1,i=0~1
```

这四条指令需要注意的事项如下：

①指令的执行不影响CY、AC、OV标志位。

②当操作单元的内容为00H时，执行DEC指令加1后，操作单元内容变为00H，但并不影响CY、AC、OV标志位。

③只有涉及累加器的DEC指令，如DEC　A，才会影响P标志位。

④当操作数的直接地址为P0~P3端口时，其功能是修改I/O接口的输出内容。指令执行时，先从端口读入原始数据，然后在CPU中减1，再将结果写入端口输出。

6. 乘法指令

乘法指令是单字节四机器周期指令，是单片机指令系统执行周期最长的指令之一。只能对两个单字节的二进制数进行乘法运算。乘法指令的格式如下：

```
MUL     AB              ;BA←(A)×(B)
```

该指令可以把累加器ACC和寄存器B中的8位无符号数相乘得到16位的乘积，其低字节保存在A中，高字节保存在B中。如果乘积大于255，即0FFH，则置溢出标志位OV为1；否则，将OV清零。进位标志位CY总是0。

如果(A)=4EH，(B)=5DH，指令MUL　AB执行后，结果为(B)=1CH，(A)=56H。由于乘积1C56H大于255，所以标志位CY=0，OV=1。

7. 除法指令

除法指令是单字节四机器周期指令，是单片机指令系统执行周期最长的指令之一。只能对两个单字节的二进制数进行除法运算。除法指令的格式如下：

```
DIV    AB                  ;A(商)←(A)/(B),B←余数
```

该指令可以把累加器A中的8位无符号数除以寄存器B中的8位无符号数，所得商保存在A中，余数保存在B中。

除法指令按照8位无符号二进制数相除。CY和OV均被清0，如果原(B)=0，即除数等于0，除法运算无意义，则运算结果A和B的内容无法确定，此时置溢出标志位OV为1，而CY仍为0。

如果(A)=BFH，(B)=32H，指令DIV　　AB执行的结果为(A)=03H，(B)=29H，标志位CY=0，OV=0。

8. 十进制调整指令

十进制调整指令是一条对二进制和十进制的加法进行调整的指令，用于对BCD码数加法运算结果进行修正，修正后的结果仍然按照BCD码的形式存储。指令格式如下：

```
DA    A
```

该指令的功能是在两个BCD码按照二进制相加后，采用该指令对相加的结果进行调整，以得到正确的累加和。该指令跟在ADD或ADDC指令后，且只能用于压缩BCD码数相加结果的调整。

对二进制和十进制进行调整必须在累加器A中进行，两个压缩BCD码按照二进制相加后，必须经过该指令的调整，才能得到正确的BCD码数，从而实现十进制的加法运算。

十进制调整方法：加法运算后，累加器低4位大于9或辅助进位标志AC=1，则调整指令进行加06H处理，即低4位加6进行修正；若累加器高4位大于9或进位标志CY=1，则调整指令进行加60H处理，即高4位加6进行修正；若累加器高4位大于9，低4位也大于9，则调整指令进行加66H处理，即高4位和低4位分别加6进行修正。

可见，该指令执行时，CPU会根据累加器A的内容与PSW的状态，由硬件自动对累加器A进行加06H、60H、66H的操作。

注意：该指令仅能对单字节的BCD码加法进行十进制调整，不能对减法进行十进制调整，也不能对十六进制的加法进行十进制调整。

【例3-11】两个单字节压缩BCD码数(A)=01000111B（即47的BCD码），(R5)=01100101（即65的BCD码），将这两个BCD码执行加法运算，运算结果保存在R6、R5中。分析以下程序段的执行：

```
ADD     A,R5              ;A←(A)+(R5),CY=0,AC=0
DA      A                 ;加66H调整
MOV     R5,A              ;R5←(A)
CLR     A                 ;A清零
ADDC    A,#00             ;A←(A)+00+CY
MOV     R6,A              ;R6←(A)
```

程序执行结果为：(R6)=00000001B（1的BCD码），(R5)=00010010B（12的BCD码），因为47+65=112，所以结果是正确的。

3.3.3　逻辑运算类指令

STC8系列单片机共有逻辑运算类指令24条，这些指令可以实现移位运算、逻辑（包含与、或、异或）运算和累加器清零取反运算。

1. 累加器清零、取反指令

这组指令共有两条，且都是单字节指令，可以方便地实现对累加器A的清零、按位取反操作，操作的同时不影响CY、AC、OV等标志位。指令格式如下：

```
CLR    A                              ;A←0
CPL    A                              ;A←(A̅)
```

也可以利用其他指令实现对累加器或其他寄存器的清零和按位取反。例如，通过数据传送指令MOV　A,#00H实现对累加器A清零。还可以利用异或指令对累加器清零，这就需要通过两条指令MOV　A,R2和XRL　A,R2，占用4个字节。而CLR　A指令只需要一个字节就可以实现清零，不仅可以节省程序的存储空间，还可以提高程序的执行速度。

【例3-12】如下程序段可以实现求取单字节有符号数的补码，正数的补码是其本身，负数的补码是符号位保持不变，其他位按位取反加1。

```
CMPT:    JNB     ACC.7,EXT     ;正数不需要转换
         MOV     C,ACC.7       ;保存符号位到CY
         CPL     A             ;A按位取反
         ADD     A,#01         ;A加01
         MOV     ACC.7,C       ;恢复符号位
EXT:     RET
```

2. 移位指令

移位指令共有四条，包含循环左移指令、循环右移指令、循环带进位左移指令和循环带进位右移指令。移位指令必须在累加器A中操作。指令格式如下：

```
RL     A                              ;累加器A的内容左移一位
RR     A                              ;累加器A的内容右移一位
RLC    A                              ;累加器A的内容连同进位标志CY左移一位
RRC    A                              ;累加器A的内容连同进位标志CY右移一位
```

①RL　A循环左移指令是将累加器A的内容以内部循环的方式向左移动1位，同时最高位循环移入最低位。移位过程中，不影响标志位，如图3-3所示。

②RR　A循环右移指令是将累加器A的内容以内部循环的方式向右移动1位，同时最低位循环移入最高位。移位过程中，不影响标志位，如图3-4所示。

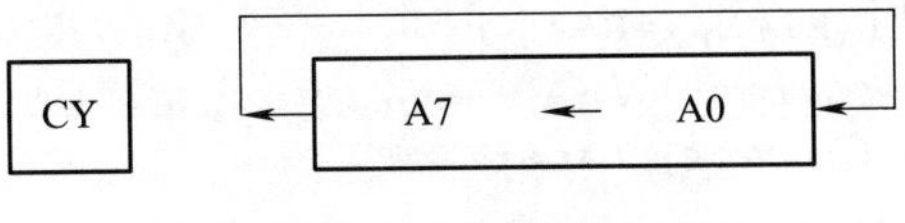

图3-3　循环左移操作示意图

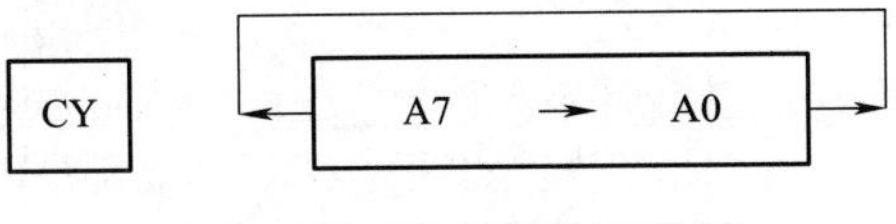

图3-4　循环右移操作示意图

③RLC　A带进位循环左移指令是将累加器A的内容，连同进位标志CY，一起向左循环移动1位，最高位移入进位标志CY，CY移入最低位。移位过程中，不影响OV、AC标志位，如图3-5所示。

④RRC A带进位循环右移指令是将累加器A的内容，连同进位标志CY，一起向右循环移动1位，最低位移入进位标志CY，CY移入最高位。移位过程中，不影响OV、AC标志位，如图3-6所示。

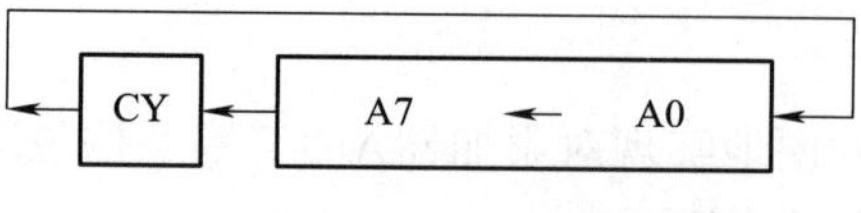

图3-5 带进位循环左移操作示意图

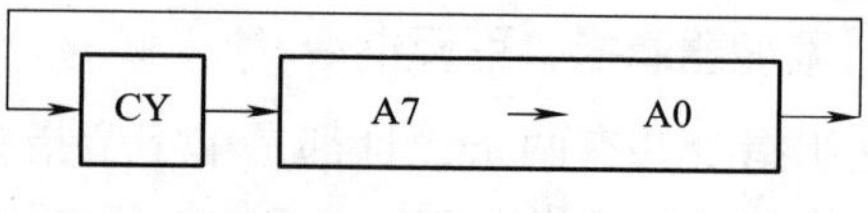

图3-6 带进位循环右移操作示意图

循环移位指令执行时，向左移动一位相当于乘以2，向右移动一位相当于除以2。因此，乘以2、除以2的操作可以利用移位指令来实现。

3. 逻辑“与”指令

逻辑“与”指令共有六条，将两个操作数按位进行逻辑“与”操作。除了P标志位，这些指令的执行不会影响标志位。指令格式如下：

```
ANL     A,#data              ;A←(A)∧#data
ANL     A,Rn                 ;A←(A)∧(Rn),n=0~7
ANL     A,direct             ;A←(A)∧(direct)
ANL     A,@Ri                ;A←(A)∧((Ri)),i=0~1
ANL     direct,A             ;direct←(direct)∧(A)
ANL     direct,#data         ;direct←(direct)∧#data
```

前四条指令将逻辑“与”运算的结果保存在累加器A中。后两条指令将逻辑“与”运算的结果保存在内部RAM的直接地址单元中，若直接地址正好是I/O接口地址，则为“读→修改→写”操作。

例如，累加器A的内容为C3H，寄存器R0的内容为55H，那么指令ANL A,R0的执行结果是累加器的内容变为41H。

ANL指令是单字节指令，常用于对目的操作数的某些位做屏蔽或清零操作。例如，若要对8位二进制数的某位清零，则用“0”和该位相“与”；若要保留该位，则用“1”和该位相“与”。例如，指令ANL P1,#F0H将P1口的低4位清零。

4. 逻辑“或”指令

逻辑“或”指令共有六条，将两个操作数按位进行逻辑“或”操作。除了P标志位，这些指令的执行不会影响标志位。指令格式如下：

```
ORL     A,#data              ;A←(A)∨#data
ORL     A,Rn                 ;A←(A)∨(Rn),n=0~7
ORL     A,direct             ;A←(A)∨(direct)
ORL     A,@Ri                ;A←(A)∨((Ri)),i=0~1
ORL     direct,A             ;direct←(direct)∨(A)
ORL     direct,#data         ;direct←(direct)∨#data
```

前四条指令将逻辑“或”运算的结果保存在累加器A中。后两条指令将逻辑“或”运算的结果保存在内部RAM的直接地址单元中，若直接地址正好是I/O接口地址，则为“读→修改→写”操作。

例如，累加器的内容为C3H，寄存器R0的内容为55H，那么指令ORL A,R0的执行结果是累加器的内容变为D7H。

ORL指令是单字节指令，常用于对目的操作数的某些位做置1操作。例如，若要对8位二进制数的某位置1，则用“1”和该位相“或”；若要保留该位，则用“0”和该位相“或”。例如，指令ORL　P1,#07H可以将P1口的低3位置1。

5. 逻辑“异或”指令

逻辑“异或”指令共有六条，将两个操作数按位进行逻辑“异或”操作。除了P标志位，这些指令的执行不会影响标志位。指令格式如下：

```
XRL     A,#data              ;A←(A)⊕#data
XRL     A,Rn                 ;A←(A)⊕(Rn),n=0~7
XRL     A,direct             ;A←(A)⊕(direct)
XRL     A,@Ri                ;A←(A)⊕((Ri)),i=0~1
XRL     direct,A             ;direct←(direct)⊕(A)
XRL     direct,#data         ;direct←(direct)⊕#data
```

前4条指令将逻辑“异或”运算的结果保存在累加器A中。后两条指令将逻辑“异或”运算的结果保存在内部RAM的直接地址单元中，若直接地址正好是I/O接口地址，则为“读→修改→写”操作。

例如，累加器的内容为C3H，寄存器R0的内容为AAH，那么指令XRL　A,R0的执行结果是累加器的内容变为69H。

XRL指令是单字节指令，常用于对目的操作数的某些位做取反操作。例如，若要对8位二进制数的某位取反，则用“1”和该位相“异或”；若要保留该位，则用“0”和该位相“异或”。XRL指令还可以将目的操作数与自身“异或”，实现清零操作。

如ORL　P1,#31H指令可以将P1口的位5、位4和位0取反。

3.3.4　控制转移类指令

控制转移类指令共有17条，实现无条件转移、条件转移、子程序调用和返回操作。利用这些指令，可以方便地控制程序向前或向后跳转，还可以根据条件判断实现分支程序、循环程序和子程序的调用等。控制转移类指令的目的地址都是在64 KB程序存储器地址空间内。

1. 无条件转移指令

无条件转移指令是指当程序执行到该指令时，程序无条件转移到指令所指定的目标地址处开始执行。STC8系列单片机有短转移、长转移、相对跳转和间接跳转四条无条件转移指令，它们具有不同的寻址方式，并且提供了不同的跳转范围。指令格式如下：

```
AJMP    addr11        ;先PC←(PC)+2, 后(PC10~0)←addr11, (PC15~11)不变
LJMP    addr16        ;PC←addr16
SJMP    rel           ;先PC←(PC)+2, 后PC←(PC)+rel
JMP     @A+DPTR       ;先PC←(PC)+2, 后PC←(A)+(DPTR)
```

（1）短转移指令AJMP

AJMP是双字节绝对跳转指令，指令的机器码由5位操作码00001和11位直接地址addr11（A10~A0）两部分组成，格式如图3-7所示。

A10 A9 A8 0	0　0　0　1
A7～A0	

图3-7　指令AJMP的机器码格式

所以，该指令执行时，首先PC值加2，然后指令中的11位直接地址addr11送入$PC_{10\sim0}$，$PC_{15\sim11}$保持不变，形成该指令转移的目的地址。由于指令只提供11位

直接地址addr11，因此该指令只能在2 KB范围内无条件跳转到addr11指定的地址处。

由于指令只提供目的地址的低11位，而目的地址的高5位仍是原PC高5位的值，即$PC_{15\sim11}$，因此该指令进行无条件转移时，要求跳转的目的地址和AJMP指令的后一条指令的第1字节位于同一个2 KB的程序存储页内，否则，将会引起指令执行混乱。

该指令可以向前也可以向后转移，指令执行后不影响标志位。

【例3-13】当PC的值分别为3102H、0302H时，试分析指令AJMP　1F0H的执行过程。

当PC值为3102H时，指令执行过程为：首先PC的值加2，PC=(PC)+2=3104H=0011000100000100H；然后将1F0H=001 1111 0000B送入PC的低11位，高5位保持不变，这样PC=0011 0001 1111 0000B=31F0H。也就是说，程序向后跳转到31F0H地址处开始执行。

当PC值为0302H时，指令执行过程为：首先PC的值加2，PC=(PC)+2=0304H=00000011 0000 0100H；然后将1F0H=001 1111 0000B送入PC的低11位，高5位保持不变，这样PC=00000001 1111 0000B=01F0H，也就是说，程序向前跳转到01F0H地址处开始执行。

（2）长转移指令LJMP

LJMP指令中提供了16位的目的地址addr16，是3字节指令。该指令执行时，把指令的第2字节和第3字节分别装入PC的高8位和低8位，无条件地跳转到addr16所指的目的地址处执行程序。由于指令直接提供了16位的目的地址，所以该指令可以无条件跳转到64 KB程序存储器地址空间内的任意地址处。

例如，指令LJMP　1234H执行后，PC的值变为1234H，跳转到1234H地址处开始执行。

（3）相对转移指令SJMP

SJMP是双字节无条件相对转移指令，指令中指定了相对地址偏移量rel，执行时先将PC值加2，然后PC的值再加上相对地址偏移量rel，就得到了转移目的地址。

相对地址偏移量rel是一个有符号8位二进制的补码数，能实现向前或向后跳转，转移地址范围为-128~+127（00H~7FH对应表示0~+127，80H~FFH对应表示-128~-1），rel为负数表示向前跳转，rel为正数表示向后跳转。

转移目的地址计算方法如下：

向前跳转：目的地址=源指令首地址+2–(FFH–rel+1)；向后跳转：目的地址=源指令首地址+2+rel。其中，源指令首地址为SJMP指令的地址。

例如，指令SJMP　31H的地址为1042H，该指令执行时，PC的值为1042H，rel的值为31H，为正数，目的地址为1042H+2+31H=1075H，因此，该指令执行后，PC的值为1075H，CPU向后转移到1075H地址处开始执行程序。如果1042H地址存储的是SJMP　C2H指令，由于rel的值C2H是负数，所以目的地址为1042H+2–(FFH–C2H+1)=1006H，因此，该指令执行后，PC的值为1006H，CPU向前转移到1006H地址处开始执行程序。

用汇编语言编程时，rel可以是一个转移目的地址的标号，由汇编程序在汇编过程中自动计算偏移地址，填入代码指令中。在手工汇编时，偏移量rel的值需要程序设计人员来计算，计算方法为：rel=转移目的地址–转移指令所在源地址–转移指令字节数2。

【例3-14】下列程序段中，指令SJMP　LOOP的源地址为0100H，标号LOOP的地址值为0120H，相对地址偏移量rel=0120H–0100H–2=0018H。

```
LOOP:   MOV     A, R6
          ⋮
        SJMP    LOOP                    ;跳转到LOOP标号地址
```

（4）间接转移指令JMP

JMP是单字节指令，该指令执行时，把累加器A中的8位无符号数和16位的数据指针DPTR的值相加，其和作为转移目的地址，并传入PC。执行16位的加法时，低字节DPL的进位会传至高字节DPH。该指令可以在64 KB范围内实现无条件转移。该指令执行后，累加器A和数据指针DPTR的内容都不会发生变化，也不影响任何标志位。

转移目的地址可以在程序执行过程中动态改变。例如，当数据指针DPTR的值确定时，根据累加器A的不同值可以实现多分支选择的转移，从而可以利用一条指令完成多条分支指令的功能，常用在通过键盘的按键处理上。

【例3-15】根据累加器A中命令键的键值，设计命令键处理程序入口跳转表。

```
           CLR     C                    ;清进位
           RL      A                    ;A←(A)×2
           MOV     DPTR,#JMP_TBL        ;指向命令键跳转表首地址
           JMP     @A+DPTR              ;跳转到命令键入口
JMP_TBL:   AJMP    LABEL0               ;当A=0时，跳转至此处
           AJMP    LABEL1               ;当A=1时，跳转至此处
           AJMP    LABEL2               ;当A=2时，跳转至此处
            ⋮
```

以上程序段，利用AJMP指令跳转到对应的命令键处理程序入口。由于AJMP是双字节指令，所以应该先将A的内容乘以2，再通过DPTR和A的内容之和来确定命令键处理的目的地址，实现命令键处理多分支转移。

2. 条件转移指令

STC 8系列单片机有八条条件转移指令，根据指定的条件进行检测，若条件满足，则程序转移至指定的目的地址；若条件不满足，程序仍按照原来的执行顺序继续执行。该类指令采用相对寻址，偏移量是有符号8位二进制的补码数，程序可在以当前PC值（下一条指令首字节的地址）为中心的-128~+127范围内向前或向后转移。

（1）判零转移指令

判零转移指令是判断累加器是否为零的双字节条件转移指令，共有两条。指令格式如下：

```
JZ     rel          ;PC←(PC)+2
                    ;如果(A)=0，即Z=1，则转移，PC←(PC)+rel
                    ;如果(A)≠0，即Z≠1，则顺序执行下一条指令
JNZ    rel          ;PC←(PC)+2
                    ;如果(A)≠0，即NZ=0，则转移，PC←(PC)+rel
                    ;如果(A)=0，即NZ≠1，则顺序执行下一条指令
```

JZ和JNZ指令分别对累加器A的内容为0和不为0进行检测并转移，当各自条件不满足时，顺序执行下一条指令；当各自条件满足时，程序转移至目的地址处开始执行。目的地址是以下一条指令首字节的地址为基础，加上指令指定的相对地址偏移量rel。rel是有符号8位二进制的补码数，其范围是-128~+127，共256字节。指令的执行流程如图3-8所示。

这两条指令不改变累加器A的内容，也不影响标志位。相对偏移量rel是有符号的二进制数补码，在编写汇编程序时，偏移量rel可以是地址标号，汇编程序自动生成相对地址；手工汇编时，需要程序设计人员计算rel的值，rel是目的地址与下条指令地址之差。

【例3-16】编程实现：将首地址为DAT1的外部RAM数据块传送到内部RAM的DAT2地址

处，如果传送的数据为零，则停止传送。

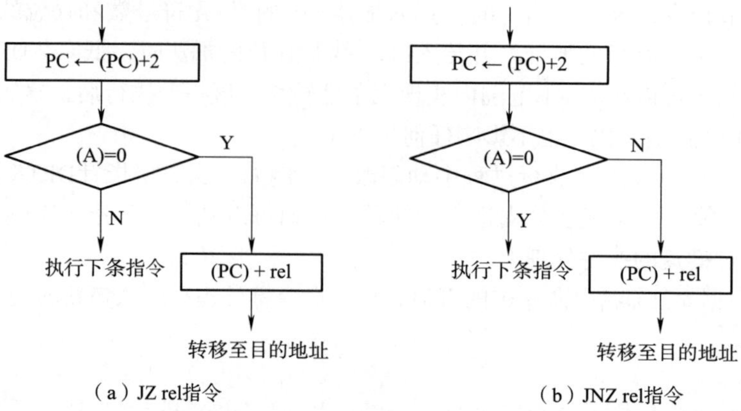

图3-8　指令JZ和JNZ的逻辑流程图

分析：外部RAM的数据传送到内部RAM，需要借助累加器来实现。从外部RAM中取一个数据到A，利用JZ指令判断A的值是否为零。如果不为零，则写入内部RAM；如果为零，则程序终止。循环上述过程，直到遇到零数据时停止。

```
START: MOV    R1,#DAT2
       MOV    DPTR,#DAT1
       MOVX   A,@DPTR
LOOP:  JZ     QUIT
       MOV    @R1,A
       INC    R1
       INC    DPTR
       SJMP   LOOP
QUIT:  RET
```

（2）比较转移指令

比较转移指令是功能较强的3字节指令，指令格式如下：

```
CJNE    目的操作数,源操作数,rel
```

这组指令的功能是对指令中指定的目的、源两个操作数进行比较，如果二者不相等，则转移至目的地址处开始执行，目的地址为当前PC值加3后，再加上指令中指定的相对地址偏移量rel；如果目的操作数大于等于源操作数，则将进位标志CY清零；如果目的操作数小于源操作数，则将进位标志CY置1；如果二者相等，则不转移，程序继续执行下一条指令。执行流程如图3-9所示。

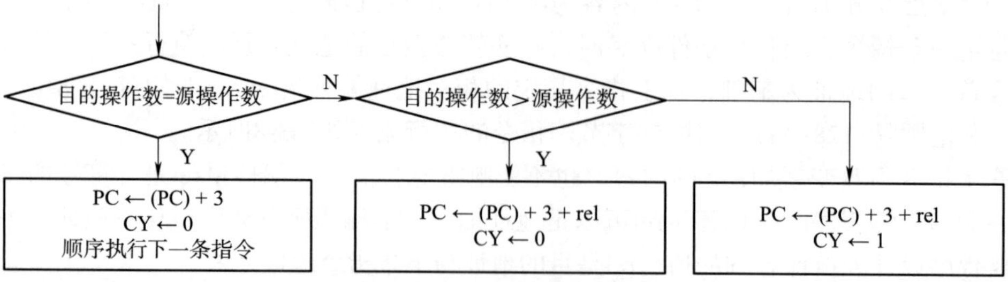

图3-9　指令CJNE的指令流程图

这组指令对目的、源两个操作数做无符号数减法运算来比较大小，减法操作后，两个操作数的值保持不变，差值不保留。

这组指令共有四条，差别在于源操作数和目的操作数寻址方式的不同，操作流程均相同。这四条指令如下：

```
CJNE    A,direct,rel          ;先PC←(PC)+3
                              ;若A>(direct)，则PC←(PC)+rel，且CY←0
                              ;若A<(direct)，则PC←(PC)+rel，且CY←1
                              ;若A=(direct)，则顺序执行，且CY←0
CJNE    A,#data,rel           ;先PC←(PC)+3
                              ;若A>data，则PC←(PC)+rel，且CY←0
                              ;若A<data，则PC←(PC)+rel，且CY←1
                              ;若A=data，则顺序执行，且CY←0
CJNE    Rn,#data,rel          ;先PC←(PC)+3
                              ;若(Rn)>data，则PC←(PC)+rel，且CY←0
                              ;若(Rn)<data，则PC←(PC)+rel，且CY←1
                              ;若(Rn)=data，则顺序执行，且CY←0
CJNE    @Ri,#data,rel         ;先PC←(PC)+3
                              ;若((Ri))>data，则PC←(PC)+rel，且CY←0
                              ;若((Ri))<data，则PC←(PC)+rel，且CY←1
                              ;若((Ri))=data，则顺序执行，且CY←0
```

（3）减1不为0转移指令

减1不为0转移指令有两条，如下所示：

```
DJNZ    Rn,rel                ;先PC←(PC)+2，Rn←(Rn)-1
                              ;若Rn≠0，则PC←(PC)+rel
                              ;若Rn=0，则顺序执行
DJNZ    direct,rel            ;先PC←(PC)+3，direct←(direct)-1
                              ;若(direct)≠0，则PC←(PC)+rel
                              ;若(direct)=0，则顺序执行
```

这两条指令将减1操作和条件判断结合到一起。该指令每执行一次，源操作数（Rn或direct）自减1，然后判断是否为0，如果为0，按顺序执行下一条指令；如果不为0，则跳转到目的地址处开始执行。转移目的地址的计算方法：首先将PC值加2或3（即指向下一条指令的首字节），然后将相对偏移量rel加到PC上，转移目的地址可以在以当前PC值为中心的-128~+127范围内向前或向后转移。如果源操作数的值为00H，则减1后变为0FFH。该指令不影响标志位。

这组指令是构成循环程序的重要指令，可以指定一个寄存器或内部RAM单元为计数器，以减1后是否为0作为转移条件，从而实现循环次数控制，如图3-10所示。

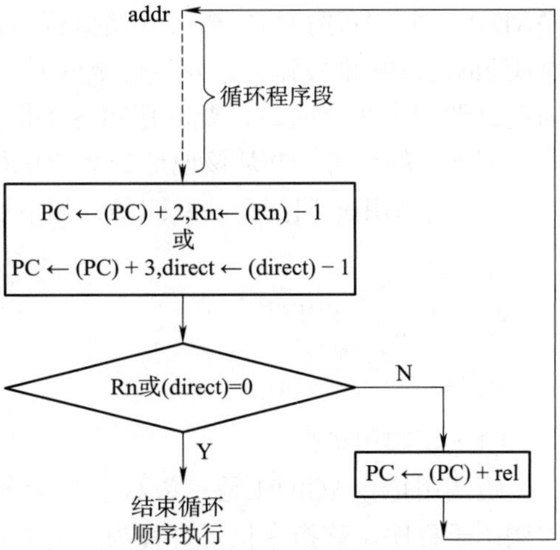

图3-10 指令DJNZ的执行流程图

【例3-17】编程实现：将内部RAM的50H地址单元开始的10个无符号单字节数相加，最终结果保存到内部RAM单元中。

分析：以R1寄存器作为数据指针指向50H单元，R5寄存器作为计数器来控制循环次数，由于10个无符号单字节数相加的结果可能是双字节数，因此利用R3和R2来存储累加结果，事先需要将R3和R2设置为0。

```
START: MOV    R1,#50H
       MOV    R5,#10
       MOV    R2,#0
       MOV    R3,#0
LOOP:  MOV    A,R2
       ADD    A,@R1
       MOV    R2,A
       CLR    A
       ADDC   A,R3
       MOV    R3,A
       INC    R1
       DJNZ   R5,LOOP
       RET
```

3. 子程序调用和返回指令

在程序设计中，有时因操作需要而反复执行某段程序，通常把这样需要反复执行的程序段设计成子程序供主程序调用，从而减少程序编写和调试的工作量。指令系统中一般都有主程序调用子程序的指令和从子程序返回主程序的指令。子程序的最后一条指令为返回主程序指令RET。子程序调用和返回过程如图3-11所示。

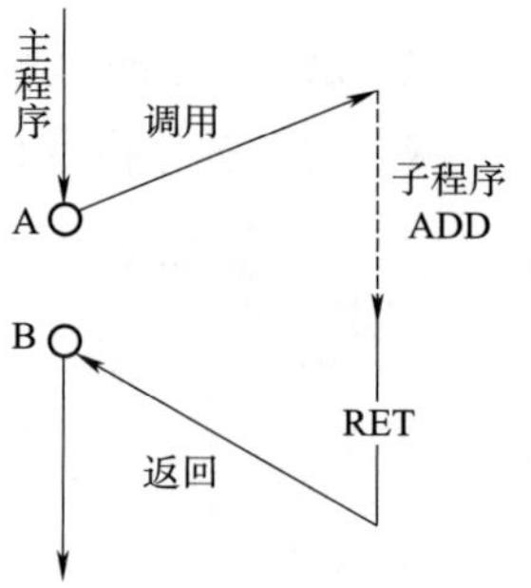

图3-11 子程序调用返回过程

当CPU执行主程序到A处执行子程序调用指令时，开始调用子程序ADD，CPU会暂时停止执行当前程序，自动会把B处，即下一条指令的首地址（PC值，称为断点）压入堆栈保存，堆栈指针SP加2，并将子程序ADD的入口地址送入PC，于是CPU开始执行子程序ADD。当子程序执行完毕，开始执行RET指令时，CPU自动把断点B处的地址从堆栈弹出，并传送至PC中，于是CPU返回到原来被中止的位置继续执行主程序。因此，调用子程序时，需要利用PUSH指令保存断点的地址。子程序返回时，需要利用POP指令恢复断点的位置，并从该地址处继续执行。

子程序调用返回指令共有四条，如下所示：

```
ACALL    addr11              ;短调用指令
LCALL    addr16              ;长调用指令
RET                          ;子程序返回指令
RETI                         ;中断服务子程序返回指令
```

（1）短调用指令

短调用指令ACALL是一条双字节指令，指定了11位目的地址，所以只能在2 KB地址空间内调用子程序。该指令执行过程为：首先PC加2，即PC←(PC)+2，指向下一条指令的地址；把当前PC值压入堆栈，先将低字节压入堆栈，即SP←(SP)+1，((SP))←(PCL)，再将高字节压入堆栈，即SP←(SP)+1，((SP))←(PCH)；把指令中指定的11位目的地址送入PC的低11位，PC的高5

位保持不变，即PC10~0←addr11，PC15~11不变，最后转向执行所调用的子程序。该指令执行过程中，不会影响各个标志位。

注意：所调用子程序的入口地址必须在指令ACALL的下一条指令的首地址开始的2 KB范围内的程序存储器中。

（2）长调用指令

长调用指令LCALL是一条3字节指令，指定了16位目的地址，所以能在64 KB地址空间内调用子程序。该指令执行过程为：首先PC加3，即PC←(PC)+3，指向下一条指令的地址；把当前PC值压入堆栈，先将低字节压入堆栈，即SP←(SP)+1，((SP))←(PCL)，再将高字节压入堆栈，即SP←(SP)+1，((SP))←(PCH)；把指令中指定的16位目的地址送入PC，即PC←addr16，最后转向执行所调用的子程序。该指令执行过程中，不会影响各个标志位。

所调用子程序的入口地址可以设置在64 KB程序存储器地址空间的任何位置。

（3）返回指令

返回指令有两条，分别是子程序返回指令RET和中断服务子程序返回指令RETI，这两条指令都是单字节指令。指令的功能是连续两次从堆栈中弹出数据送入PC的高字节和低字节，恢复PC值，并从PC值指定的地址处开始继续执行被中止的程序。指令执行过程为：首先从栈顶位置弹出一个数据送入PC的高字节，即PCH←((SP))，SP←(SP)−1，然后再从栈顶位置弹出一个数据送入PC的低字节，即PCL←((SP))，SP←(SP)−1。最后转向执行被中止的程序。该指令执行过程中，不会影响各个标志位。

RET和RETI指令操作基本一致，不同之处在于：RET是子程序返回指令，常常位于子程序的末尾；而RETI是中断返回指令，通常位于中断服务子程序的末尾，除了完成RET指令的功能外，还将开放中断逻辑，即清除内部中断优先级寄存器（中断响应时被置为1）的优先级状态，使得已申请的同级或低级中断申请可以被响应。

4. 空操作指令

空操作指令只有一条，指令格式为：NOP。

空操作指令是单字节单周期指令，除PC加1外，不做任务操作，不影响任何寄存器和标志位，仅消耗该指令执行所需要的时间，所以该指令常用来产生一个机器周期的延迟。

3.3.5　位操作类指令

位操作指令又称布尔操作指令，是一种以位为单位进行各种运算和操作的指令。STC8系列单片机内部有一个位处理器，该处理器包含位运算器、位累加器C和位存储区（采用位寻址），完成各种位操作。该处理器具有一套处理位变量的指令集，共17条，根据指令的功能，可以分为位传送、清零置位、位逻辑运算、位条件转移等指令类别。

在进行位操作时，以进位标志位CY作为位累加器C，位存储区是片内RAM字节地址20H~2FH单元中连续的128个位（位地址00H~7FH）和部分特殊功能寄存器。

1. 位传送指令

位传送指令共有两条，都是双字节单周期指令，能够实现位累加器（进位标志CY）和位地址之间1位数据的传送。指令的执行不影响其他寄存器或标志位。例如：

```
MOV     C,bit                      ;CY←(bit)
MOV     bit,C                      ;bit←(CY)
```

由于两个可寻址位之间无法直接传输数据，因此，需要借助CY来实现位数据的传送。单片机的4个8位并行I/O接口，每位都可以单独进行操作。当位地址bit为P0~P3口的某一位时，具有"读→修改→写"操作功能。

2. 清零置位指令

这组指令共有四条，可对进位标志CY和位地址指定的位清0或置1。指令的执行不影响其他寄存器或标志位。例如：

```
CLR     C                    ;对CY清零，CY←0
CLR     bit                  ;对bit清零，bit←0
SETB    C                    ;对CY置1，CY←1
SETB    bit                  ;对bit置1，bit←1
```

当位地址bit为P0~P3口的某一位时，具有"读→修改→写"操作功能。

3. 位逻辑运算指令

位逻辑运算指令可以实现"与""或""非"三种位逻辑运算。共有六条指令，如下所示：

```
ANL     C,bit                ;CY←CY∧bit
ANL     C,/bit               ;CY←CY∧/bit
ORL     C,bit                ;CY←CY∨bit
ORL     C,/bit               ;CY←CY∨/bit
CPL     C                    ;对CY取反
CPL     bit                  ;对bit取反
```

上述指令中，/bit表示对bit取反后，再参与逻辑运算，但指令执行后不会改变bit原来的值。在CPL　bit指令中，当位地址bit为P0~P3口的某一位时，具有"读→修改→写"操作功能。

4. 位条件转移指令

位条件转移指令共有五条，可分为判位累加器转移、判位地址转移和判位地址清0转移3类。这些指令中的rel是相对地址偏移量，是8位有符号二进制数，用补码表示，能实现向前或向后跳转，其范围是-128~+127（00H~7FH对应0~+127，80H~FFH对应-128~-1），共256 B，rel为负数表示向前跳转，rel为正数表示向后跳转。

（1）判位累加器转移指令

判位累加器转移指令是对进位标志CY进行检测的双字节、双周期条件转移指令，共有两条。该组指令的执行不会影响标志位。指令格式如下：

```
JC      rel                  ;PC←(PC)+2
                             ;如果(C)=1，则转移，PC←(PC)+rel
                             ;如果(C)=0，则顺序执行下一条指令
JNC     rel                  ;PC←(PC)+2
                             ;如果(C)=0，则转移，PC←(PC)+rel
                             ;如果(C)=1，则顺序执行下一条指令
```

上述两条指令分别对进位标志CY进行检测，当(CY)=1（JC指令）或(CY)=0（JNC指令）时，程序转向目的地址处开始执行。目的地址是以下一条指令首字节的地址，即PC←(PC)+2后的值为基础。加上指令指定的相对地址偏移量rel；当(bit)=0（JB指令）或(bit)=1（JNB指令）时，则顺序执行下一条指令。

（2）判位地址转移指令

判位地址转移指令是判断位地址内容的三字节双周期条件转移指令，共有两条。该组指令的执行只是测试相应的位数据，但不会改变其数值，而且不会影响标志位。指令格式如下：

```
JB     bit,rel            ;PC←(PC)+3
                          ;如果(bit)=1，则转移，PC←(PC)+rel
                          ;如果(bit)=0，则顺序执行下一条指令
JNB    bit,rel            ;PC←(PC)+3
                          ;如果(bit)=0，则转移，PC←(PC)+rel
                          ;如果(bit)=1，则顺序执行下一条指令
```

上述两条指令分别对位地址bit内容进行检测，当(bit)=1（JB指令）或(bit)=0（JNB指令）时，程序转向目的地址处开始执行，目的地址是以下一条指令首字节的地址，即PC←(PC)+3后的值为基础，加上指令指定的相对地址偏移量rel；当(bit)=0（JB指令）或(bit)=1（JNB指令）时，则顺序执行下一条指令。

（3）判位地址清0转移指令

判位地址清0转移指令是三字节双周期条件转移指令，共有一条，若位地址内容为1则跳转，并将该位清零，否则不调转。该组指令的执行不会影响标志位。指令格式如下：

```
JBC     bit,rel           ;PC←(PC)+3
                          ;如果(bit)=1，则转移，PC←(PC)+rel，bit←0
                          ;如果(bit)=0，则顺序执行下一条指令
```

上述指令首先对位地址bit内容进行检测，当(bit)=1时，将其清零，程序转向目的地址处开始执行，目的地址是以下一条指令首字节的地址，即以PC←(PC)+3后的值为基础，加上指令指定的相对地址偏移量rel；当(bit)=0时，则顺序执行下一条指令。

小　　结

单片机的功能是由指令系统体现的，寻址方式和指令系统是衡量单片机的重要指标。本模块首先简要介绍了STC8系列单片机的指令系统的特点、分类和构成。STC8系列单片机的指令系统占用存储空间少、执行速度快、功能强、效率高。按照指令的存储字节数，分为单字节指令、双字节指令和三字节指令。按照指令的执行时间，可以把指令分为单机器周期指令、双机器周期指令和四机器周期指令。按指令的功能，可以把指令分为数据传送类指令、算术运算类指令、逻辑运算类指令、控制转移类指令和位操作类指令。一条指令通常由操作码和操作数构成，操作码决定了指令的操作功能，而操作数指定了指令操作的对象。其次，重点介绍了STC8系列单片机的七种寻址方式：立即寻址、直接寻址、寄存器寻址、寄存器间接寻址、变址寻址、相对寻址和位寻址。最后，按照指令的功能，重点介绍了单片机各条指令的格式和功能。

习　题

1. 简述STC8单片机有哪几种寻址方式，各有什么特点。
2. 指出下列指令中各个操作数的寻址方式。

```
(1) ADD   A,30H
(2) MOV   A,@R0
(3) MOVX  A,@R1
(4) MOV   R0,#20H
(5) MOV   DPTR,#2000H
(6) MOVC  A,@A+PC
(7) DJNZ  R0,rel
(8) SETB  00H
(9) ANL   C,30H
(10) MOV  20H,#30H
```

3. 写出下列程序的运行结果。

```
MOV     R0,#7EH
MOV     DPTR,#10FEH
MOV     7EH,#0AAH
MOV     7FH,#0BBH
INC     @R0
INC     R0
INC     @R0
INC     R0
(7EH)=?,(7FH)=?,(R0)=?,((R0))=?,(DPTR)=?。
```

4. 指出AJMP和LJMP、ACALL和LCALL的共同点和区别。
5. 怎样利用CJNE指令判断两个操作数的大小？

模块四

STC8汇编语言程序设计基础

学习导航

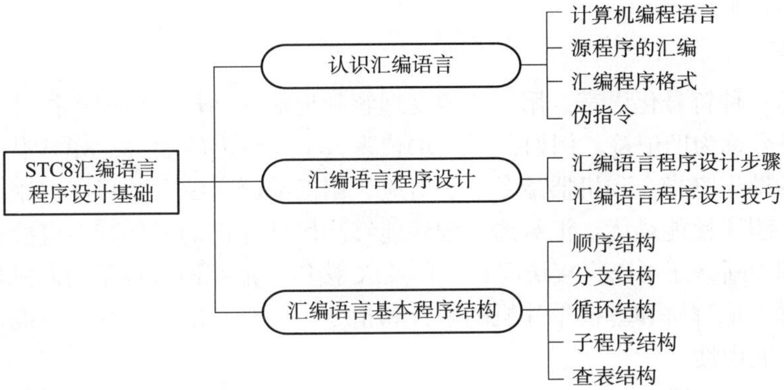

学习及素养目标

- 了解STC8单片机汇编语言的基本概念。
- 掌握STC8单片机汇编语言程序的设计步骤和技巧。
- 掌握STC8单片机汇编语言的基本程序结构。
- 理解汇编语言与机器语言的关系，掌握汇编过程。
- 能够根据具体需求，编写出功能完整、结构清晰的汇编程序。
- 掌握子程序编写和调用的方法，以及中断处理程序的编写。
- 学习如何与其他团队成员协作，共同完成任务。
- 具备严谨的逻辑思维和细致的工作态度，确保编程的准确性和可靠性。

学习STC8系列单片机的指令系统后，指令系统中的每一条指令就是汇编语言的一条命令语句。单片机汇编语言程序就是单片机支持的、能完成特定功能的指令序列。构成汇编语言程序的是汇编语句，汇编语言是单片机提供给用户最快、最有效的语言，是利用单片机的硬件特性并能够直接控制硬件的语言。汇编语言是面向机器硬件的语言，因此利用汇编语言进行程序设计时，必须熟悉STC8系列单片机的硬件结构、寻址方式和指令系统等，才能编写出符合要求的程序。

单元一 认识汇编语言

4.1.1 计算机编程语言

计算机从诞生到现在，所使用的程序设计语言有机器语言、汇编语言、高级语言。

1. 机器语言

机器语言是由二进制码“0”和“1”构成的能够被计算机直接识别和执行的语言。用机器语言表示的程序，称为目标程序。用机器语言编写的程序，不方便阅读，也不便于记忆，更重要的是容易出错，难以纠错。

2. 汇编语言

汇编语言是一种符号化语言。用一些容易理解和记忆的字母、单词等符号来代替一个特定的指令，这些符号称为助记符。例如，用ADD代表数字逻辑上的加法，MOV代表数据传递等。

汇编语言的助记符指令和机器指令一一对应，用汇编语言编写的程序占用存储空间小，运行效率高，因此程序性能最优。汇编语言程序能够利用计算机的硬件特性直接控制和管理硬件设备，可以处理中断，还可以直接访问存储器及I/O接口。汇编语言也是面向机器的语言，程序设计人员必须深入地理解和掌握单片机的硬件和指令。与机器语言一样，汇编语言也无法脱离硬件设备，缺乏通用性。

3. 高级语言

高级语言的语法和结构更类似于自然语言和数学公式，它并不是特指的某一种具体的语言，而是包括很多编程语言，如Java、C、C++、C#等。高级语言与计算机的硬件结构及指令系统无关，它有更强的表达能力，可方便地表示数据的运算和程序的控制结构，能更好地描述各种算法，而且容易学习掌握。所以，利用高级语言进行程序设计时，程序设计人员不必深入了解计算机的底层原理。单片机并不能直接执行高级语言程序，需要通过编译程序和解释程序将其“翻译”成机器语言。高级语言经过编译和解释后，机器代码加长，执行速度变慢，占用存储空间增多，但因其表达能力强，可移植性好，在实际的开发设计中得到普遍应用。

4.1.2 源程序的汇编

由汇编语言编写的程序称为汇编语言源程序，或源程序。汇编语言源程序必须转换为机器代码，计算机才能执行，这个转换过程称为汇编。转换后形成的机器代码称为目标程序。

对单片机来说，源程序的汇编存在机器汇编和人工汇编两种方法。在实际的程序设计中，都采用机器汇编来自动完成。

1. 机器汇编

机器汇编是将汇编语言源程序输入计算机后，由汇编程序转换为机器代码。因此，机器汇编是通过执行汇编程序对源程序进行自动汇编。

由于单片机资源有限，无法运行汇编程序，所以一般在计算机上完成汇编，然后把汇编得到的机器代码写入单片机上调试和运行，这种机器汇编称为交叉汇编。所以，机器汇编一般是在计算机上使用交叉汇编程序对源程序进行汇编。汇编成功后，通过计算机的串口或并行口把汇编得到的机器代码传送到用户样机或仿真器中对程序进行调试和运行。

2. 人工汇编

人工汇编是用助记符指令编写程序后，通过人工方式查指令编码表，逐个把助记符指令翻译成机器代码，然后把汇编得到的机器代码写入单片机上调试和运行。

人工汇编是按绝对地址进行定位的，因此，汇编工作有两点不便之处。

①偏移量的计算：人工汇编时，要根据转移的目的地址以及地址差计算转移指令的偏移量，不但麻烦而且稍有疏忽很容易出现差错。

②程序的修改：人工汇编的目标程序，如果需要增加、删除或修改指令，就会引起后面各条指令地址的变化，转移指令的偏移量也要重新计算。

因此，人工汇编是一种很麻烦的汇编方法，通常只有小程序或条件有限时才使用。

4.1.3 汇编程序格式

大部分汇编语言的语法规则基本相同，每条语句一般由四部分组成，即标号、操作码、操作数和注释。每部分之间要用分隔符隔开，见表4-1。

表4-1　汇编语句组成

标号字段	操作码字段	操作数字段	注释字段
LABLE	OPCODE	OPRAND	COMMENT

其中，标号字段和操作码字段之间用冒号隔开，操作码和操作数之间用空格隔开，而双操作数之间用逗号隔开，操作数字段和注释字段之间用分号隔开。操作码字段是必选项，其他字段为任选项。为了程序书写美观便于修改，各段间应空开4~6个空格，左对齐，如下程序段所示：

```
标号字段  操作码字段      操作数字段      注释字段
START:    MOV             A,#00H          ;A←0
          MOV             R1,#10          ;R1←10
          MOV             R7,#10          ;R7←10
LOOP:     ADD             A,R1            ;A←(A)+(R1)
          DJNZ            R7,LOOP         ;(R7)减1不为0时转LOOP
WAIT:     SJMP            WAIT
```

在汇编语言程序中，这四个字段的作用及基本语法规则如下：

1. 标号字段

标号是语句所在地址的标号。有了标号，程序中的转移指令才能跳转执行该语句。标号后面必须加冒号“:”，一般由1~8个ASCII字符组成，且第一个字符必须是字母；在同一个程序中，不能重复定义同一个标号，不能使用汇编语言已经定义的符号做标号，如指令助记符、伪指令及寄存器名称等，一条语句可以没有标号。

2. 操作码字段

操作码字段规定了语句执行的操作，是汇编指令中唯一必不可少的部分，汇编程序根据该字段生成机器代码。

3. 操作数字段

操作数字段用来存储指令的操作数或操作数的地址，可以采用数字和字母等多种表示形式。指令中的操作数可分为无操作数、单操作数和双操作数三种情况。如果有双操作数，则操作数之间以逗号隔开。在操作数的表示中，有以下情况需要注意：

①用十六进制、二进制和十进制表示的操作数。多数情况下，操作数或操作数地址都用十六进制来表示，只有在某些特殊场合下才用二进制或十进制表示。用十六进制表示时，需要加后缀H；用十进制表示时，需要加后缀D，也可以省略；用二进制表示时，需要加后缀B。若十六进制的操作数以字符A~F开头时，则还需要在前面加一个0进行区分。

②美元符号$的使用。美元符号$常在转移类指令的操作数字段中使用，表示该转移指令操作码所在的地址，即当前指令地址。例如，指令JNB　20H, $表示当(20H)=0时，则执行该指令，而当(20H)=1时，则执行下一条指令。

它与指令HERE：　JNB　20H,HERE是等价的。

4. 注释字段

注释字段不是汇编语言的功能部分，只用于改善程序的可读性。良好的注释是汇编语言程序的重要组成部分。

4.1.4　伪指令

每种汇编语言都有自己的伪指令，伪指令是对汇编起某种控制作用的特殊命令，但自身并不产生机器码，不属于指令系统，而仅仅为汇编服务的一些指令。伪指令和指令是完全不同的，它不是真正的指令，没有对应的机器码，在汇编时不产生目标程序（机器码），只用来对汇编过程进行某种控制。伪指令能够控制汇编程序输入/输出、定义数据和符号、条件汇编以及分配存储空间等。下面介绍STC8系列单片机汇编语言常用的伪指令。

1. ORG汇编起始命令

ORG伪指令的格式如下所示：

```
ORG     16位地址
```

ORG伪指令用来规定汇编后生成目标程序存放的起始地址。如果不用ORG规定起始地址，则汇编得到的目标程序将从0000H地址处开始。例如：

```
        ORG     2300H
START:  MOV     R3,#50H
```

不仅规定了标号START的地址是2300H，还规定了从2300H地址处开始存放汇编后的第一条机器码。

汇编源程序可以多次使用ORG伪指令，从而规定不同程序段的起始地址，但是所规定的地址应该按照从小到大的顺序，不能交叉，也不能重复。例如：

```
ORG     1000
         ⋮
ORG     2500
         ⋮
ORG     3000
         ⋮
```

下面的排列顺序则是错误的，地址有交叉现象。

```
ORG     2500
          ⋮
ORG     1500
          ⋮
ORG     3000
          ⋮
```

2. END汇编结束命令

END伪指令是汇编语言源程序的结束标志，用来通知汇编程序结束汇编工作，在END之后的所有汇编语句均不予汇编。所以，整个汇编源程序中只能存在一条END伪指令，且位于源程序的最后。

3. EQU赋值命令

EQU伪指令是将一个数或者特定的汇编符号赋予规定的字符名称，用于给标号赋值。其格式如下：

```
字符名称      EQU       数或者汇编符号
```

被EQU伪指令赋值后的字符名称可以当作数据地址、代码地址、位地址或一个立即数来使用，因此，可以是8位的，也可以是16位的。例如：

```
A10     EQU     10H                    ;A10等值为汇编符号10H
DELY    EQU     17EBH                  ;DELY等值为汇编符号17EBH
TEMP    EQU     R3                     ;TEMP等值为汇编符号R3
MOV     A,TEMP                         ;把寄存器R3的内容传送给A
MOV     A,A10                          ;读取A10单元的内容并传送给A
MOV     DPTR,#DELY                     ;把DELY作为立即数传送给DPTR
LCALL   DELY                           ;把DELY作为子程序入口地址
```

4. DATA数据地址赋值命令

DATA伪指令将数据地址或代码地址赋予规定的字符名称。其格式如下：

```
字符名称      DATA      表达式
```

数值表达式的值应在0~255之间，经DATA定义过的符号在程序中不能被重新定义。虽然DATA伪指令功能与EQU类似，但还是存在一些差别：

①EQU定义的字符名称必须先定义才能使用，而DATA定义的字符名称可以先使用再定义，即EQU用来定义常量，而DATA用来定义变量。

②使用EQU伪指令可以把一个汇编符号赋予字符名称，而DATA只能把数据赋予字符名称。

③DATA伪指令可以把一个表达式的值赋予字符名称，所定义的字符名称也可以出现在表达式中，而EQU定义的字符名称则不能。DATA伪指令在程序中通常用来定义数据地址。

5. DB定义字节命令

DB伪指令是从指定的地址单元开始，定义若干个8位内存单元的数据。其格式如下：

```
[标号:]       DB      8位二进制数表
```

DB伪指令是在汇编时告诉编译器从指定的地址单元开始，定义若干字节存储单元，并将指定的数据或数据表赋予这些存储单元。

注意： 数据表中各字节数据以逗号为分隔符，如果是ASCII字符数据或者是ASCII码字符串，既可以用单引号也可以用双引号括起来，数据可以是二进制、十进制、十六进制和ASCII码。

在汇编程序中可以多次使用DB伪指令。例如：

```
        ORG     2000H
        DB      101B
        DB      45,16H,'B'
STR1:   DB      "DC"
STR2:   DB      '123'
```

经过汇编后，则有：

```
(2000H)=05H    (2001H)=2DH    (2002H)=16H
(2003H)=42H    (2004H)=44H    (2005H)=43H
(2006H)=31H    (2007H)=32H    (2008H)=33H
```

6. DW定义数据字命令

DW伪指令是从指定的地址单元开始，定义若干个16位数据。其格式如下：

```
[标号:]      DW      16位二进制数表
```

存储一个16位的数据需要占用存储器的两个字节，其中高字节存入低地址单元，低字节存入高地址单元。例如：

```
        ORG     1500H
TABLE:  DW      7324H,8AH,10H
```

经过汇编后，则有：

```
(1500H)=73H    (1501H)=24H
(1502H)=00H    (1503H)=8AH
(1504H)=00H    (1505H)=10H
```

7. DS定义空间命令

DS伪指令是从指定的地址单元开始，保留若干字节内存空间备用。其格式如下：

```
[标号:]      DS      表达式
```

经过汇编后，将根据表达式的值来决定保留内存空间的大小。表达式也可以是一个指定的数值。例如：

```
ORG     2500H
DS      08H
DB      23H,10H
```

汇编以后，从2500H地址单元开始，保留8个字节的内存单元，然后从2508H开始，按照DB伪指令给各个内存单元赋值，即(2008H)=23H，(2009H)= 10H。

8. BIT位地址符号命令

BIT伪指令是将一个位地址赋给指定的字符名称。其格式如下：

```
字符名称      BIT      表达式
```

经BIT伪指令定义过的符号名称不能被改变。例如：

```
AQ      BIT     P1.0            ;把P1.0的位地址赋予字符AQ
AL      BIT     21H.1           ;把21H.1的位地址赋予字符AL
AT      BIT     20H             ;把20H作为位地址（即24H.0）赋予字符AL
```

单元二　汇编语言程序设计

4.2.1　汇编语言程序设计步骤

由于汇编语言是面向机器的语言，因此进行程序设计时必须要考虑硬件资源的配置。当硬件系统设计完成后，可以按照以下步骤进行程序设计。

1. 分析问题

针对现有条件，对需要解决的问题进行分析，明确在程序设计时应该“做什么”。解决问题前，要明确所要解决的问题和拟达到的目的、技术指标等。

2. 确定算法

解决“怎么做”的问题。算法是程序设计的依据，决定了程序的正确性和程序的指令。根据实际问题的要求、给出的条件及特点，找出规律，确定拟采用的算法。一个问题，经常存在多种方法供选择，可能存在多种不同的算法，编写程序前，对不同的算法进行分析和比较，找出最适宜的算法。

3. 绘制程序流程图

用图形的方法描述解决问题的思路。程序流程图是使用各种预先约定的图形、符号、有向线段等来说明程序设计思路的一种直观的表示，是程序设计的重要依据。流程图步骤分得越细致，编写程序越方便。常采用的图形及符号如图4-1所示。

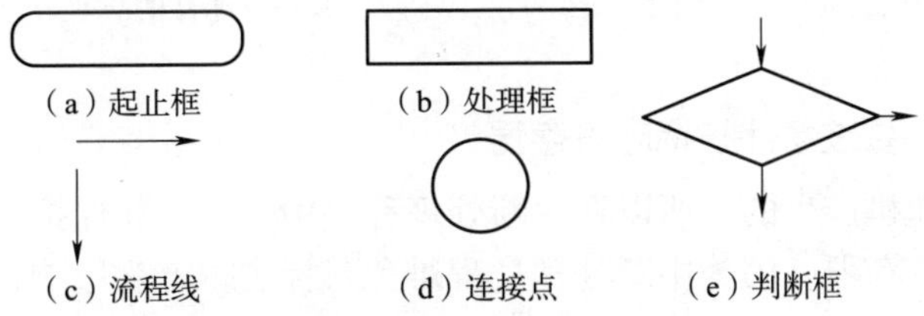

图4-1　常用流程图符号

4. 分配内存工作单元及相关端口地址

分配内存工作区，尤其是片内RAM的分配，把内存区、堆栈区以及各种缓冲区进行合理的分配，确定各个区的起始地址。

5. 编写源程序

流程图设计后，程序设计的思路比较清晰，接下来的工作就是选用合适的汇编语言指令来实现流程图中的设计要求，从而编制出一个有序的指令流。最终生成一个由汇编指令和伪指令共同组成的ASCII码文件，扩展名为“.ASM”。

6. 程序优化

程序优化的目的在于缩短程序的长度，加快运算速度和节省存储单元。例如，恰当地使用循环程序和子程序结构、改进算法和正确使用指令来节省存储单元及缩短程序执行时间。

7. 编译调试

经过汇编，才能将汇编语言转换成机器语言，供计算机识别运行。汇编过程只能发现源程序中的语法错误和一般性的逻辑错误，不能检查程序结构上的错误。只有得出正确结果的程序，才是正确的程序。对于单片机来说，需要使用仿真器或利用仿真软件进行仿真调试，修改源程序中的错误，直至正确为止。

4.2.2 汇编语言程序设计技巧

在进行程序设计时，应注意以下事项及技巧。

1. 尽量采用模块化程序设计方法

模块化设计是单片机应用系统程序设计中最常用的方法。该设计方法把一个完整的应用程序分成若干个功能相对独立的、较小的程序模块，对各个程序模块分别进行设计、编制和调试，然后把各个调试好的程序模块装配起来进行联调，最终成为一个有实用价值的程序。

2. 尽量少用无条件转移指令

少用无条件转移指令可以使程序条理更加清楚，从而减少错误。

3. 充分利用累加器

累加器是主程序和子程序之间信息传递的枢纽。用累加器传递入口参数或返回参数比较方便，即在调用子程序时，通过累加器传递程序的入口参数，或反过来，通过累加器向主程序传递返回参数。所以，在子程序中，一般不必把累加器内容压入堆栈。

4. 对于通用子程序要保护现场

对于通用子程序，考虑到其通用性，除了用于存放子程序入口参数的寄存器外，子程序中用到的其他寄存器的内容应压入堆栈（返回前再弹出），即保护现场。一般不必把标志寄存器压入堆栈。

5. 对于中断处理，要注意保护标志寄存器

由于中断请求是随机产生的，所以在中断处理程序中，除了要保护处理程序中用到的寄存器外，还要保护标志寄存器。因为中断处理过程难免对标志位产生影响，而中断处理结束后返回主程序时，可能会遇到以中断前的状态标志为依据的条件转移指令，如果标志位被破坏，则整个程序的执行就会被打乱。

单元三 汇编语言基本程序结构

按照结构化程序设计的观点，汇编语言程序设计常采用顺序结构、分支结构和循环结构三种基本结构，如图4-2所示，再加上广泛使用的子程序和中断服务子程序。任何复杂的程序都是由这几种基本结构复合而成的。

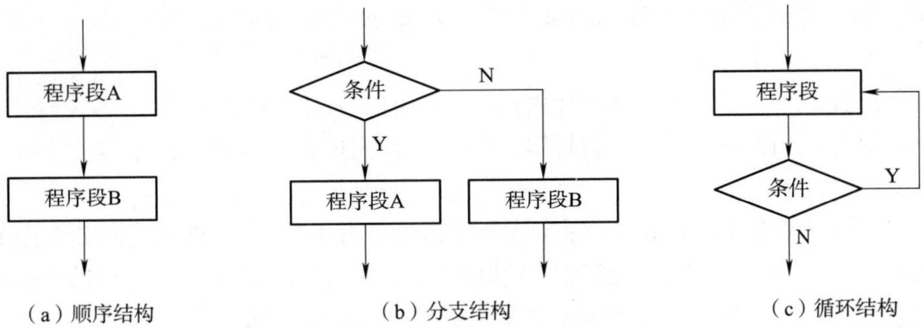

图4-2 程序的基本结构

4.3.1 顺序结构

顺序程序是最简单的程序，也称直线程序。其特点是程序按指令排列的顺序一条一条地执行，直到所有指令执行完毕为止。程序中既无分支、循环，也不调用子程序。经常用来解决一些简单的算术逻辑运算问题，主要用数据传送类指令和数据运算类指令来实现，如图4-2（a）所示。

【例4-1】在初始化或某段程序的开头，需要对工作寄存器或某些数据单元设置初值。假设R0~R3工作寄存器置成全1，R4、R5清0，对P0口清0，片内RAM中60H、70H单元清0，可采用两种寻址方式来编程实现：立即数寻址方式和寄存器寻址方式。其程序段如下：

```
START: MOV    R0,#0FFH
       MOV    R1,#0FFH
       MOV    R2,#0FFH
       MOV    R3,#0FFH
       MOV    P0,#00
       MOV    R4,#00H
       MOV    R5,#00H
       MOV    60H,#00H
       MOV    70H,#00H
       END
```

8位数据交换在程序设计中经常遇到。一般的处理方法是利用中间单元（或寄存器），以保证交换双方的数据不被破坏。在STC8指令集中设有一组字节交换指令，为实现这类问题提供了方便。

【例4-2】设将寄存器R1与R4内容互换，R3与2FH单元内容互换。其程序段如下：

```
XCHR:  XCH    A,R1
       XCH    A,R4
       XCH    A,R1
       XCH    A,R3
       XCH    A,2FH
       XCH    A,R3
       END
```

STC8系列单片机的运算功能较强，设有多种算术逻辑运算指令，为算术逻辑运算编程提供了很大方便。所有运算均在CPU的运算器中进行，需要利用累加器ACC（进行乘、除运算时还需要用到寄存器B）和若干工作寄存器暂存参加运算的操作数和运算结果，其中累加器

ACC是最繁忙的。算术逻辑运算将影响标志位，可通过标志位的变化判断运算结果的正确性和状态。

【例4-3】已知*X*、*Y*、*Z*分别存储在片内RAM的30H、31H、32H单元中，设$X>Y$，试编程完成下式的算术运算：$S=(X-Y)\cdot Z$，并将计算结果S存入片内RAM的34H（高字节）、35H（低字节）单元中。

由于$X>Y$，所以$X-Y>0$不需要借位；计算结果S最多占用2字节。首先将$X-Y$结果放入A寄存器中，将*Z*的内容存入B寄存器中，然后将A和B相乘，其结果的高低字节分别置于B和A寄存器中，然后将它们分别存入RAM的34H和35H存储单元中。其程序如下：

```
START: MOV    A,30H
       CLR    C
       SUBB   A,31H
       MOV    B,32H
       MUL    AB
       MOV    34H,B
       MOV    35H,A
       END
```

【例4-4】试编程实现以下逻辑运算：$Q=X\cdot Y+Y\cdot Z$，其中，*Q*为P1.0，*X*为P1.1，*Y*为P1.2，*Z*为P1.3。其程序如下：

```
       Q      BIT    P1.0
       X      BIT    P1.1
       Y      BIT    P1.2
       Z      BIT    P1.3
START: MOV    C,X
       ANL    C,Y
       MOV    F0,C
       MOV    C,Y
       ANL    C,Z
       ORL    C,F0
       MOV    Q,C
       END
```

【例4-5】将片内RAM的40H单元中存放的压缩式BCD码，分解成非压缩式BCD码，并分别存入RAM的41H和42H单元中。

BCD码有两种形式：一种是一字节存储一位BCD码，适用于显示或输出；另一种是压缩的BCD码，即一字节存储两位BCD码，可以节省存储单元。

```
ORG    0000H
MOV    R0,#40H
MOV    A,@R0
MOV    R2,A
ANL    A,#0FH
INC    R0
MOV    @R0,A
MOV    A,R2
SWAP   A
ANL    A,#0FH
```

```
INC     R0
MOV     @R0,A
END
```

4.3.2 分支结构

根据不同条件转向不同的处理程序，这种程序结构称为分支结构。分支结构是通过条件转移指令实现的，即根据条件对程序的执行进行判断：若满足条件，则进行程序转移；若不满足条件，则顺序执行程序，从而改变程序的执行次序，如图4-2（b）所示。

设计分支结构时，关键是如何判断分支条件。在STC8指令系统中，通过条件判断实现分支程序转移的指令有JZ、JNZ、CJNE和DJNZ等。此外，还有以位状态作为条件进行程序分支的指令，如JC、JNC、JB、JNB和JBC等。使用这些指令，可以完成以0、1，正、负，以及相等、不相等作为各种条件判断依据的程序转移。

注意：执行一次判断指令时，只能形成两路分支，若要形成多路分支，就要进行多次判断。分支转移程序按照结构类型，可以分为单分支转移结构和多分支转移结构。

1. 单分支转移结构

单分支转移结构的特点是程序一般根据运算结果的状态标志，用条件判断指令选择相应的出口实现转移，程序的判断仅有两个出口，两者选一。

【例4-6】求双字节有符号数的补码。

设对片内RAM的addr1和addr1+1单元中存储的双字节数取补后存入addr2和addr2+1单元中，其中高位字节在高地址单元中。对双字节数取补须分两次进行：首先对低字节数取补；然后判其结果是否为全0，若为0，则高字节数取补，否则高字节数取反。双字节数取补程序段如下：

```
START:   MOV     R0,#addr1
         MOV     R1,#addr2
         MOV     A,@R0
         CPL     A
         INC     A
         MOV     @R1,A
         INC     R0
         INC     R1
         JZ      LABEL1
         MOV     A,@R0
         CPL     A
         MOV     @R1,A
         SJMP    LABEL2
LABEL1:  MOV     A,@R0
         CPL     A
         INC     A
         MOV     @R1,A
LABEL2:  END
```

【例4-7】假设外部RAM中有三个8位无符号数据，其地址分别为7111H、5687H和8766H，找出它们之中最大的数并存入寄存器A中。

访问外部RAM时，需要采用DPTR作为间接寻址指针，通过指令MOVX进行。先将地址为7111H、5687H的两个数相比较，将其中较大的数放置于R0；然后将R0和地址为8766H的数相比较，将其中较大数置于A中。

```
          ORG      0000H
START:    MOV      DPTR,#7111H
          MOVX     A,@DPTR
          MOV      R0,A
          MOV      DPTR,#5687H
          MOVX     A,@DPTR
          MOV      R1,A
          CLR      C
          SUBB     A,R0
          JC       BIG1
          MOV      A,R1
          MOV      R0,A
BIG1:     MOV      DPTR,#8766H
          MOVX     A,@DPTR
          MOV      R2,A
          CLR      C
          SUBB     A,R0
          JC       BIG2
          MOV      A,R2
          SJMP     LABLAST
BIG2:     MOV      A,R0
LABLAST:  SJMP     $
          END
```

2. 多分支转移结构

当程序的判断部分有两个以上的出口流向时，称为多分支转移结构。多分支转移结构存在两种常见形式，如图4-3所示。可以利用STC8指令系统中的CJNE、JMP多分支选择指令实现。

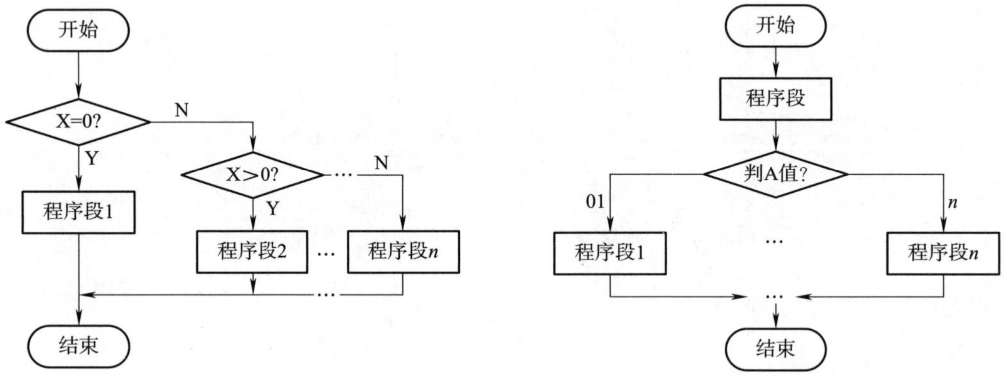

(a) 多分支转移结构1　　(b) 多分支转移结构2

图4-3　常见的多分支转移结构

最简单的多分支转移程序的设计，一般采用逐次比较法，就是把所有的不同情况逐个进行比较，发现符合就转向相应的处理程序。这种方法的缺点是程序太长，有多少种可能的情况，就需要多少个判断和转移。

【例4-8】求如下分段函数的值。

$$Y=\begin{cases}X+1 & ,X>0\\ 0 & ,X=0\\ X-1 & ,X<0\end{cases}$$

*X*是自变量，存储在片内RAM的1FH单元中。*Y*是因变量，将*Y*的结果存入2FH单元。该程序是一个三分支结构，按照*X*值的不同对应不同的*Y*值，程序有三个出口。程序如下：

```
FUNC:   MOV    A,1FH
        CJNE   A,#00H,NZEAR                   ;判断A不等于0跳转
        AJMP   NEGT                           ;A等于0
NZEAR:  JB     ACC.7,POSI                     ;判断符号位，A<1跳转
        INC    A                              ;A>0, Y=X+1
        AJMP   NEGT
POSI:   DEC    A                              ;X<0, Y=X-1
NEGT:   MOV    2FH,A                          ;保存结果
        RET
```

实际应用中，经常会遇到图4-3（b）所示结构形式的分支转移程序的设计，即在很多应用场合，需要根据某个单元或者寄存器的内容，分别转向对应的处理程序。例如，存在*n*个按键，根据按键的不同转向每个按键对应的处理程序。对于这样的情况，可以利用间接转移指令JMP　@A+DPTR和直接转移指令（LJMP或AJMP）组成一个转移表，由指针DPTR决定分支转移程序的首地址，以累加器A为偏移量，动态地选择相应的分支。

【例4-9】128种分支转移程序。

功能：根据入口条件转移到128个目的地址。

入口：(R3) =转移目的地址的序号00H~7FH。

出口：转移到相应功能分支程序入口。

分析：需要根据R3的内容跳转到相应的分支处理程序，可以将各分支程序的首地址标号组成一个表格，再根据R3的内容选择表格中的相应首地址，从而实现多分支选择。

```
JMP_128: MOV    A,R3                          ;分支转移参数送A
         RL     A                             ;左移，相当于乘以2
         MOV    DPTR,#TAB                     ;转移表首地址送DPTR
         JMP    @A+DPTR                       ;分支转移选择
TAB:     AJMP   ROUT00                        ;多分支转移表
         AJMP   ROUT01
          ⋮
         AJMP   ROUT7F
```

需要说明的是，此程序要求128个转移目的地址（ROUT00~ROUT7F）必须驻留在与绝对转移指令AJMP相同的一个2 KB存储区内。因为每条AJMP指令占2 B，需要将分支转移参数乘2，而乘2可以通过循环左移1位实现。如果改用LJMP指令，则目的地址可以任意安排在64 KB的程序存储器空间，但程序应做较大的修改。

4.3.3　循环结构

在处理实际事务时，有时会遇到多次重复处理的问题，这时可以采用循环结构。循环结构是最常见的程序组织方式之一。这种设计方法可大幅简化程序，节省存储空间，如图4-2（c）所示。

循环程序的结构一般包括如下四部分：

①初始化部分：设置循环初值，包括预置变量、计算器和数据指针初值，为实现循环做准备。例如，工作寄存器设置计数初值，累加器A清0，以及设置地址指针、长度等。

②循环处理部分：要求重复执行的程序段是程序的主题。循环体既可以是单指令，也可以是复杂的程序段，完成数据的任务处理。

③循环控制部分：该部分用来控制循环次数，重复执行。在循环程序中，必须给出循环结束条件。每执行一次，修改相关计数器或指针的值为下一次循环做准备，并检查结束条件，判断循环是否继续进行。当满足结束条件时，就停止循环，转而执行其他程序。

④循环结束部分：分析和存储执行结果。

循环结构中，初始化部分和结束部分只执行一次。而循环工作部分和循环控制部分则重复执行多次，一般又称为循环体。根据循环控制部分的不同，循环程序结构可分为循环计数控制结构和条件控制结构，如图4-4所示。在进行循环程序设计时，应根据实际情况选择合适的结构形式。

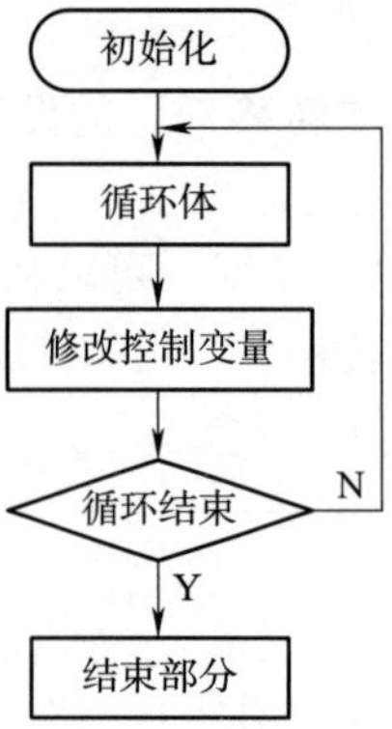

（a）循环计数控制结构

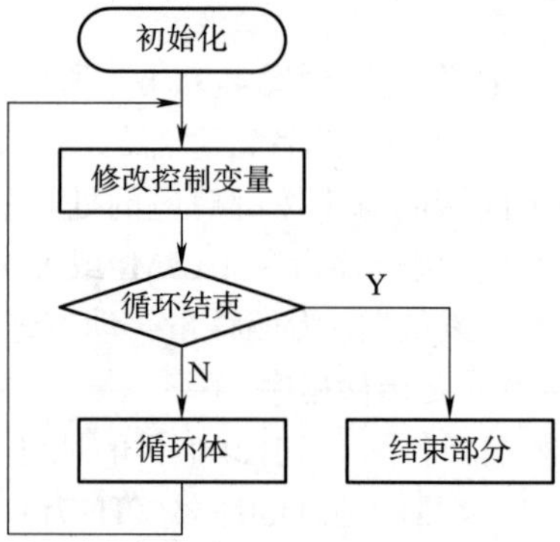

（b）条件控制结构

图4-4 循环控制结构

常见的循环控制方法有计数器控制和条件标志控制两种。用计数器控制循环时，循环次数是已知的，当循环了一定次数后，就停止循环。在单片机中，一般用一个工作寄存器Rn作为计数器，对该计数器赋初值作为循环次数。每循环一次，计数器的值减1，即修改循环控制变量，当计数器的值减为0时，就停止循环，常用DJNZ指令实现。有些循环无法预知循环次数，只能根据给定的条件标志来判断循环是否继续，一般可参照分支程序设计方法中的条件来判断。

如果一个循环程序中不包含其他循环程序，则称该循环程序为单循环结构。如果一个循环程序中包含了其他循环程序，则称为多重循环结构。

【例4-10】从片内RAM的50H单元开始，求连续5个单元存储内容的累加和。其程序如下：

```
      ORG    0000H
SUM:  MOV    R3,#0
      MOV    R4,#0
      MOV    R0,#50H
      MOV    R2,#5
LOOP: MOV    A,R4
      ADD    A,@R0
      MOV    R4,A
```

```
        INC     R0
        CLR     A
        ADDC    A,R3
        MOV     R3,A
        DJNZ    R2,Loop
        END
```

【例4-11】从片内RAM的30H单元开始，将连续10个单元的内容清零。其程序如下：

```
        ORG     0000H
ZERO:   MOV     R0,#30H
        MOV     R7,#10
        MOV     A,#00H
LOOP:   MOV     @R0,A
        INC     R0
        DJNZ    R7,LOOP
        END
```

【例4-12】一个字符串存放在外部RAM中，起始地址为3000H，求这个字符串的长度，放入R0寄存器中。

根据字符串的原理，将字符串的每个字符所对应的ASCII码按顺序存放在存储器中，字符串的结尾是一个ASCII码为0的结尾符。显然，该程序是一个循环次数不固定的程序，该循环的结束条件是从外部RAM中得到的当前字符的ASCII码是否为0。如果是0，表明该字符串到此结束。程序如下：

```
        ORG     0000H
        MOV     R0,#-1
        MOV     DPTR,#3000H
LOOP:   MOVX    A,@DPTR                 ;将当前字符的ASCII码送入A寄存器
        INC     DPTR
        INC     R0
        CJNE    A,#0,LOOP               ;若当前字符的ASCII码不为0，循环继续
        END
```

【例4-13】外部RAM中，从地址2000H开始存放了100个有符号字节数据，编写一段程序，统计其中小于0的数据个数，将其存放在R0寄存器中。

显然，该程序是一个循环次数固定的程序，循环次数是100次。将R1作为循环计数寄存器，其初始值为100。在循环体中是一个分支结构，用于判定一个数是否小于0的依据是该数的最高位是否为1。程序如下：

```
        ORG     0000H
        MOV     R0,#0
        MOV     R1,#100
        MOV     DPTR,#2000H
LOOP:   MOVX    A,@DPTR
        INC     DPTR
        JNB     ACC.7,NEXT              ;若A最高位为1，表明小于0，计数
        INC     R0
NEXT:   DJNZ    R1,LOOP                 ;R1减1，若大于0，循环继续
        END
```

【例4-14】软件延时程序。

当单片机时钟确定后，每条指令的指令周期是确定的，在指令表中已用机器周期表示出来。因此，根据程序执行所用的总的机器周期数，可以较准确地计算程序执行完所用的时间。软件延时是实际经常采用的一种短时间定时方法。假设单片机使用12 MHz晶振，就可以计算出机器周期$T=12/f_{osc}=12/(12\times10^6)\text{s}=1\ \mu\text{s}$。

①采用单循环结构进行软件延时：

```
         MOV    R2,#data              ;预置循环控制常数
DELAY1:  DJNZ   R2,DELAY1             ;当(R2)≠0时，转向本身
```

MOV为单周期指令，DJNZ为双周期指令，因此，可以根据R2的不同初值，实现3~511（data=1~255）个机器周期的延时，该程序就可以实现3~511 μs的延时。由于data取值的限制，该程序延时短，意义不大，可以利用多重循环结构实现更长时间的延时。

②采用多重循环结构进行软件延时：

```
DELAY:  MOV    R7,#200
DEL1:   MOV    R6,#123
        NOP
DEL2:   DJNZ   R6,DEL2
        DJNZ   R7,DEL1
```

该程序的执行需要耗费$200\times(1+1+123\times2+2)+1=50\ 001$个机器周期，每个机器周期是1 μs，因此该程序可实现50 001 μs（约50 ms）的延时。

4.3.4 子程序结构

子程序又称过程，相当于高级语言中的过程和函数。在一个程序的不同部分往往要用到类似的程序段，这些程序段的功能和结构形式相同，只是某些变量的赋值不同，此时可以把这些程序段写成子程序的形式，以便需要时可以调用它。一般称调用子程序的程序为主程序。

子程序的第一条指令的地址称为子程序的入口地址，该指令前必须有标号。子程序的最后一条指令必须是RET指令，实现子程序执行完返回调用程序的断点处继续执行。

主程序调用子程序，是通过主程序或调用程序中的调用指令来实现的。在STC8的指令集中，主要有两条子程序调用指令：①绝对调用指令ACALL addr11，该指令调用的子程序只能放置在同一个2 KB的程序存储区内；②长调用指令LCALL addr16，该指令调用的子程序可以放置在64 KB程序存储区的任意位置。

由于主程序和子程序经常是分别编写的，所以它们所使用的寄存器可能会发生冲突。在调用子程序时，首先要设置堆栈指针，利用PUSH指令将保护的内容压入堆栈，进行现场保护。子程序返回时，执行RET指令前，再把断点弹出堆栈，利用POP指令将保护的内容弹出堆栈，送回原来的单元，从而恢复现场。

子程序可以嵌套，即主程序可以调用子程序，子程序又可以调用另外的子程序。通常允许嵌套8层，嵌套层数与堆栈空间大小有关。

正确地实现参数传送。主程序在调用子程序时，经常需要传送一些参数给子程序，成为输入参数；子程序运行完后经常要回送一些信息给主程序，称为输出参数。参数传送常用的方法包括累加器和通用寄存器传送方式、指针寄存器传送方式和堆栈传送方式。

典型的子程序基本结构如下：

```
START:    ⋮
          LCALL    SQR
             ⋮
SQR:      PUSH     PSW
          PUSH     ACC
          ;子程序处理程序段
          POP      ACC
          POP      PSW
          RET
```

注意：上述子程序结构中，现场保护和恢复不是必要的，需要根据实际情况来确定。另外，需要保护哪些寄存器，也要根据实际情况来确定。

【**例4-15**】通过子程序将片内RAM以40H为首地址的连续16个单元的内容清零。

①累加器和通用寄存器传送方式。

子程序如下：

```
        ORG     0100H
ZERO:   CLR     A
LOOP:   MOV     @R0,A
        INC     R0
        DJNZ    R7,LOOP
        RET
```

主程序如下：

```
        ORG     0000H
MAIN:   MOV     SP,#5FH
        MOV     R0,#40H
        MOV     R7,#10H
        LCALL   ZERO
        END
```

该程序中，把参数值40H和10H保存到通过寄存器R0和R7，通过这两个寄存器给子程序ZERO传递参数。这样的参数传递方式简单，由于寄存器数量的限制，传递参数有限。

②堆栈传送方式

子程序如下：

```
        ORG     0100H
ZERO:   POP     DPH
        POP     DPL
        POP     07H
        POP     00H
        CLR     A
LOOP:   MOV     @R0,A
        INC     R0
        DJNZ    R7,LOOP
        PUSH    DPL
        PUSH    DPH
        RET
```

主程序如下：

```
       ORG    0000H
MAIN:  MOV    SP,#5FH
       MOV    70H,#40H
       MOV    71H,#10H
       PUSH   70H
       PUSH   71H
       LCALL  ZERO
       END
```

主程序把参数值40H和10H分别保存到RAM的70H和71H单元中，通过PUSH指令将70H和71H内容压栈，通过堆栈实现参数传递。在子程序中，利用POP指令将栈的内容弹出，并保存到RAM的70H和71H单元中。这样的参数传递方式虽然操作复杂，但可以实现多个参数的传递。

4.3.5 查表结构

在程序设计中，查表功能是一项非常重要的功能。查表就是根据自变量x，在表格中寻找y，使$y=f(x)$。自变量x的范围一般是一个连续变化的整数，如0~99之间的整数。因此，将所对应的y值按自变量x的顺序排列在一起，就得到了一个线性表。根据x的值求取y值，只需要在这个线性表中查询相应的单元即可，称为查表功能。

在STC8的指令系统中，提供了两条极为有用的查表指令：

```
MOVC    A,@A+PC
MOVC    A,@A+DPTR
```

从这两条指令的特性可以看出，被查询的线性表只能建立在程序存储空间。

指令MOVC　A,@A+PC以PC作为基址寄存器，PC和A的内容作为无符号数，相加后所得的结果作为某一程序存储器单元的地址，根据该地址取出程序存储器相应单元中的内容到累加器A中。指令执行完后，PC指向查表指令中的下一条指令。该指令的优点是预处理较少，且不影响其他特殊功能寄存器的值；缺点是该表格只能存储在该指令地址以下的00H~FFH中，即只能存储在PC下面的256个单元中，这使得表格所在的程序空间受到了限制。

指令MOVC　A,@A+DPTR以DPTR作为基址寄存器，把A中的内容作为一个无符号数与DPTR中的内容相加，所得结果为某一程序存储单元的地址，然后把该地址单元中的内容送到累加器A中。指令执行完后，DPTR的内容保持不变。

MOVC　A,@A+DPTR指令的应用范围比较广泛，一般情况下，大多使用该指令进行查表。使用该指令时不必计算偏移量，使用该指令的优点是表格可以设在64 KB程序存储器空间内的任何地方，而不像MOVC　A,@A+PC指令那样只设在PC下面的256个单元中，使用比较方便。该指令的缺点在于如果DPTR已被使用，则在进入查表前必须保护DPTR，查表结束后再恢复DPTR。

【例4-16】根据变量x（0~9之间）的值，查表获得其对应的函数$y=2x^2+2$的值，x的值存储在累加器A内。请分别以PC和DPTR为基址寄存器进行程序设计。

分析：先计算x对应的y值，把所有y值存储到在程序存储器中一张表内，再根据x的值查表找出对应的y值。程序如下：

①以PC为基址寄存器：

```
       ORG    1000H
```

```
(1000H)     CHAB: ADD     A,#01H
(1002H)           MOVC    A,@A+PC
(1003H)           RET
(1004H)           DB      02,04,10,20,32
                  DB      52,74,100,130,164
                  END
```

上述程序中，在进入程序前，将A的内容预置0~9之间的数。累加器A的内容反映的仅是从表头开始向后查找多少个单元。基址寄存器PC的内容并非表头，执行查表时（即执行指令MOVC　A,@A+PC），PC的内容为下一条指令的地址1003H，即指向RET指令，而距离表头还差1个字节，所以必须加上PC基址到表头的距离，形成偏移量。如果A中的内容为02H，则运行查表程序后，应该得到对应的y值为10；依此类推，从而根据A的内容查出对应的y值。

②以DPTR为基址寄存器：

```
        ORG     1000H
CHAB:   PUSH    DPH
        PUSH    DPL
        MOV     DPTR,#TAB
        MOVC    A,@A+DPTR
        POP     DPL
        POP     DPH
        RET
TAB:    DB      02,04,10,20,32
        DB      52,74,100,130,164
        END
```

还可以利用指令JMP　@A+DPTR通过查表的方式设计多分支程序，将分支地址表的首地址存储在DPTR寄存器内，将分支地址表的索引存储在累加器A内。

使用查表的方式设计多分支程序的原理：假设一个程序中有n个分支，每一个分支的入口地址分别是PRG0, PRG1, …, PRG$n-1$，建立一个分支表，该表的首地址置于DPTR寄存器内，共有n项。表中任意第i（$0 \leqslant i \leqslant n-1$）项存储一条跳转语句：AJMP　PRG$i$，该指令占2字节。将$2 \times i$的值置于累加器A内，则指令JMP　@A+DPTR执行时，查询到分支表的第i项，从而执行分支表第i项所存储的指令AJMP　PRGi，程序最终跳转到第i个分支。因此，查表方式设计多分支程序，实质就是执行一次跳转语句JMP　@A+DPTR查询分支程序表，从而实现向任何分支跳转转移。

【例4-17】编写程序以查表方式设计4分支程序。A的内容为0~3。

```
        ORG     0000H
        MOV     DPTR,#BRTAB
        RL      A
        JMP     @A+DPTR
LEND:   SJMP    $
BRTAB:  AJMP    PRG0
        AJMP    PRG1
        AJMP    PRG2
        AJMP    PRG3
PRG0:   …
        SJMP    LEND
```

```
PRG1:   …
        SJMP   LEND
PRG2:   …
        SJMP   LEND
PRG3:   …
        SJMP   LEND
        END
```

小　结

指令系统中的每一条指令就是汇编语言的一条命令语句。单片机汇编语言程序就是单片机支持的、能完成特定功能的指令序列。本模块主要介绍了STC8单片机汇编语言的相关概念、汇编语言的基本格式和伪指令，比较详细地介绍了汇编语言程序设计的技巧和步骤，最后重点介绍了汇编语言基本的程序结构：顺序结构、分支结构、循环结构、子程序结构和查表结构。只有熟悉STC8单片机的硬件结构、寻址方式和指令系统等知识后，才能编写出符合要求的程序。

习　题

1. 通过汇编语言设计软件延时10 ms的子程序，设系统时钟频率为12 MHz。

2. 编写汇编语言程序实现如下功能：当$X>0$时，$Y=1$；当$X=0$时，$Y=0$；当$X<0$时，$Y=-1$。设变量X已经存放在25H单元，变量Y存放于26H单元。

3. 将片内RAM的50H~5FH地址的区间内容初始化为0~15，即(50H)=0，(51H)=1，…，然后将该区间（50H~5FH单元）的内容复制到片内RAM的30H~3FH单元。

4. 将片内RAM的40H~4FH地址的区间内容复制到片外RAM的2000H单元。

5. 从15个人的档案中查找一个人LIU的名字，此人名字存放于20H单元，如果找到，则记录其地址并存入R6R5中，否则将R6R5清0。设置档案表格的首地址为TAB。

模块五

STC8 C51语言程序设计

学习导航

- STC8 C51语言程序设计
  - C51编程基础
    - C51语言特点和程序结构
    - C51的字符集、标识符与关键字
  - C51的数据类型及存储方式
    - C51的数据类型
    - C51数据的存储器类型
    - C51数据的存储模式
  - C51常量
    - 数值常量
    - 字符常量
    - 字符串常量
    - 符号常量
  - C51变量
    - C51变量定义
    - C51特殊功能寄存器的访问
    - C51位变量
  - C51运算符和表达式
    - 运算符简介
    - 算术运算符与算术表达式
    - 逻辑运算符与逻辑表达式
    - 关系运算符与关系表达式
    - 位操作运算符与位表达式
    - 赋值运算符与赋值表达式
    - 逗号运算符与逗号表达式
  - C51程序基本语句
    - if语句
    - switch语句
    - while语句
    - do...while语句
    - for语句
    - goto、break和continue语句
    - return语句
  - C51函数
    - C51函数的定义
    - 函数的调用和声明
    - 中断函数
    - 库函数
    - 预处理命令
  - C51与汇编语言混合编程
    - 在C51语言中嵌入汇编语言
    - C51语言和汇编语言程序参数的传递
    - 带参数传递的汇编语言调用程序实例
  - C51编程实训
    - 数码管应用编程实训
    - 键盘应用编程实训
    - LCD应用编程实训

学习及素养目标

- 掌握STC8 C51的编程基础、数据类型。
- 掌握STC8 C51的常量和变量的定义和使用。
- 掌握STC8 C51的运算表达式和运算符的使用。
- 掌握STC8 C51的程序基本语句。
- 掌握STC8 C51函数的定义和使用。
- 掌握STC8 C51与汇编语言混合编程方法。
- 能够利用STC8 C51编程控制硬件外设。
- 养成良好的编程习惯，编写清晰、易读、易维护的代码，遵循软件工程规范。
- 熟悉Keli C51等开发工具的使用，能够高效地进行程序编程、编译和调试。
- 能够根据具体需求，设计和实现基于STC 8单片机的软件编程。

学习了STC8系列单片机的指令系统和汇编语言程序设计后，对于初学汇编语言的用户通常会遇到以下三个难点：第一，从指令系统上看，需要程序设计者对汇编语言指令系统非常熟悉，才能够在程序编写中得心应手地使用；第二，从编程思路上看，汇编语言的许多编程思路和常用的高级语言编程思路存在着明显的区别，编程者需要从高级语言编程方式中跳出来，适应汇编语言的编程思路；第三，从程序的可读性上看，需要熟悉汇编语言的阅读者才能够读懂程序，而高级语言设计的程序具有更明确的含义，可读性更高，便于程序的阅读和修改。

本模块将详细介绍如何使用高级语言——C语言进行STC8系列单片机的软件程序设计，即C51语言的程序设计；将对标准C语言的基本语法做概括性介绍，重点讲述C51语言的语法和程序设计，使有C语言基础的读者能够快速掌握C51程序的编写方法。

单元一　C51编程基础

5.1.1　C51语言特点和程序结构

C51语言以C语言为基础，根据单片机存储结构及内部资源定义相应的数据类型和变量，按照C51所包含的数据类型、变量存储模式、输入/输出处理、函数等方面的格式来编写C语言应用程序。用C语言编写的应用程序须由单片机C语言编译器转换成单片机可执行的代码程序。因此，C51语言兼具C语言的特点以及与C语言相似的结构特征。

1. C51语言在功能上的特点

（1）C51语言兼具高级语言和汇编语言的特点

C51语言具有高级语言功能丰富、表达能力强、使用灵活方便、应用面广、目标程序效率高的特点，同时具有能够直接对计算机硬件操作的汇编语言的特点。C51语言允许访问物理地址，能进行位操作，能够直接对硬件操作。

（2）C51语言简洁、运算符丰富、数据结构众多

C51语言使用了C语言的32个关键字和C51的20个扩展关键字，程序书写形式自由，与其他高级语言相比，程序精练简洁；包含多种运算符，而且把括号、赋值、强制类型转换等都作为

运算符处理，可以实现各种各样的运算；C51语言的数据类型有整型、实型、字符型、位型、数组类型、指针类型、结构和联合类型等，能够满足各种复杂的数据结构的需要。

（3）C51采用结构化设计程序，具有可移植性

C51语言使用各种结构化的控制语句，如if...else语句、while语句、switch语句、for语句等。程序由多个函数组成，每个函数相当于一个程序模块。C51语言不同于汇编语言，用C51语言编写的程序基本上不用修改就可用于各种机型和各种操作系统。而用汇编语言编写的程序用于其他型号的机型时，必须改写成对应机型的指令代码。

（4）生成目标代码效率高

用C51语言编写程序比用汇编语言编写程序方便、容易、可读性强，并且用C51编写的程序生成目标代码的效率仅比汇编语言编写的程序低10%~30%。

2. C51语言的程序结构

①C5l源程序一般由一个或者多个源文件组成，文件的扩展名为“.c”。

②C51整个程序中必须有一个而且只能有一个主函数，即main()函数，程序从main()函数开始执行，执行过程中可以调用其他函数，由各种函数包括具有特别意义的中断函数实现整个程序功能，因此，C51语言也称为函数式语言。

③C5l源程序含有预处理命令、语句、说明等，说明和语句以分号“;”结尾，预处理命令后一般不加分号。

④可以“/*…注释…*/”或“//…注释…”的形式给C5l源程序加以注释，用于说明程序段的功能。

综上所述，C51源程序一般具有如下结构：

```
#include<***.h>                    //预处理命令(不加分号)
int func1(形参列表);               //函数类型声明
unsigned char count;               //定义声明全局变量
void main(void){
    说明;
    语句1;
    语句2;
    func1();                       //调用函数
}
int func1(形参列表)                //函数定义
{
    说明;
    语句;
}
```

5.1.2　C51的字符集、标识符与关键字

C51和任何高级语言一样，有规定的字符、关键字和语法规则。

1. 字符集

字符是组成语言最基本的元素，C51语言的字符集可以由数字、大小写英文字母和空格、下划线等特殊字符组成。数字有0~9共10个，小写英文字母a~z共26个，大写英文字母A~Z共26个，空格符、制表符、换行符等统称为空白符。空白符只在字符常量和字符串常量中起作

用，在其他地方出现时，只起间隔作用，编译程序时忽略空白符。因此，在程序中使用空白符与否，对程序的编译不产生影响，但在程序中适当的地方使用空白符可增加程序的清晰性和可读性。

2. 标识符

标识符用来标识源程序中某一个对象的名称，对象可以是函数、变量、常量、数据类型、存储方式、语句等。标识符可以由字母、数字和下划线组成，但必须由字母或者下划线开头（以数字开头的标识符是非法的）。标识符的命名应遵循简洁、含义清晰、便于阅读和理解的原则，通常以相应功能的英文名称命名，例如时钟初始化函数通常命名为init_clock()。另外，C51程序的标识符是大小写敏感的，也就是说区分字母的大小写，字母大小写不同指代不同的对象，通常将全局变量、特殊功能寄存器名、常数符号用大写表示，局部变量、一般的语句、函数用小写表示。

3. 关键字

关键字是C51已定义的具有固定名称和特定含义的特殊标识符，又称保留字，源程序中用户自己命名的标识符不能和关键字重名。有些关键字用在语句中，有些关键字用在变量、常量、数据类型或者函数的定义中。标准C语言中规定的关键字共有32个，见表5-1。

表5-1 标准C关键字

关 键 字	类 型	作 用
auto	存储种类说明	用以说明局部变量，默认值为auto
break	程序语句	退出最内层循环体
case	程序语句	switch语句中的选择项
char	数据类型说明	单字节整型数据或字符型数据
const	存储类型说明	在程序执行过程中不可更改的常量值
continue	程序语句	转向下一次循环
default	程序语句	switch语句中的失败选择项
do	程序语句	构成do...while循环结构
double	数据类型说明	双精度浮点数
else	程序语句	构成if...else选择结构
enum	数据类型说明	枚举
extern	存储种类说明	在其他程序模块中说明了的全局变量
float	数据类型说明	单精度浮点数
for	程序语句	构成for循环结构
goto	程序语句	构成goto循环结构
if	程序语句	构成if...else选择结构
int	数据类型说明	基本整型数据
long	数据类型说明	长整型数据

续表

关 键 字	类　型	作　用
register	存储种类说明	使用CPU内部寄存器变量
return	程序语句	函数返回
short	数据类型说明	短整型数据
signed	数据类型说明	有符号数据
sizeof	运算符	计算表达式或数据类型的字节数
static	存储种类说明	静态变量
struct	数据类型说明	结构类型数据
switch	程序语句	构成switch选择结构
typedef	数据类型说明	重新进行数据类型定义
union	数据类型说明	联合类型数据
unsigned	数据类型说明	无符号数据
void	数据类型说明	无类型数据
volatile	数据类型说明	该变量在程序执行中可被隐含地改变
while	程序语句	构成while和do...while循环结构

C51新增扩展关键字见表5-2。

表5-2　C51扩展关键字

关 键 字	类　型	作　用
bit	位标量声明	声明一个位标量或位类型的函数
sbit	可寻址位声明	定义一个可位寻址变量地址
sfr	特殊功能寄存器声明	定义一个特殊功能寄存器（8位）地址
sfr16	特殊功能寄存器声明	定义一个16位的特殊功能寄存器地址
data	存储器类型说明	直接寻址的8051单片机内部数据存储器
bdata	存储器类型说明	可位寻址的8051单片机内部数据存储器
idata	存储器类型说明	间接寻址的8051单片机内部数据存储器
pdata	存储器类型说明	分页寻址的8051单片机外部数据存储器
xdata	存储器类型说明	8051单片机的外部数据存储器
code	存储器类型说明	8051单片机程序存储器
interrupt	中断函数声明	定义一个中断函数
reetrant	再入函数声明	定义一个再入函数
using	寄存器组定义	定义8051单片机使用的工作寄存器组
small	变量的存储模式	所有未指明存储区域的变量都存储在data区域

续表

关 键 字	类 型	作 用
large	变量的存储模式	所有未指明存储区域的变量都存储在xdata区域
compact	变量的存储模式	所有未指明存储区域的变量都存储在pdata区域
_at_	地址定义	定义变量的绝对地址
far	存储器类型说明	用于某些单片机扩展RAM的访问
alicn	函数外部声明	C函数调用PL/M-51，必须先用alicn声明
task	支持RTX51	指定一个函数是一个实时任务
priority	支持RTX51	指定任务的优先级

单元二 C51的数据类型及存储方式

5.2.1 C51的数据类型

C语言引入了数据类型的概念来描述计算机的操作对象（数据），数据类型也就是数据的格式。对数据类型的描述包括数据的表示形式、数据长度、数值范围、构造特点等。

C51中使用的数据类型包括C语言中标准的数据类型和C51扩展的数据类型。C语言中标准的数据类型有无符号字符型、有符号字符型、无符号整型、有符号整型、无符号长整型、有符号长整型、浮点型、指针型。C51扩展的数据类型有位型、可位寻址的位型、特殊功能寄存器型、16位的特殊功能寄存器型。C51数据类型的长度和数值范围见表5-3。指针型数据类型用于存储变量的地址，定义方式与标准C相似，即在指针变量名前加“*”符号，长度一般为1~3 B，由于没有专用的关键字来定义，所以表5-3就不再介绍。

表5-3 C51数据类型

数据类型	数据长度	数值范围	注 释
unsigned char	1 B	0~255	无符号字符型
[signed] char	1 B	−128~127	有符号字符型
unsigned int	2 B	0~65 535	无符号整型
[signed] int	2 B	−32 768~32 767	有符号整型
unsigned long	4 B	0~4 294 967 295	无符号长整型
[signed] long	4 B	−2 147 483 648~2 147 483 647	有符号长整型
float	4 B	± 1.17 5494E-38~ ± 3.402 823E+38	浮点型
bit	1 bit	0或1	位型
sbit	1 bit	0或1	可位寻址的位型
sfr	1 B	0~255	特殊功能寄存器
sfr16	2 B	0~65 535	16位特殊功能寄存器

1. 字符型

字符型数据包括无符号字符型和有符号字符型，即unsigned char型和[signed] char型，默认为带符号字符型，它们的长度都为1 B，8位二进制数，用于存放1 B的数据，无符号字符型数据，可以表示的数值范围为0~255。有符号字符型数据，最高位表示符号位，“0”表示正数，“1”表示负数，数据以补码的形式出现，可以表示的数值范围为-128~127。字符型数据可以用来存放1 B的数据，也可以用来存放一个西文字符，存放西文字符时以ASCII码的形式占用一个存储单元。如'a'、'1'、'B'分别以其ASCII码61H、31H、42H存放在一个存储单元中，占用1 B的存储空间。

2. 整型

整型（int）数据包括无符号整型和带符号整型，即unsigned int型和signed int型，默认为有符号型，它们的长度都为2 B，16位二进制数，用于存放2 B的数据，无符号整型数据可以表示的数值范围为0~65 535。有符号整型数据与其他有符号数据表示方法一样，最高位为符号位，数值位以补码的形式出现，可以表示的数值范围为-32 768~32 767。

3. 长整型

长整型（long）数据包括无符号长整型和有符号长整型，即unsigned long型和signed long型，同样，默认为有符号长整型，它们的长度为4 B，32位二进制数，用于存放4 B的数据。无符号长整型数据可以表示的数值范围为0~4 294 967 295，有符号长整型数据可以表示的数值范围为-2 147 483 648~2 147 483 647。

4. 浮点型

浮点型（float）数据的长度为4 B，格式符合IEEE 754标准的单精度浮点型数据，包括指数和尾数两部分，最高位为符号位，“1”表示负数，“0”表示正数，接下来8位为阶码，用补码表示，后23位为尾数的有效位数，隐含了整数部分的“1”，格式见表5-4。

表5-4　浮点数数据格式

字节地址	3	2	1	0
浮点数内容	SEEEEEEE	EMMMMMMM	MMMMMMMM	MMMMMMMM

表格中S为符号位，E为阶码位，M为尾数的小数部分，整数部分为1。例如，浮点数+124.75=+1111100.11B，符号位为0，小数点左移6位，阶码为127+6，即133（10000101B），小数点后面的为小数部分，尾数为小数部分，即11110011000000000000000B共23位，因此32位浮点数表示为01000010111110011000000000000000B=42F98000H。

5. 位型

C51扩展数据类型中主要有两种数据类型：一种为位型，包括bit型和sbit型；另一种为特殊功能寄存器型，包括sfr型和sfrl6型。

位类型数据用于访问51系列单片机中可以寻址的位，C51中支持bit型和sbit型两种位型，它们在内存中只占有一个二进制位，值可以为“0”或者“1”。两种位型的区别在于，用bit定义的位变量在C51编译器编译时，在不同的时候位地址是可以变化的；而用sbit定义的位变量必须与51系列单片机的一个可以位寻址的字节单元中的某一位联系在一起，在C51编译器编译时，其对应的位地址是不可以变化的。

6. 寄存器型

寄存器类型数据，用于访问51系列单片机中特殊功能寄存器中的数据，C51中支持sfr和sfrl6两种类型，其中sfr为字节型特殊功能寄存器类型，占用1 B单元，利用它可以访问51单片机中所有的特殊功能寄存器；sfrl6为双字节型特殊功能寄存器类型，占用2 B单元，利用它可以访问单片机中所有2 B的特殊功能寄存器。

5.2.2 C51数据的存储器类型

因为C51是面向单片机及其硬件控制系统的开发语言，利用C51编写的程序最后要编译为机器码，并下载到单片机中才能运行，而单片机中数据的存储空间共有四个：片内程序存储器空间、片外程序存储器空间、片内数据存储器空间和片外数据存储器空间。汇编语言程序设计时指令本身就确定了数据的读/写位置，如MOVX指令用来读/写外部数据存储器，所以不必说明。而C51程序设计时，需要在程序中说明数据的存储空间，这样最终生成的目标代码中的数据才能按照要求存储。所以C51程序设计时，数据定义除了需要指定数据类型外，还需要额外说明数据的存储空间。这是与标准C的不同之处，数据的存储器类型定义了数据在单片机系统中的存储位置，从而将数据定位在相应的存储空间。

根据单片机硬件结构的特点，C51定义了六种存储器类型：data、bdata、idata、pdata、xdata和code。这些存储器类型与51单片机存储空间的对应关系见表5-5。

表5-5 C51存储器类型与51单片机存储空间的对应关系

存储类型	与51单片机对应的存储空间
data	直接寻址片内数据存储区（0X00~0X7F，128 B），访问速度快
bdata	可位寻址片内数据存储区（0X20~0X2F，16 B），允许位与字节混合访问
idata	间接寻址片内数据存储区，可访问全部片内RAM地址空间
pdata	分页寻址片外数据存储区（256 B），由指令MOVX　A, @Ri访问
xdata	片外数据存储区（64 KB），由指令MOVX　A, @DPTR访问
code	程序代码存储区（64 KB），由指令MOVC　A, @A+DPTR访问

代码如下：

```
unsigned char data var1;
bitbdata flag;
float idata var2;
unsigned int pdata temp;
unsigned char xdata array1[5];
unsigned int  code  array2[10];
```

上述语句定义了4个变量和2个数组。无符号字符型变量var1存储器类型为data，定位在片内RAM；位变量flag的存储器类型为bdata，定位在片内数据存储区的位寻址区；浮点变量var2存储器类型为idata，定位在片内数据存储区，并只能通过间接寻址方式访问；无符号整型变量temp存储器类型为pdata，定位在片外数据存储器，利用指令MOVX　A, @Ri访问；无符号字符型数组array1存储器类型为xdata，定位在片外数据存储区，占据5 B空间；无符号整型数组array2的存储器类型为code，定位在程序存储区，由指令MOVC　A, @DPTR访问。

定义数据时，有时会略去存储器类型，此时，编译器会自动选择默认的存储器类型，而默认的存储器类型由存储模式决定。

5.2.3　C51数据的存储模式

存储器模式确定了用于函数自变量、自动变量和无明确存储类型变量的默认存储器类型。C51有三种存储模式：SMALL、COMPACT和LARGE。用存储器类型标识符明确声明一个变量，优先于默认存储器类型，见表5-6。

表5-6　C51存储模式

存储模式	参数及局部变量传递区域	范　围	默认存储类型	特　点
SMALL	可直接寻址的片内数存储区	128 B	data	访问方便，所有对象，包括堆栈必须嵌入片内RAM
COMPACT	分页片外数存储区	256 B/页	pdata	通过Ri间接寻址，堆栈位于片内RAM
LARGE	片外数据存储区	64 KB	xdata	通过DPTR间接寻址，效率较低，数据指针不能对称操作

一般经常使用SMALL模式，它可生成最快、最紧凑和最有效的代码。通常可以明确指定变量的存储位置。仅当使用SMALL模式时不适合应用或操作才上升到COMPACT模式和LARGE模式。

具体采用哪种存储模式可以在C51集成开发环境中选择。

单元三　C51常量

在程序运行过程中有众多的数据类型，不同类型数据的存储方式是不一样的。常量就是在程序运行过程中不能改变值的量，而变量是能在程序运行过程中不断变化的量。变量的定义能使用所有C51编译器支持的数据类型。C语言中的常量按照类型可以分为数值常量、字符常量、字符串常量、符号常量四种。

5.3.1　数值常量

数值常量通常表示数字，就像数字可以分为整型、实型一样，数值常量也可分为整型常量和实型常量。数字有正、负之分，数值常量的值也有正、负。

例如，+100和-50都是整型常量，其中+100前面的“+”可以省略。除了这些常用的十进制，整型常量还通常使用十六进制形式表示，其中，100用0x64表示，而-50需要先转换为补码，再用十六进制表示，即0xCE。

实型常量在计算机语言中常称为浮点数，通常有以下两种表现形式：

①十进制小数形式：由数字和小数点组成（注意：必须有小数点），如12.3、0.0、0.5410、123.0等，而10、-50在C语言中不属于实数，而是整数。

②指数形式：如123e5或123E5都代表123×10^5（注意：字母E或e之前必须有数字，之后必须是整数），如e3、2.1e3.5、e等都不是合法的指数形式。

一个浮点数可以有多种指数表示形式，但在C语言系统进行输出时，是按规范化的指数形式输出的。例如，若指定将实数5689.65按指数形式（%e格式）输出，输出的形式只能是5.68965e+003，而不会是0.568965e+004或56.8965e+002。

5.3.2 字符常量

C语言的字符常量就是指单引号括起来的单个字符，例如a就是字符常量。不仅英文字母可以作为字符常量，键盘上的其他字符也可以作为字符常量，如?、￥、@等。

注意：小写字母a和大写字母A是不同的字符常量。

在C语言中能在程序中使用的字符是有限的，ASCII表中ASCII代码为32~26所对应的字符可以在键盘中找到，可以在程序中直接表示出来。

除了能直接表示和在屏幕上显示的字符外，还有一些字符是不能显示的，用来作为输出息时的控制符号（如换行、退格等）。这种字符称为转义字符，常用的转义字符列举如下：

①\n：换行符：将当前的输出位置跳到下一行开头。

②\t：水平制表符：使输出的数据跳到下一个输出区（一行中一个输出区占7列）。

③\b：退格符：将当前输出位置退回前一列处，即消除前一个已输出的字符。

④\t：回车符，将当前的输出位置返回到本行开头。

⑤\0：“空操作”字符，常用于字符串中，作为字符串的结束标志。

⑥\ddd：1~3位八进制数所代表的字符。

⑦\xhh：1~2位十六进制数所代表的字符。

5.3.3 字符串常量

STC8就是字符串常量，它是用双引号括起来的字符序列，其值就是双引号里面的字符串。

在平时应用中，要注意区分字符常量和字符串常量，字符常量是单个字符，用单引号括起来，但当单字符用双引号括起来时，就变成字符串常量。

'x'是字符常量，"x"是字符串常量，比较"x"和'x'的不同：

①书写形式不同：字符串常量用双引号，字符常量用单引号。

②存储空间不同：在内存中，字符常量只占用1 B存储空间，而字符串常量存储时，其结尾处有一个结束标记 " \0"，需占用1 B空间，所以'x'占用1 B空间，而"x"占用2 B空间。

③二者的操作功能也不相同。例如，可对字符常量进行加减运算，而字符串常量则不能。

5.3.4 符号常量

以上介绍了数值常量（如100、-50）、字符常量（如w）、字符串常量（如"STC8"），可以直接从字面形式判定它们是常量和哪一类常量，这种常量称为字面常量或直接常量。此外，当某个常量引用起来较复杂而又经常要被用到时，为了使用方便，可以用一个符号名来代表该常量，通常将该常量定义为符号常量。

①符号常量在使用前先定义，定义的格式如下：

```
#define  <符号常量名>  <常量>
```

其中，<符号常量名>通常使用大写表示（变量名用小写，以示区别），<常量>可以是数值常量，也可以是字符常量。

②一般情况下，符号常量定义要放在主函数main()之前。例如：

```
#define PI 3.14159                    //表示符号PI等效3.14159
```

在编译前，系统会自动把程序中所有的PI都替换成3.14159，也就是说在编译运行时系统中只有3.14159，而没有符号PI。

③符号常量只是符号，不是变量，不能被赋值，不能指定类型。例如：

```
PI=3.14159;                           //错误，不能给符号常量赋值
double PI;                            //错误，PI不是变量，不能指定类型
```

单元四　C51变量

5.4.1　C51变量定义

其值可以改变的量称为变量。一个变量应该有一个名字，在内存中占据一定的存储单元。变量定义必须放在变量使用之前，一般放在函数体的开头部分。

变量必须“先定义，后使用”。变量的定义语句形式如下：

```
[存储种类]    数据类型    [存储器类型]    变量名表
  auto         int          data            x;
               char         code            y=0x22;
```

第一个变量x的存储种类、数据类型、存储器类型分别为auto、int、data。第二个变量y只定义了数据类型和存储器类型，未直接给出存储种类。

在变量的定义格式中，除了数据类型和变量名表是必要的，其他都是可选项。存储种类有四种：自动（auto）、外部（extern）、静态（static）和寄存器（register），默认类型为自动（auto）。

数据类型则是和5.2.1节介绍的各种数据类型的定义是一样的。而存储器类型则是和5.2.2节介绍的各种存储器类型的定义是一样的。

C语言允许在定义变量的同时给变量赋初值，如定义变量y时对其进行赋值。

5.4.2　C51特殊功能寄存器的访问

特殊功能寄存器就存储本质而言属于RAM，但其工作特性与一般的存储器不同，特殊功能寄存器具有专用、具体的功能，访问时必须严格按照特殊功能寄存器的地址进行访问。为了便于操作，C51提供了sfr关键字用于各特殊功能寄存器的地址定义。

1. 特殊功能寄存器的地址定义

其作用是将特殊功能寄存器名称与其地址等同起来，编程时对特殊功能寄存器的操作，等同对其对应的地址单元操作。定义格式如下：

```
sfr 特殊功能寄存器名=特殊功能寄存器地址常数;
sfr16 特殊功能寄存器名=特殊功能寄存器地址常数;
```

可以这样定义STC8的P0和P1口。

```
sfr P0=0x80;        //定义P0 I/O口，其地址80H
sfr P1=0x90;        //定义P1 I/O口，其地址90H
```

sfr关键字后面是一个要定义的名字，可任意选取，但要符合标识符的命名规则，名字最好有一定的含义，如P1口用P1为名，这样程序易于阅读。等号后面必须是常数，不允许有带运算符的表达式，而且该常数必须在特殊功能寄存器的地址范围之内（80H~FFH），具体见表2-12。

5.4.3 C51位变量

为了便于操作，C51提供了sbit关键字用于特殊功能寄存器位的地址定义。

1. 特殊功能寄存器位的地址定义

sbit可定义位寻址对象，如访问特殊功能寄存器中的某位。其实这样应用是经常要用的，如要访问P1口中的第2个引脚P1.1。定义格式如下：

（1）sbit　位变量名=位地址

这种方法是把位的绝对地址赋给位变量。sbit的位地址必须位于80H~FFH之间。例如：

```
sbit P1_1=0x91;                  //定义位变量P1_1，其位地址为0x91
sbit CY=0xD7;                    //定义位变量CY，其位地址为0xD7
```

（2）sbit　位变量名＝特殊功能寄存器名^位位置

该方法需要先定义一个特殊功能寄存器，然后利用位位置定义位变量，位位置为0~7。例如：

```
sbit P1_1=P1^1;                  //先定义P1_1，再指定位变量所在的位置1
sbit CY=PSW^7;                   //先定义PSW，再指定位变量所在的位置7
```

（3）sbit　位变量名＝字节地址^位位置

这种方法是以特殊功能寄存器的地址作为基址，其值位于80H~FFH之间，位位置为0~7。例如：

```
sbit P1_1=0x90^1;                //P1寄存器地址为0x90，位变量CY是其第1位
sbit P1_1=0xD0^7;                //PSW寄存器地址为0xD0，位变量CY是其第7位
```

2. 位寻址区（20H~2FH）位变量定义

在C51存储器类型中有一个bdata的存储器类型，这是指可位寻址的数据存储器，位于单片机的可位寻址区中，可以将要求可位寻址的数据定义为bdata。当位对象处于STC8单片机内部可位寻址区bdata时，称之为“可位寻址对象”。

（1）利用bdata定义位寻址区变量

```
unsigned char bdata ib;          //在可位寻址区定义ucsigned char类型的变量ib
int bdata ab[2];                 //在可位寻址区定义数组ab[2]
```

（2）定义位寻址区位变量

利用sbit关键字可以定义可位寻址对象中的某一位。

```
sbit ib7=ib^7;                   //定义变量ib的第7位地址为变量ib7
sbit ab12=ab[1]^12;              //定义变量ab[1]的第12位地址为变量ab12
```

操作符“^”后面位位置的最大值取决于指定基址的数据类型，对于char来说是0~7，对于int来说是0~15，对于long来说是0~31。

【**例5-1**】基于STC单片机开发版的发光二极管电路图参见图2-16，控制一个LED灯闪烁。

电路图中，每个发光二极管的正极通过限流电阻接到5 V电压，负极接到STC8单片机的P6口。当P6.0引脚输出低电平时，点亮LED1，输出高电平时，熄灭LED1。程序如下：

```
#include<STC8.H>
sbit LED=P6^0;                  //定义位变量LED，为P6口的第0位。
/**********************************
 * @函数名：delay_1ms
 * @描述：延时1微秒
 * @参数：延时毫秒数
 * @返回值：无
**********************************/
void delay_1ms(unsigned char _1ms)
{
    unsigned char i,j;
    while(_1ms--)
    {
        i=11;
        j=190;
        do
        {
            while(--j);
        }while(--i);
    }
}

void main()
{
    while(1)
    {
        LED=~LED;               //点亮或熄灭LED灯
        delay_1ms(100);
    }
}
```

【例5-2】基于图2-16所示的电路图，实现一个跑马灯，依次点亮8个LED灯。程序如下：

```
#include<STC8.H>
unsigned int i,j;
/**********************************
 * @函数名：delay_1ms
 * @描述：延时1微秒
 * @参数：延时毫秒数
 * @返回值：无
**********************************/
void delay_1ms(unsigned char _1ms)
{
    unsigned char i,j;
    while(_1ms--)
    {
        i=11;
        j=190;
```

```
        do
        {
            while (--j);
        }while (--i);
    }
}

void main()
{
    while(1)
    {
        P6=~(1<<j++);            //给P6口赋值，依次点亮各LED灯
        if(j==8)
        {
            j=0;
        }
        delay_1ms(100);
    }
}
```

单元五　C51运算符和表达式

5.5.1　运算符简介

C51语言中按照运算符在表达式中所起的作用分，有以下几类运算符：算术运算符、逻辑运算符、位操作运算符、赋值运算符、关系运算符、逗号运算符、条件运算符、指针和地址运算符、强制转换运算符等。用运算符和括号将运算对象连接在一起称为表达式，表达式符合一定的语法规则。C51语言中有算术表达式、赋值表达式、逻辑表达式、位操作表达式、关系表达式等。

5.5.2　算术运算符与算术表达式

C51支持的算术运算符有+（加）、-（减）、*（乘）、/（除）、%（取余），为双目运算符，实现两个操作数的相加、相减、相乘、相除、取余运算。两个整数相除结果取商，取余为两个整数相除取余数。

C51支持的单目算术运算符有+（取正）、-（取负）、++（自增1）、--（自减1），为单目运算符，只有一个操作数。其功能为实现操作数本身的取正、取负、自加1、自减1运算。其中，取正运算是取操作数的值，取负的含义是取操作数符号相反的运算。例如：

```
signed char a,b;
a=+(-45);
b=-(-45);
```

执行结果为：a=0xd3（-45的补码），b=0x2d（十进制45）。

其中，++、--运算符可以放在变量之前或者变量之后，其含义有细微的差别：++变量、--变量是先让变量加1或减1，再使用变量的值；变量++、变量--是先使用变量值，之后变量再加

1或减1。例如：

```
unsigned char x1=0, x2=1;
```

变量定义后，若执行“x1=++x2;”，变量x2先加1，再赋值给x1，则执行结果为x1=2，x2=2。若执行“x1=x2++;”，先将x2赋值给x1，之后x2加1，则执行结果为x1=1，x2=2。

由算术运算符、括号、操作数按照运算规则连接起来的式子称为算术表达式。例如，a、b、xl、x2都是字节型变量，则a+b、(x1+x2)*4、x1%x2均为表达式。

5.5.3 逻辑运算符与逻辑表达式

C51中支持的逻辑运算符有三种：&&（逻辑与）、||（逻辑或）、!（逻辑非）。逻辑运算符的运算结果要么为真（1），要么为假（0）。用逻辑运算符将关系表达式连接起来的式子就是逻辑表达式。

1. 逻辑与运算

当表达式进行逻辑与运算时，只要有一个表达式为假，总的表达式就为假；只有当所有表达式都为真时，总的表达式才为真。一般格式为：

```
表达式1      &&      表达式2
```

例如：5>0 && 7>0，因为5>0和7>0都为真，所以表达式逻辑与的结果就为真。

2. 逻辑或运算

当表达式进行逻辑或运算时，只要有一个表达式为真，总的表达式就为真；只有当所有表达式都为假时，总的表达式才为假。一般格式为：

```
表达式1 || 表达式2
```

例如：5>0 ||3>8，因为5>0为真，3>8为假，所以表达式逻辑或的结果就为真。

3. 逻辑非运算

当表达式为真时，逻辑非的运算结果为假；当表达式的值为假时，逻辑非的运算结果为真。一般格式为：

```
!表达式
```

例如：!(5>0)，因为5>0为真，所以表达式逻辑非的结果就为假。

5.5.4 关系运算符与关系表达式

比较两个操作数的大小关系的运算符为关系运算符，C51语言中关系运算符有如下6种：<（小于）、<=（小于或等于）、>（大于）、>=（大于或等于）、==（等于）、!=（不等于）。关系运算符都是双目运算符。

用关系运算符将两个关系表达式连接起来的式子称为关系表达式，关系表达式常用来作为分支程序或者循环程序的判别条件。关系表达式的一般格式为：

```
表达式1 关系运算符  表达式2
```

关系表达式的运算结果为逻辑值，要么为真（值为1），要么为假（值为0）。例如：

```
unsigned char a=3,b=4;
bit x;
```

```
x=a>b;                    //结果为假x=0
x=a<b;                    //结果为真x=1
```

5.5.5 位操作运算符与位表达式

C51语言能对操作数进行按位运算，使之能对单片机的硬件直接进行操作，与汇编语言一样使用方便。可以进行位运算的操作数仅限于字符型和整型操作数，不能对浮点型操作数进行位运算。C51语言中有六种位运算符：&（按位与）、|（按位或）、^（按位异或）、~（按位取反）、<<（左移）、>>（右移）。

1. 按位与运算

按位与运算是指参与运算的两个操作数按位进行“与”运算。仅当两个数对应位都为1时，与的结果才为1；对应位上只要有一个为0，则“与”的结果都为0。其功能相当于汇编语言中的ANL指令。例如：

```
P0=P0&0xfe;                    //该语句的功能为把P0.0清0
```

2. 按位或运算

按位“或”运算是指参与运算的两个操作数按位进行“或”运算。两个操作对应位上只要有一个为1，则“或”的结果为1，否则为0。其功能相当于汇编语言中的ORL指令。例如：

```
P0=P0|0x01;                    //该语句的功能为把P0.0置1
```

3. 按位异或运算

按位“异或”运算是指参与运算的两个操作数按位进行“异或”运算。当两个操作数对应位上的数值相异时，“异或”的结果为1；对应位上的数值相同时，“异或”的结果为0。其功能相当于汇编语言中的XOR指令。例如：

```
P0=P0^0x01;                    //该语句的功能为把P0.0取反
```

4. 按位取反运算

按位“取反”运算是指单目运算符，其功能是使一个数据的各位取反。例如：

```
unsigned char a=0x7f,b;
b=~a;
```

执行结果为b=0x80。

5. 左移运算

左移运算的功能是将一个操作数左移若干位，高位溢出舍去，低位补0。例如：

```
unsigned Char a=0x3f,b;
b=a<<2;
```

执行结果为b=0xfc，相当于b=a*2。

6. 右移运算

右移运算的功能是将一个操作数右移若干位，对于无符号数，高端移入0，低端移出舍掉；

对于有符号数，高端移入操作数的符号位，右端移出位被舍掉。例如：

```
signed char a=-5,b;
b=a>>1;
```

执行结果为b=0xfd。因为a为负数，以其补码的形式出现，即a=0xfb，右移1位，各位依次右移1位，最高位移入a的符号位1，右端移出位舍掉，则b为0xfd。

5.5.6 赋值运算符与赋值表达式

赋值运算符的符号为“=”，具有右结合性，一般用于给变量赋值。赋值表达式的一般格式为：

```
变量=表达式
```

由赋值运算符连接一个变量和一个表达式，其功能为将表达式的值赋给变量。例如：

```
unsigned char a,b,x1,x2;        //定义变量a、b、x1、x2为无符号字符型变量
x1=a+b;                         //把a+b的值赋给变量x1
x2=a*b;                         //把a*b的值赋给变量x2
```

如果赋值运算符两边的数据类型不同，编译器自动将右边表达式的值转换为和左边变量相同的类型。赋值运算符“=”前面还可以加上其他运算符，构成复合赋值运算符，C51的复合运算符有十种：+=、-=、*=、/=、%=、<<=、>>=、&=、^=、|=。

由复合运算符将一个变量和表达式连接起来构成赋值表达式，其一般格式为：

```
变量  复合赋值运算符  表达式;
```

其功能等价于：

```
变量=变量  运算符  表达式
```

例如：

```
unsigned char a;
a+=3;                           //等价于a=a+3
a*=b;                           //等价于a=a*b
b%=a;                           //等价于b=b%a
```

5.5.7 逗号运算符与逗号表达式

逗号运算符是C51语言中的一种特殊运算符，其功能是把几个表达式连接起来，组成逗号表达式，逗号表达式的一般形式为：

```
表达式1,表达式2,表达式3,…,表达式n
```

逗号表达式的功能是依次计算表达式1,2,3,…,n的值，整个逗号表达式的值为表达式n的值。例如：

```
a=1,b=2;
```

依次将1赋值给a，将2赋值给b，整个表达式的值为2。逗号表达式在for循环控制语句中用于对循环变量的初始化。

单元六　C51程序基本语句

C51语句是计算机执行的操作命令，一条语句以分号结束，除了上面已讲的赋值语句外，还有if语句、switch语句、while语句、for语句、goto语句、break语句、continue语句和return语句。

5.6.1　if语句

if语句用来判定所给的条件是否满足来决定执行的操作，条件满足时执行一种操作，条件不满足时执行另一种操作。if语句为分支语句，有以下三种形式：

1. if语句的第一种形式

其格式如下：

```
if(表达式)
    语句;
```

表达式一般为关系表达式或者逻辑表达式，当表达式的值为真（非0）时执行语句，否则不执行语句，语句可以是简单语句或者复合语句。

【例5-3】判断RI是否为1，如果等于1，则RI清0，并读接收缓冲器中的数据。

```
unsignedchar rec_a;
if(RI==1)                              //如果RI=1，则RI清0，并读接收缓冲器中的数据
{
    RI=0;
    rec_a=SBUF;
}
```

2. if语句的第二种形式

其格式如下：

```
if(表达式)
    语句1;
else
    语句2;
```

当表达式的值为真（非0）时执行语句1，否则执行语句2，其中语句1和语句2可以是简单语句，也可以是复合语句。

【例5-4】判断RI是否为1，如果等于1，则RI清0，并读接收缓冲器中的数据；否则TI清0，写SBUF发送1 B数据。

```
unsigned char rec_a,tra_b;
if(RI==1)                              //若RI=1，则RI清0，读SBUF取出接收1 B数据
{
    RI=0;
    rec_a=SBUF;
```

```
}
else                          //否则TI=1，则TI清0，写SBUF发送1 B数据
{
    TI=0;
    SBUF=tra_b;
}
```

3. if语句的第三种形式

其格式如下：

```
if(表达式1)
    语句1;
else if(表达式2)
    语句2;
    …
else if(表达式n)
    语句n;
else
    语句n+1;
```

这种形式的if语句可以实现多种条件的选择，应注意if和else的配对，else总是和最近的if配对。在if语句中可以再包含if语句，构成if语句的嵌套。

【例5-5】定义两个unsigned char类型的变量x和y。如果变量x的值为0，则将0x20赋值给变量y；如果x大于0，则将x的值赋给y；如果x小于0，则将x与5相加的结果赋给*y*。

```
unsignedchar x,y;
main()
{
    if(x==0)
        y=0x20;
    else if(x>0)
        y=x;
    else
        y=x+5;
}
```

5.6.2 switch语句

switch语句是直接处理多分支的选择语句，一般格式如下：

```
switch(表达式)
{
    case 常量表达式1:    语句1;
    case 常量表达式2:    语句2;
    …                    …
    case 常量表达式n:    语句n;
    default:             语句n+1;
}
```

switch语句中的表达式一般为整型或字符型表达式，当表达式的值和某一个case后的常量表达式*i*相同时，就执行相应的语句*i*；要使各种情况互相排斥，只执行语句*i*，应在每条语句后加

上退出循环的语句break；若表达式的值和所有常量表达式不同，则执行语句n+1。

【例5-6】根据变量x的值决定调用哪个函数。当x为0时，调用函数func0()，退出；当x为1时，调用函数func1()，退出；当x为2时，调用函数func2()，退出；当x为3时，调用函数func3()，退出；否则，调用函数func4()。

```
unsigned char x;
switch(x)
{
    case 0:    func0();    break;    //若变量x=0，则调用函数func0()，再退出
    case 1:    func1();    break;    //若变量x=1，则调用函数func1()，再退出
    case 2:    func2();    break;    //若变量x=2，则调用函数func2()，再退出
    case 3:    func3();    break;    //若变量x=3，则调用函数func3()，再退出
    default:   func4();              //若变量x为其他值，则调用函数func4()
}
```

5.6.3 while语句

while语句的一般形式为：

```
while(表达式)
    语句;
```

while语句为循环语句，其中的表达式为循环条件，可以为关系表达式或者逻辑表达式，表达式的值为真（非0）时执行语句。语句执行完再次判断表达式的值是否为真，直到表达式的值为假（0）时退出循环。语句为循环体，可以是简单语句、复合语句或空语句。

【例5-7】利用while语句求1+2+3+…+100的值。

```
main()
{
    inti,sum=0;
    i=1;
    while(i<=100)
    {
        sum=sum+i;
        i++;
    }
}
```

5.6.4 do...while语句

do...while语句的一般形式为：

```
do
    语句;
while(表达式);
```

do...while语句先执行循环体语句，然后判别表达式，当表达式的值为真（非0）时，返回重新执行循环体语句。如此反复，直到表达式的值为假（0）时，结束循环。

【例5-8】用do...while语句求1+2+3+…+100的值。

```
main()
```

```
{
    int i=1,sum=0;
    do
    {
        sum=sum+i;
        i++;
    }
    while(i<=100);
}
```

5.6.5　for语句

for语句是使用最灵活的循环控制语句，不仅可以用于循环次数已经确定的情况，而且可以用于循环次数不确定而只给出循环结束条件的情况，完全可以代替while语句。for语句的一般形式如下：

```
for(表达式1;表达式2;表达式3)
    语句;
```

其执行过程如下：

①先求表达式1。

②求表达式2，若其值为真，即非0，则执行for语句中指定的内嵌语句，执行完语句执行步骤③；若为假，即0，则执行步骤④，跳出for语句结束循环。

③求表达式3，转到步骤②。

④执行for语句下面的一条语句。

for语句最简单的应用形式可以理解为：

```
for(循环变量赋初值;循环条件;循环变量增值)
    语句;
```

例如：

```
for(i=1;i<=100;i++)
    sum=sum+i;
for(;;);                    //死循环，类似于汇编语言SJMP$
for(;RI==0;);               //当RI=0时，循环等待，当RI=1时，跳出循环体
```

5.6.6　goto、break和continue语句

1. goto语句

goto语句为无条件转移语句，一般形式如下：

```
goto  标号;
```

其功能为跳转到标号所在位置继续执行程序，标号必须以字母或者下划线开头，不可以数字开头。

【例5-9】用goto语句求1+2+3+…+100的值。

```
main()
{
```

```
    int i=1,sum=0;                          //定义变量i, sum
    loop: if(i<=100)                        //如果i<=100, 执行语句
    {
        sum=sum+i;                          //求和
        i++;                                //调整i, i自动加1
        goto loop;                          //设置无条件跳转
    }
}
```

2. break语句

break语句只能用在switch语句和循环语句中。在switch语句中可以用break语句跳出switch结构，使程序继续执行switch结构后面的一条语句，这在switch语句中已经讲述。此外，在循环语句中，使用break语句从循环体中跳出循环，提前结束循环而执行循环结构下面的语句。例如：

```
main()
{
    int i=1,sum=0;
    for(;i<=100;i++)
    {
        sum=sum+i;
        if(sum>5000)
            break;
    }
}
```

3. continue语句

continue语句用在循环体结构中，用于结束本次循环，跳过循环体中continue下面尚未执行的语句，直接进行下一次是否执行循环的判断。

continue语句和break语句的区别在于，continue语句只是结束本次循环，接着执行下一次循环条件判断，而不是终止整个循环；而break语句则是结束整个循环，执行循环语句的下一条语句。

【**例5-10**】输出100~200之间不能被3整除的数。

```
main()
{
    int n;
    for(n=100;n<=200;n++)
    {
        if(n%3==0)
            continue;
        printf("%d",n);
    }
}
```

当n能被3整除时，执行continue语句，结束本次循环，所以会跳过printf()函数语句，只有n不能被3整除时才执行printf()函数。

5.6.7　return语句

return语句在C51语言中也会经常出现。return语句一般放在函数的最后位置，用于终止函数的执行，并控制程序返回调用该函数时所处的位置。返回时还可以通过return语句带回返回值。return语句的格式有以下两种：

```
return;
return(表达式);
```

如果return后面带有表达式，则计算表达式的值，并将表达式的值作为函数返回值；若不带表达式，则函数返回时返回一个不确定的值。通常，用return语句把调用函数取得的值返回给主调函数。

【例5-11】求两个数的最大值。

```
#define uchar unsigned char
uchar max(uchar a,uchar b);                  //声明max()函数
main()
{
    uchar x=0x23,y=0x35,z;                   //定义变量x、y、z
    z=max(x,y);                              //调用max()函数
}
uchar max(uchar a,uchar b)                   //max()函数功能为求两个数中的最大值
{
    if(a>b)
        return a;
    else
        return b;
}
```

单元七　C51函数

C51程序设计采用模块化设计思想，一个程序分解成若干功能模块，每个模块完成一个特定的功能。在C语言中可以把每个功能模块设计成一个函数，一个C51程序由一个主函数和若干其他功能函数构成，在主函数中调用其他功能函数，从而完成整个程序的功能。此外，函数之间也可以互相调用，同一函数也可以被其他函数多次调用。程序设计者通常把一些常用的功能模块编写成函数，并将这些自己设计的功能函数做成一个专门的库函数，以供反复调用。这种模块化程序设计方法，可大幅提高编程效率。C51编译器提供了丰富的库函数，用户可以根据需要在编程时调用其中的函数。

从用户的角度来看，函数可分为两种：标准库函数和用户自定义函数。其中，标准的库函数是系统提供的，不需要用户定义，可以直接调用；用户自定义函数是用户根据特定的要求编写的函数，需要按照系统的要求定义才可以调用。

5.7.1　C51函数的定义

定义一个函数的一般形式如下：

```
[函数返回值数据类型] 函数名(形参列表)
```

```
形参说明
{
    局部变量定义;
    语句;
}
```

1. 函数返回值数据类型

函数返回值数据类型是指函数执行后返回值的数据类型，若没有返回值，函数类型可以不写或者定义为void。

2. 函数名

函数名为一个标识符，主函数名为main，其他函数名一般按函数的功能取名，以字母或者下划线开头，数字开头为非法函数名。例如，display、max等函数名均是合法的。

3. 形参列表

函数名后面的形参列表相当于子程序的入口参数，是主调函数传送给被调函数的参数，形参可以没有，也可以有一个或几个，可以是整型、字符型或数组元素等变量，也可以是地址指针。无论形参是否有，形参外面的括号必须保留，不可省略。如果有形参，形参的数据类型必须加以说明。

4. 函数体

花括号内的局部变量定义和语句部分称为函数体，函数的功能由函数体完成，有返回值的函数必须有一条或几条return语句。花括号内的声明和语句也可以没有，此时称为空函数，不执行任何功能，只为在以后程序进行功能扩充时再添加。

【**例5-12**】求两个数中较小数的函数。

```
int min(int x,int y)
{
    int z;
    if(x<y)
        z=x;
    else
        z=y;
    return z;
}
```

函数也可以为：

```
int min(x,y)
int,y;
{
   int z;
   if(x<y)
      z=x;
   else
      z=y;
   return z;
}
```

5.7.2 函数的调用和声明

1. 函数的调用

函数调用的一般形式为：

```
函数名(实参列表);
```

实参的个数、顺序和数据类型必须和函数定义中的形参一一对应，参数之间用逗号“,”隔开，若没有参数传递，则参数可以省略，但是参数列表外的括号不能省略。例如：

```
int a,b,c;
c=min(a,b);                    //调用上节中的min()函数，求a、b中的最小值
```

2. 函数的声明

如果调用自定义的函数，应该在主调函数的源文件开头对被调函数进行声明，使编译系统对调用函数的合法性进行检查。如果主调函数和被调函数不在同一个文件中，在声明中加extern，表示调用的外部函数。函数声明的一般格式如下：

```
[函数返回值数据类型] 函数名 (形参列表);
```

若调用外部函数，则函数声明的一般格式为：

```
extern[函数返回值数据类型]  函数名(形参列表);
```

例如：

```
int min(int x,int y);           //主调函数和min()函数在同一文件中
extern int min(int x,int y);    //主调函数和min()函数不在同一文件中
```

5.7.3 中断函数

C51提供以调用中断函数的方法处理中断，当中断发生时，转入中断函数执行，中断函数执行完再返回主程序。

1. 中断函数的定义

C51中用关键字interrupt和中断号来定义中断函数。一般格式如下：

```
[void] 中断函数名() interrupt  中断号m [using n]
{
    函数体
}
```

①中断函数没有返回值，中断函数定义时以void表示其返回值数据类型，void也可以省略。

②中断函数名为标识符，一般以中断名称表示，如timer0表示定时计数器T0的中断函数。

③圆括号为函数标志，中断函数不能进行参数传递，函数括号中参数为空。

④interrupt为中断函数的专用关键字，区别于主函数和其他自定义函数。

⑤中断号m的取值为0~24，分别对应STC 8系列单片机中的24个中断源。每个中断源的中断号是唯一的，不同中断源的中断函数中断号不同。

⑥选项[using n]，指定中断函数中使用的工作寄存器组号，n的取值为0~3，表示可以选择中断函数中使用工作寄存器为0、1、2或者3区的工作寄存器。若不使用选项[using n]，表示中

断函数和主程序使用同一区的工作寄存器R0~R7。

⑦{ }中为中断函数的函数体部分。

2. 中断函数实例

主程序和中断函数之间的数据交换一般通过全局变量实现，在主程序中定义一个或几个全局变量，中断函数的函数主体部分通过语句对变量操作。例如，在下例中定义了全局变量count，中断函数中修改count的值，主程序中可以查询count的值并做相应的处理。

【例5-13】主程序和T0的中断函数

```
#include<reg51.h>
unsigned int count;                          //定义全局变量count
void main()
{
    TMOD=0x01;
    TL0=0xbd;
    TH0=0x3c;
    IE=0x82;
    TR0=1;                                   //重新允许T0开始计数
    …
}
void timer0() interrupt 1
{
    TR0=0;                                   //关定时/计数器T0
    TL0=0xbd;                                //装入T0的计数初值
    TH0=0x3c;
    TR0=1;                                   //重新允许T0开始计数
    count++;
}
```

3. 使用中断函数的注意事项

中断函数不同于自定义函数，在使用中断函数时，应注意以下几点：

①中断函数不能进行参数传递，中断函数如包含任何参数声明都将导致编译失败，中断函数也没有返回值，因此在定义中断函数时应将其返回值定义为void数据类型，明确说明没有返回值。

②在任何情况下都不能直接调用中断函数，否则编译时会出现错误。

③在中断函数中如果调用了其他函数，则被调用函数所使用的寄存器组必须与中断函数相同，否则会产生不正确结果。

5.7.4 库函数

C51软件包的库包含标准的应用程序，也称为库函数，包括本征函数和非本征函数。一些特定功能的库函数包含在一个头文件中，如果需要使用某一库函数，必须在源程序中用预处理命令定义与该函数相关的头文件。例如：

```
#include<intrins.h>                          //包含文件名为intrins.h的头文件
#include<reg52.h>                            //包含文件名为reg52.h的头文件
#include<ctype.h>                            //包含文件名为ctype.h的头文件
```

1. 本征函数文件

本征函数文件的文件名为intrins.h，文件中包含了常用的本征函数。本征函数也称为内部函数，一共有九种函数。这种函数不采用调用形式，编译时直接将代码插入当前行。

（1）左环移本征函数

①函数名：_crol_

函数原型：

```
unsigned char  _crol_(unsigned char a,unsigned char n);
```

函数功能：将无符号字符型变量a，循环左移n位。

②函数名：_irol_

函数原型：

```
unsigned int  _irol_(unsigned int a,unsigned char n);
```

函数功能：将无符号整型变量a，循环左移n位。

③函数名：_lrol_

函数原型：

```
unsigned long  _lrol_(unsigned long a,unsigned char n);
```

函数功能：将无符号长整型变量a，循环左移n位。

（2）右环移本征函数

①函数名：_cror_

函数原型：

```
unsigned char  _cror_(unsigned char a,unsigned char n);
```

函数功能：将无符号字符型变量a，循环右移n位。

②函数名：_iror_

函数原型：

```
unsigned int  _iror_(unsigned int a,unsigned char n);
```

函数功能：将无符号整型变量a，循环右移n位。

③函数名：_lror_

函数原型：

```
unsigned long  _lror_(unsigned long a,unsigned char n);
```

函数功能：将无符号长整型变量a，循环右移n位。

【例5-14】定义三个变量：unsigned char类型的x、unsigned int类型的y和unsigned long类型的z，并分别赋值为0xa5、0xff00和0xa5a5a5a5，对x、y和z分别调用函数_crol_()、_irol_()和_lrol_()让其循环左移4位，并将移位结果赋值给x、y和z，观察x、y和z的值。

```
#include<intrins.h>
main()
{
    unsigned char x;
    unsigned int y;
    unsigned long z;
```

```
    x=0xa5;
    y=0xff00;
    z=0xa5a5a5a5;
    x=_crol_(x,4);
    y=_irol_(y,4);
    z=_lrol_(z,4);
}
```

执行结果为：x=5a，y=0xf00f，z=5a5a5a5a。

（3）其他本征函数

①函数名：_nop_

函数原型：

```
void  _nop_(void);
```

函数功能：产生一条NOP空指令，执行一次空操作。

②函数名：_testbit_

函数原型：

```
bit  _testbit_(bit x);
```

函数功能：产生一条JBC指令。该函数测试一个位，如果该位为1，则将该位清0，并且返回值为1，否则返回值为0。例如：

```
if(_testbit_(RI))                //若RI=1，则RI清0，并读SBUF
    a=SBUF;
```

③函数名：_chkfloat_

函数原型：

```
unsigned char  _chkfloat_(float x);
```

函数功能：检查浮点型变量x的状态，返回值为无符号字符型数据，其值可以为0、1、2、3、4。

返回值的意义如下：

0：标准浮点数。

1：浮点 数0。

2：+INF正溢出。

3：-INF负溢出。

4：NaN不是一个数的错误状态。

【例5-15】定义三个浮点型变量f1、t2和t3，将t2和t3的乘积赋给f1，调用_chkfloat_()函数，检查f1的状态，当状态为0时，输出result is a number；当状态为1时，输出result is zero；当状态为2时，输出result is +INF；当状态为3时，输出result is -INF；当状态为4时，输出result is NaN。

```
#include<intrins.h>
main()
{
    float f1,t2,t3;
    f1=t2*t3;
    switch(_chkfloat_(f1))
```

```
    {
        case 0:    printf("result is a number\n");    break;
        case 1:    printf("result is zero\n");        break;
        case 2:    printf("result is +INF\n");        break;
        case 3:    printf("result is -INF\n");        break;
        case 4:    printf("result is NaN\n");         break;
    }
}
```

2. 非本征函数

库函数中非本征函数在调用时由ACALL或者LCALL指令调用。常用的包含非本征函数的头文件如下：

ctype.h：字符函数。

stdio.h：一般I/O函数。

string.h：字符串函数。

stdlib.h：标准函数。

math.h：数学函数。

absacc.h：绝对地址访问宏定义。

stdarg.h：变量参数表。

setjmp.h：全程跳转。

reg*.h：SFR定义文件。

5.7.5　预处理命令

C51语言中有些命令在程序编译前就预先处理好了。下面介绍一些常用的预处理命令。

1. 宏定义命令#define

宏定义命令用来指定标识符的值，一般定义格式如下：

```
#define  标识符  数字或字符序列
#define  标识符(形参)  数值或字符序列
```

例如：

```
#define PI 3.1415926
```

宏定义后，PI作为一个常量使用，预处理时将程序中的PI换成数值3.1415926。

```
#define s(a,b)  a*b
area=s(2,3);
```

预处理时将area换成2 * 3。

2. 文件包含命令#include

文件包含命令是将另外的文件插入当前文件中，作为一个整体文件编译。C51提供了丰富的库函数，要在程序中调用这些库函数，需要使用#include命令将相应的头文件包含在主文件中。文件包含命令的一般格式如下：

```
#include<头文件名>
```

或者

```
#include "文件名"
```

例如：

```
#include "math.h"                          //包含数学计算函数库的头文件
```

单元八　C51与汇编语言混合编程

C51语言的优点在于模块化程序设计，程序可移植性高，但C51程序设计也有不足，不能够准确计算程序的运行时间，在精确定时方面有一些困难。所以，在实际使用中可以使用汇编语言和C51语言混合编程。

在Keil集成环境中，C51编写的程序以扩展名.c命名，汇编语言编写的程序以扩展名.asm命名，可以用C51语言编写主函数，用汇编语言编写部分函数，然后由C51语言调用，也可以用特定的语句在C51语言中嵌入汇编语言。

5.8.1　在C51语言中嵌入汇编语言

在C51语言中嵌入汇编语言的一般格式如下：

```
#pragma asm
汇编程序代码
#pragma endasm
```

【例5-16】在C51语言中插入一段软件延时程序，C51语言文件名为main.c。

```
#include<reg51.h>
void main(void)
{
    P2=1;
    #pragma asm                               //嵌入汇编语言程序段，实现精确延时
         MOV      R7,#10
    DEL: MOV      R6,#20
         DJNZ     R6,$
         DJNZ     R7,DEL
    #pragma endasm
    P2=0;
}
```

用Keil软件编译程序时，还需要注意以下几点：

①新建一个项目，并在项目中添加文件main.c。

②在Keil软件的左边工程窗口，右击Options for File 'main.c' 选项，在弹出的对话框中选中Generate Assembler SRC File和Assemble SRC File两个复选框，如图5-1所示。

③在项目中添加最后一个文件。如果为Small模式，将Keil\C51\Lib\C51S.Lib加入项目中；如果为Compact模式，将C51C.Lib加入项目中；如果为Large模式，将C51L.Lib加入项目中。将此文件作为项目中的最后一个文件。

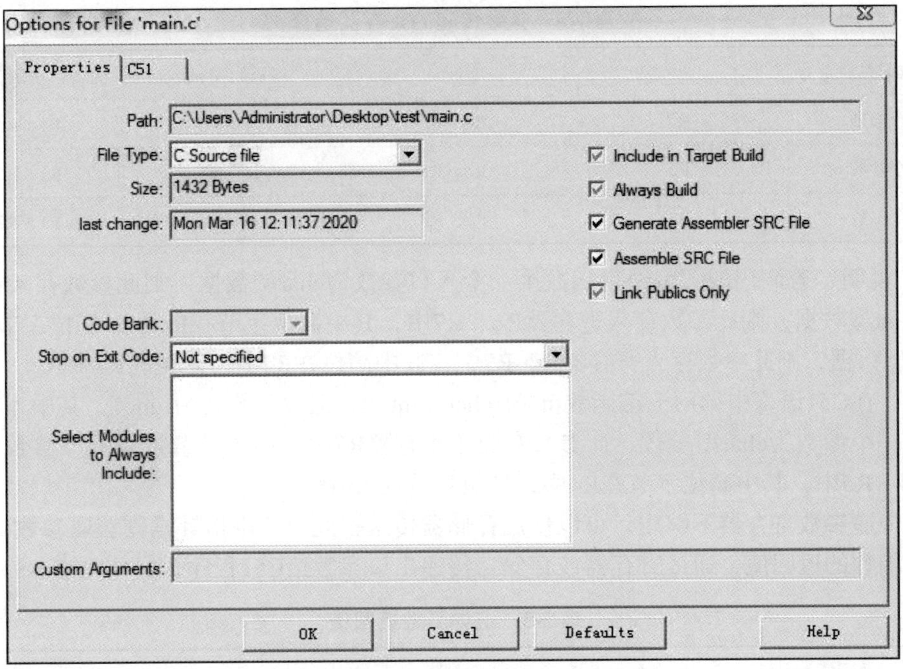

图5-1　Options for File 'main.c' 对话框

④编译项目。

在上述程序中，也可以采用函数调用方式，在C51语言中调用汇编函数。程序如下：

```
#include<reg51.h>
void delay(void);                       //delay()函数声明
void main(void)
{
    P2=1;
    delay();                            //调用延时函数
    P2=0;
}
void delay()
{
    #pragma  asm
        MOV     R7,#10
    DEL: MOV    R6,#20
        DJNZ    R6,$
        DJNZ    R7,DEL
    #pragma endasm
}
```

5.8.2　C51语言和汇编语言程序参数的传递

上面程序中，调用汇编语言函数时，无参数传递。许多汇编语言函数存在参数传递，这时要处理好入口参数和出口参数的传递，Keil C51编译器使用寄存器传递参数非常方便，但使用寄存器最多只能传递三个参数，并且入口参数选择固定的寄存器。入口参数中第一个参数、第二个参数和第三个参数占用寄存器见表5-7。

表5-7 参数传递的寄存器选择

参数数据类型	char	int	long、float	一般指针
第一个参数	R7	R6、R7	R4~R7	R1、R2、R3
第二个参数	R5	R4、R5	R4~R7	R1、R2、R3
第三个参数	R3	R2、R3	无	R1、R2、R3

表5-7说明，若调用的汇编语言函数第一个入口参数为char型数据，则此参数存入寄存器R7中；若为int型数据，则此参数存入寄存器R6、R7中，其中高位字节在R6中，低位字节在R7中；若为long型数据，则此参数存入寄存器R4~R7中，其中高位在R4中，低位在R7中。

例如，在C51语言中调用汇编函数func1(char x,int y)，汇编函数名为func1，其中入口参数有两个，第一个参数为char型参数，此参数存放于寄存器R7中，第二个参数为int型参数，存放于寄存器R4、R5中，其中高位字节在R4中，低位字节在R5中。

如果传递参数寄存器不够用，可以使用存储器传送，此时使用指针操作获取参数。

汇编函数的返回值，通过寄存器或存储器传递出口参数给C51程序，具体见表5-8。

表5-8 汇编函数返回值

返回值类型	寄存器	说明
bit	CY	进位标志
char	R7	—
int	R6、R7	高位在R6，低位在R7
long	R4~R7	高位在R4，低位在R7

5.8.3 带参数传递的汇编语言调用程序实例

【例5-17】编程使得单片机P1.0引脚输出周期为4 ms的方波，同时P1.1引脚输出周期为8 ms的方波。

编程思路：用C51语言编写主程序a1.c，调用延时4 ms的延时程序，使P1.1引脚输出周期为8 ms的方波；用C51语言编写a2.c的文件，通过调用延时程序使P1.0引脚输出周期为4 ms的方波，即高电平和低电平时间持续2 ms，延时2 ms由调用汇编函数delay1ms()实现；文件a3.asm中是用汇编语言编写的延时程序。

具体程序如下：

（1）C51语言文件a1.c

```
#include <reg51.h>
#define uchar unsigned char
sbit P1_1=P1^1;
extern void delay4ms(void);                        //调用外部函数声明
main()
{
    for(;;)
    {
        P1_1=0;
```

```
        delay4ms();                        //调用延时4 ms函数
        P1_1=1;
        delay4ms();
    }
}
```

（2）C51语言文件a2.c

```
#include<reg51.h>
#define uchar unsigned char
sbit P1_0=P1^0;
extern delay1ms(uchar x);         //外部函数delay1ms()声明，入口参数为x
void delay4ms(void)
{
    P1_0=0;
    delay1ms(2);                  //调用外部函数delay1ms(2)，参数2送入寄存器R7
    P1_0=1;
    delay1ms(2);
}
```

（3）汇编程序文件a3.asm

```
PUBLIC _delay1ms                  //public声明_delay1ms为其他函数调用
                                  //以"_"开头后跟函数名
DE SEGMENT CODE                   //定义DE段位再定位程序段
RSEG DE                           //选择DE为当前段
_delay1ms:    NOP
DELA: MOV     R1,#0xf8
LOP:  NOP
      NOP
      DJNZ    R1,LOP
      DJNZ    R7,DELA
      RET
      END
```

用Keil软件对程序进行编译、调试时，先新建一个新项目，加入上述三个文件。C源文件编译前，选中Generate Assembler SRC File和Assemble SRC File两个复选框，然后对项目进行编译和调试。

单元九　C51编程实训

5.9.1　数码管应用编程实训

单片机应用系统中使用的显示器件主要有发光二极管数码显示器（LED）和液晶显示器（LCD）。LED价格低廉，配置灵活，与单片机接口简单；LCD可进行字符或图形显示，但成本高，与单片机接口也复杂。

1. LED显示器的结构与原理

如图5-2所示，LED显示器内部由七段发光二极管组成，因此亦称为七段LED显示器，由于主要用于显示各种数字符号，故又称为LED数码管。每个显示器还有一个圆点形发光二极管（用符号DP表示），用于显示小数点。图5-2（a）所示为LED的符号与引脚排列。

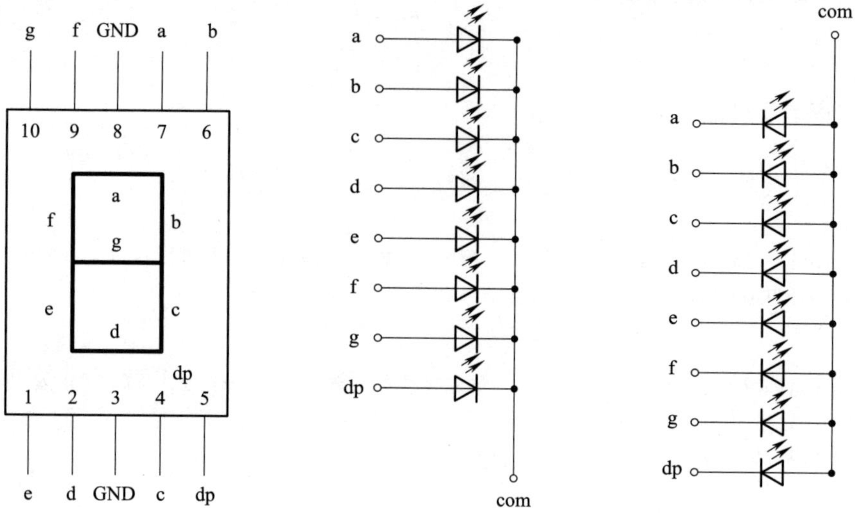

（a）符号与引脚排列　（b）共阴极LED　（c）共阳极LED

图5-2　LED的结构

根据其内部结构，LED可分为共阴极与共阳极两种：

①共阴极LED：图5-2（b）所示为共阴极LED的内部结构。图中各二极管的阴极连在一起，公共端接低电平时，若某段阳极加上高电平，则该段发光二极管就导通发光，而输入低电平的段则不发光。

②共阳极LED：图5-2（c）所示为共阳极LED的内部结构。图中各二极管的阳极连在一起，公共端接高电平时，若某段阴极加上低电平，则该段发光二极管就导通发光，而输入高电平的段则不发光。

在单片机系统中，如果要使LED正常显示数字与字符，不能直接将数字送到LED显示器，而是将要显示的数字译码。译码分为硬件译码与软件译码两种，现在主要介绍软件译码，如查表查到相应的显示字模再送到LED显示。以共阴极LED为例，公共端接低电平，当a、b、c三段通过电流时，则该显示器显示“7”字形。共阴极七段LED显示数字或字符0~F。LED数码管的字形见表5-9，其中a段为最低位，dp为最高位。

表5-9　七段LED数码管显示字形表

显示字符	共阴极字符码	共阳极字符码	显示字符	共阴极字符码	共阳极字符码
0	3FH	C0H	5	6DH	92H
1	06H	F9H	6	7DH	82H
2	5BH	A4H	7	07H	F8H
3	4FH	B0H	8	7FH	80H
4	66H	99H	9	6FH	90H

续表

显示字符	共阴极字符码	共阳极字符码	显示字符	共阴极字符码	共阳极字符码
A	77H	88H	U	3EH	C1H
B	7CH	83H	T	31H	CEH
C	39H	C6H	Y	6EH	91H
D	5EH	A1H	H	76H	89H
E	79H	86H	L	38H	C7H
F	71H	8EH	不显示	00H	FFH
P	73H	8CH	—	40H	BFH

LED数码管通常有红色、绿色、黄色三种。以红色应用最多。应用时，应根据数码管的规格与显示方式等决定是否增加译码驱动电路。

2. LED显示接口方法

LED数码管有静态显示和动态显示两种显示方式。显示方式不同，与单片机的接口电路也有所不同。静态显示方式的特点是各LED管能稳定地同时显示各自字形；动态显示方式是指各LED数码管轮流一遍一遍地显示各自字形，利用人们的视觉惰性看到的结果是各LED数码管在同时显示不同的字形。

（1）静态显示

静态显示是指数码管显示某一字符时，相应的发光二极管恒定导通或恒定截止。这种显示方式的各位数码管相互独立，公共端恒定接地（共阴极）或接正电源（共阳极）。每个数码管的8个字段分别与一个8位I/O接口地址相连，I/O接口只要有段码输出，相应字符即显示出来，并保持不变，直到I/O接口输出新的段码。采用静态显亦方式，较小的电流即可获得较高的亮度，且占用CPU时间少，编程简单，显示便于监测和控制，但其占用的口线多，硬件电路复杂，成本高，只适合于显示位数较少的场合。

（2）动态显示

动态显示是一位一位地轮流点亮各位LED数码管，这种逐位点亮显示器的方式称为位扫描。通常，各位数码管的段选线相应并联在一起，由一个8位的I/O接口控制；各位的位选线（公共阴极或阳极）由另外的I/O接口线控制，如图5-3所示。当以动态方式显示时，各LED数码管分时轮流选通，要使其稳定显示必须采用扫描方式，即在某一时刻只选通一位数LED数码管，并送出相应的段码，在另一时刻选通另一位数码管，并送出相应的段码。依此规律循环，即可使各位数码管显示将要显示的字符，虽然这些字符是在不同的时刻分别显示，但由于人眼存在视觉暂留效应，只要每位显示间隔足够短就可以给人以同时显示的感觉。

采用动态显示方式比较节省I/O接口，硬件电路也较静态显示方式简单，但其亮度不如静态显示方式，而且在显示位数较多时，CPU要依次并循环扫描，占用CPU的时间较多。

为了进一步减少对单片机I/O接口的占用，可以在LED数码管的动态扫描中使用74HC595驱动芯片。74HC595驱动芯片的引脚图如图5-4所示。

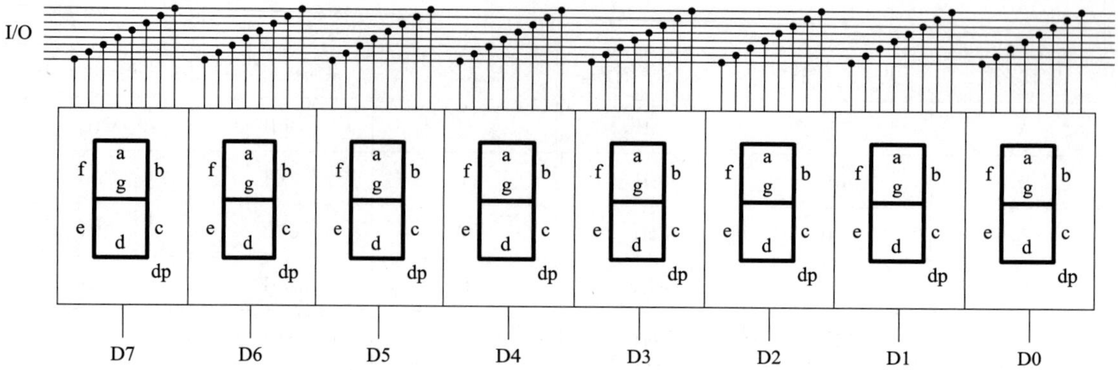

图5-3　动态显示接口电路

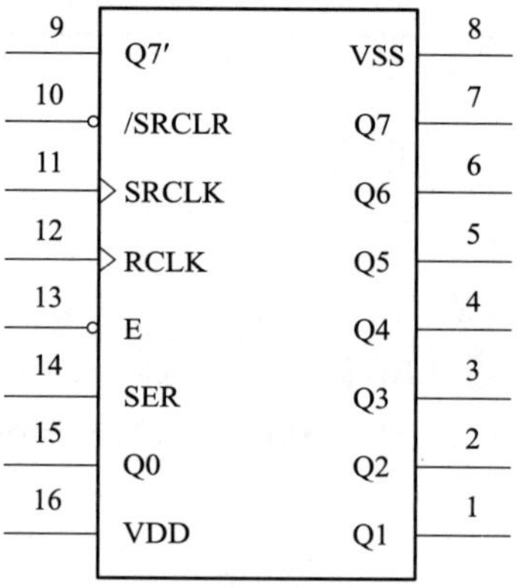

图5-4　74HC595驱动芯片的引脚图

74HC595驱动芯片是8位串行输入并行输出移位寄存器，驱动电流达到35 mA；此外，74HC595具有数据存储寄存器，在移位的过程中，输出端的数据可以保持不变。这在串行速度慢的场合很有用处，数码管没有闪烁感，而且74HC595具有级联功能，从而扩展更多输出口。74HC595的引脚功能见表5-10。

表5-10　74HC595的引脚功能

引脚号	引脚名称	引 脚 功 能
15、1~7	Q0、Q1~Q7	并行数据输出口
8	VSS	电源地
9	Q7′	级联输出端，用于连接级联芯片的串行数据输入端
10	$\overline{\text{SRCLR}}$	芯片移位寄存器复位端，低电平有效
11	SRCLK	芯片移位寄存器的时钟脉冲输入端，上升沿移位
12	RCLK	存储移位寄存器的时钟脉冲输入端，低电平锁存
13	E	三态输出使能端，低电平有效
14	SER	串行数据输入端
16	VDD	电源正极

STC8开发板LED数码管部分的电路如图5-5所示。开发板上有八个共阳极LED数码管，采用两块74HC595芯片驱动LED显示。单片机的P3.4、P3.5和P3.7引脚分别为74HC595提供存储移位寄存器的时钟脉冲信号、芯片移位寄存器的时钟脉冲信号和串行数据。

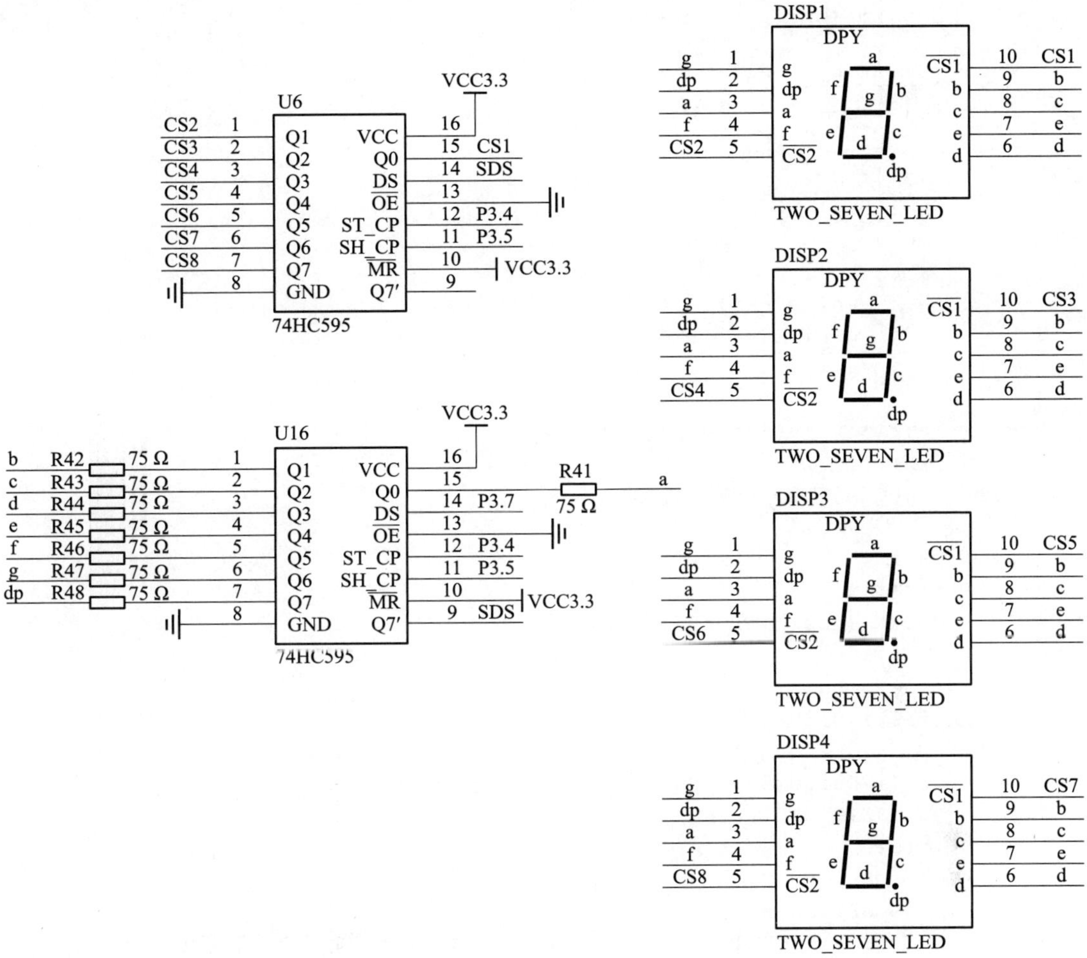

图5-5　STC8开发板LED数码管部分的电路

【例5-18】如图5-5所示，编程实现8位数码管动态显示12345678。

```
#include "STC8.H"
sbit SPI_SHCP=P3^5;            //74595移位数据脉冲
sbit SPI_STCP=P3^4;            //74595存储数据脉冲
sbit SPI_DS=P3^7;              //74595串行数据输入端
//位选码
unsigned char code BitTab[]={0x01,0x02,0x04,0x08,0x10,0x20,0x40,0x80};
//段选码
unsigned char code SegTab[]={0xc0,0xf9,0xa4,0xb0,0x99,0x92,0x82,0xf8,
0x80,0x90,0x88,0x80,0xC6,0xC0,0x86,0x8E};
//显示缓冲区
unsigned char DispBuf[8]={1,2,3,4,5,6,7,8};
/**********************************
* @函数名：delay1ms
```

```
 * @描述：延时1毫秒
 * @参数：延时毫秒数
 * @返回值：无
 ***********************************/
void delay_1ms(unsigned char _1ms)
{
    unsigned char i,j;
    while(_1ms--)
    {
        i=11;
        j=190;
        do
        {
             while(--j);
             }while(--i);
    }
}
/***********************************
 * @函数名：SendData
 * @描述：74HC595传送一个字节的数据
 * @参数：待传送的数据
 * @返回值：无
 ***********************************/
void SendData(unsigned char SDat)
{
    unsigned char i;
    for(i=0;i<8;i++)
    {
        if((SDat&0x80)==0x80)          //先发送最低位
            SPI_DS=1;
        else
            SPI_DS=0;
            SPI_SHCP=0;
            SPI_SHCP=1;                //移位寄存器，时钟上升沿有效
            SDat=SDat<<1;              //待发送的下一位
    }
}

void main()
{
    unsigned char tmp;                 //临时变量
    static unsigned char Count=0;      //显示数码管的计数器
    while(1)
    {
        //******************点亮某位数码管****************************
        SPI_STCP=0;                    //为产生存储寄存器脉冲上升沿做准备
        SendData(BitTab[Count]);       //发送位选码，最先点亮最左边数码管
        //******************输出待显数据******************************
        tmp=DispBuf[Count];            //根据当前计数值获取待显示数值
        tmp=SegTab[tmp];               //取字形码
        SendData(tmp);                 //发送段选码
```

```
        SPI_STCP=1;                         //产生存储寄存器脉冲上升沿，并行输出数据
        Count++;                            //计数值加1
        if(Count==8)                        //如果计数值等于8,则让其回0
            Count=0;
        delay_1ms(2);                       //延时2 ms
    }
}
```

5.9.2　键盘应用编程实训

键盘是由若干按键组成的开关阵列，是单片机或计算机最常用的输入设备，用户可以通过键盘向单片机或计算机输入指令、地址和数据，是人机对话的主要手段。键盘有编码键盘和非编码键盘之分。单片机系统中通常采用非编码键盘。非编码键盘主要由软件识别闭合键，具有结构简单、使用灵活等特点，因此广泛运用于单片机系统。

1. 键盘工作原理

（1）按键的特点

按键本质上是一个瞬时接触开关，一般是常开开关。微处理器可以容易地检测出开关是否闭合。开关闭合时，逻辑0可以被检测到；开关断开时，逻辑1可以被检测到。

键盘通常是一组上述按键开关的集合，组成键盘的按键有触点式和非触点式两种。常用的键盘一般采用机械触点构成的键盘开关。利用机械触点的接通与断开将电压信号输入单片机的I/O接口，如图5-6（a）所示。

（2）按键识别

当按键S1没按下时，S1键的两个触点是断开的，P1.0输入为高电平；当按键S1被按下时，S1键的两个触点是接通的，P1.0输入为低电平。通过对连接按键的I/O接口的电平检测，就能鉴别出S1键是否被按下。

（3）键盘的抖动及消除方法

当机械触点的按键闭合和断开时，会有抖动产生，按键抖动时间的长短与开关的机械特性有关，一般在5~10 ms。图5-6（b）所示按下按键时的电压波形。按下时会产生前沿抖动，松手释放时会产生后沿抖动，这是机械性按键不可避免的。操作人员无法感觉不到这种抖动，但计算机完全可以感应到，并且按键抖动会引起CPU的误动作，所以为了准确地判断每次有效按键，对每次按键只做一次响应，就必须消除抖动现象。

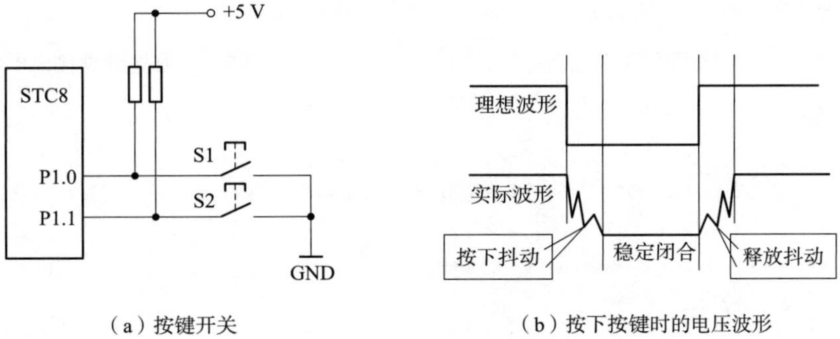

（a）按键开关　　　　（b）按下按键时的电压波形

图5-6　键盘按键示意图

常用的消抖方法有两种：硬件消抖和软件消抖。

硬件消抖可以采用双稳态消抖。双稳态消抖法使用两个与非门构成的RS触发器电路实现按键消抖，如图5-7所示。

单片机通常采用软件消抖，即在第一次检测到有键按下时，不是立刻认定键的有效性，而是延时5~10 ms或更长时间后再检测一次该键，如果该键仍有效，才确认为有效按键。这样就可以避开按键按下时的抖动时间，以免发生误判断。在第一次检测到按键释放后，应再延时5~10 ms，以消除后沿抖动，然后再处理键值。

通常情况下，不对按键释放的后沿抖动进行处理，也能够满足要求。需要根据实际应用对按键的要求进行处理。以上就是软件消除抖动的原则。

2. 键盘接口方式

单片机系统通常采用非编码键盘。非编码键盘又可分为独立键盘和行列式键盘（矩阵键盘）。下面详细介绍这两种键盘接口的工作原理。

（1）独立键盘接口

各个按键相互独立，各个按键开关一端直接连到单片机的I/O接口，另一端接地，单片机直接读取I/O接口的状态来判断该键是否被按下。图5-8所示为独立键盘接口电路。

单片机引脚作为输入使用，当键没有被按下时，单片机引脚上为高电平，而当键被按下后，引脚接地，单片机引脚上为低电平，通过编程即可获知是否有键按下及按键的位置。

独立键盘的检测过程：先给按键对应的I/O接口置1，然后读该I/O接口是否为1。若是1，则按键没有按下；若是0，则按键已按下。

【例5-19】如图5-8所示，编程实现当S1按下时，LED1被点亮；松开时，LED1熄灭。

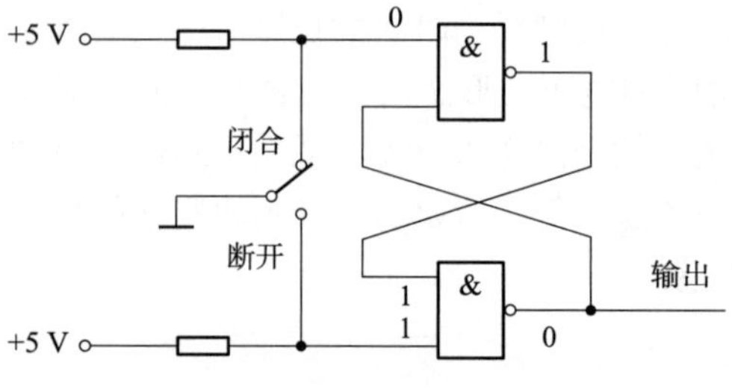

图5-7　双稳态硬件消抖电路

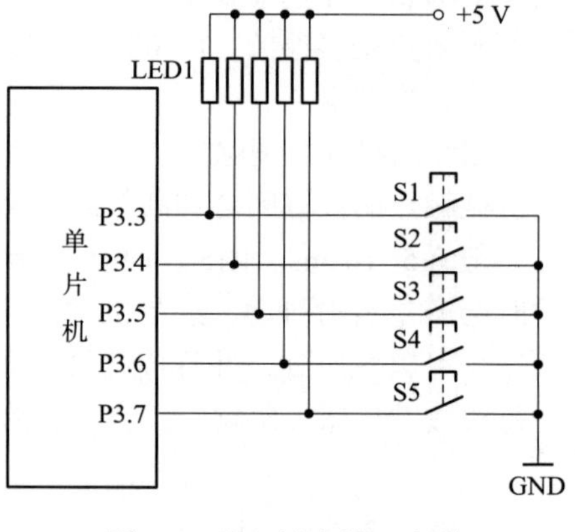

图5-8　独立键盘接口电路

程序代码如下：

```
#include<STC8.H>
sbit LED1=P1^0;
sbit KEY1=P3^4;
/**********************************
* @函数名：delay1ms
* @描述：延时1毫秒
* @参数：延时毫秒数
* @返回值：无
```

```
**********************************/
void delay1ms (unsigned char x)
{
    unsigned char a,b;
    for(a=x;a>0;a--)
        for(b=100;b>0;b--);
}

void main()
{
    KEY1=1;                              //初始化I/O接口
    while(1)
    {
        if(KEY1==0)                      //检测到按键被按下
        {
            delay1ms(10);                //延时10 ms，消除抖动
            if(KEY1==0)                  //再次检测到按键被按下
            {
                LED1=0;                  //点亮LED
            }
        }
        else
        {
            LED1=1;                      //熄灭LED1
        }
    }
}
```

（2）行列式键盘接口

当按键数量较多时，为减少对单片机I/O接口的占用，通常将键盘排列成行列矩阵形式，如图5-9所示。

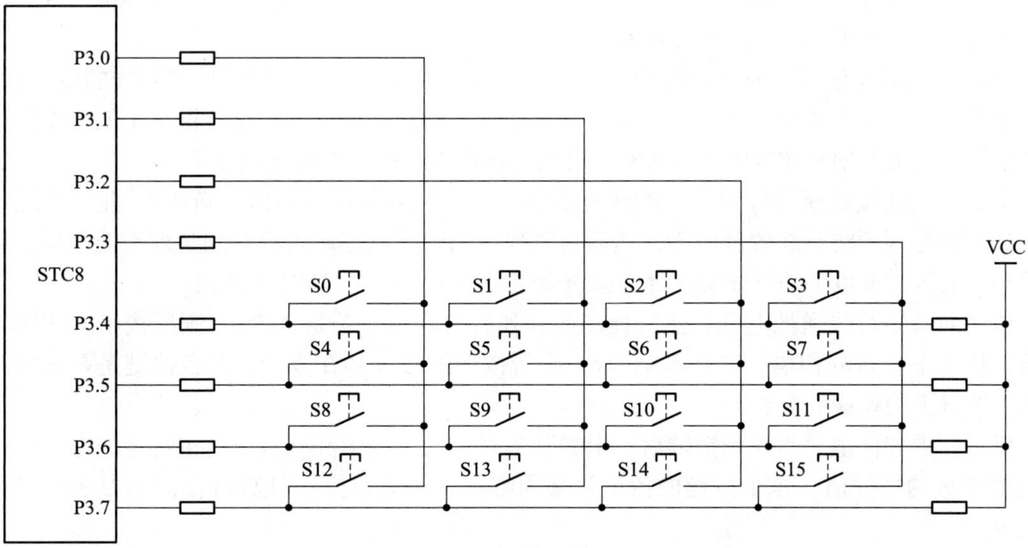

图5-9　行列式键盘

行列式键盘采用行、列矩阵方式交叉排列，按键跨接在行线、列线的交叉点上，行线和列线不相通，每根行线上均有上拉电阻。利用这种行列式结构，只需要N条行线和M条列线，即可组成具有$N \times M$个按键的键盘。

对行列式的键盘进行扫描时，要先判断整个键盘是否有按键按下，有按键按下才对哪一个按键按下进行判别扫描。对按键的识别扫描通常有两种方法：一种是比较常用的逐行（或逐列）扫描法；另一种是线反转法。下面以图5-10所示的4×4键盘为例，介绍这两种方法。

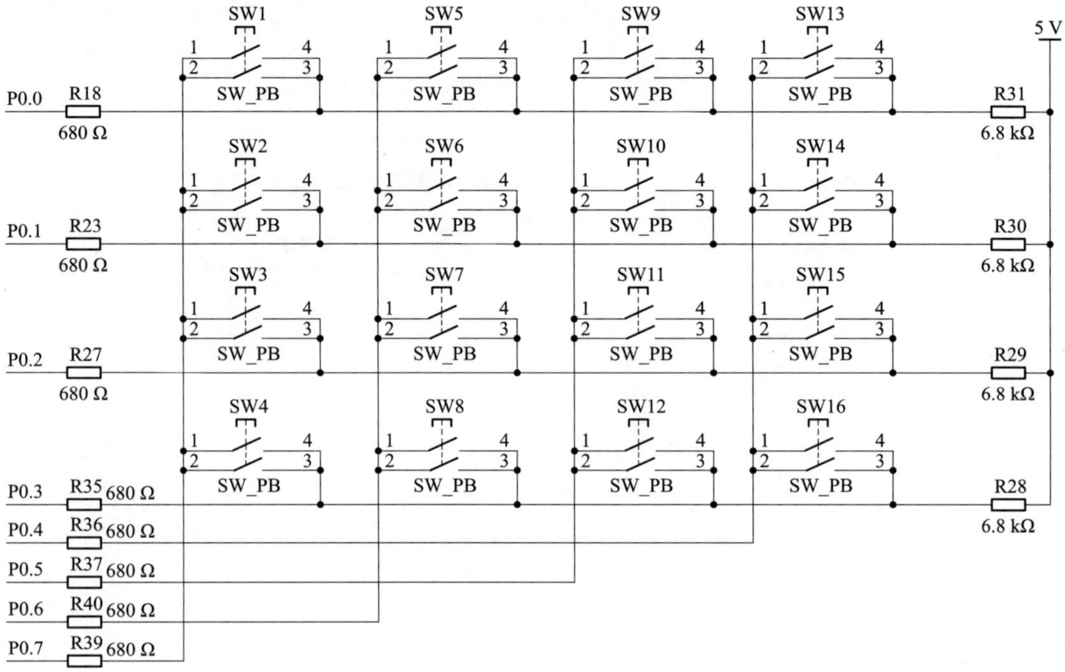

图5-10　行列式键盘

①逐行（或逐列）扫描法：逐行（或逐列）扫描时，列线（或行线）上必须接上拉电阻，行线（或列线）上可不接。具体过程如下：

第一，判断键盘中是否有按键按下。先将所有行线置低电平，然后检测列线的电平状态。如果有某一列线的电平为低电平，则表示键盘中有按键被按下，并且该按键位于低电平的列线与四根行线交叉的四个按键中；若所有列线均为高电平，则没有按键被按下。

第二，判断按键所在位置。在确认有键按下后，即可用逐行扫描法确认按键的具体位置。扫描的方法是逐行将行线置低电平，然后检测列线的电平状态。若检测到某列为低电平，则该列线与当前置为低电平的行线交叉处的按键就是被按下的键。具体过程如下：

依次向每条行线送低电平，然后检测所有列线的状态，若是全为1，则所按下的按键不在该行，进入下一行的扫描；若是不全为1，则所按下的按键必在该行，并且按键是在该行与检测到为低电平的列线的交点上。

第三，求特征值。当找到按键后，根据其所对应的行线值和列线值，按特定的方式即可组合成为该键的特征值。每个按键的特征值必须唯一，不能重复。计算特征值的方法应尽量简单、可行。

第四，求键值。计算出键盘的所有按键的特征码后，就可以按照键值的顺序存储在一张表中，特征码在表中的顺序号可作为该键的键值。因此，只要找到按键的特征码就可通过查找特征码在表中的具体位置，得到相应的键值，最后根据键值转到相应的键值处理子程序，完成键值的处理。

②线反转法。采用逐行（或逐列）扫描法时，每个按键都需要被多次扫描才能找到该键的行、列线值。线反转法也是识别按键的常用方法，而且比较简单，查找每个按键只需要进行两次读键就能够找到该键的行、列线值，因此速度比较快。但使用线反转法时，行、列线上都应接上拉电阻。具体过程如下：

第一，求按键的列线值：行线作为输出线，列线作为输入线，即可得到列线值。

第二，求按键的行线值：行线作为输入线，列线作为输出线，即可得到行线值。

第三，求特征值。将行线值和列线值，按特定的方式组合成该键的特征值。

第四，求键值。将键盘所有按键的特征码按照键值的顺序存储在一张表中，用当前读得的特征码查表，就可得到相应的键值，当表中没有该特征码时，说明该键值没有定义，以无效键处理。最后根据键值转到相应的键值处理子程序，完成键值的处理。

行列式键盘在STC8开发板上连接如图5-10所示。

【例5-20】如图5-10所示，编程实现以下功能，矩阵键盘的16个按键分别对应一个十六进制数，在第一个数码管上显示，第一个按键按下时显示0，第二个按键按下时显示1，一直到第16个按键按下时显示F。

```
#include "STC8.H"
sbit SPI_SHCP=P3^5;                     //移位数据脉冲
sbit SPI_STCP=P3^4;                     //存储数据脉冲
sbit SPI_DS=P3^7;                       //串行数据
#define KeyPort P0                      //矩阵键盘占用端口

//段选码
unsigned char const LedData[]={0xc0,0xf9,0xa4,0xb0,0x99,0x92,0x82,0xf8,
0x80,0x90,0x88,0x83,0xC6,0xA1,0x86,0x8E,0xff};

//位选码
unsigned char const LedPos[]={0x01,0x02,0x04,0x08,0x10,0x20,0x40,0x80};
/**********************************
* @函数名：delay1ms
* @描述：延时1毫秒
* @参数：延时毫秒数
* @返回值：无
**********************************/
void delay_1ms(unsigned char _1ms)
{
    unsigned char i,j;
    while(_1ms--)
    {
        i=11;
        j=190;
        do
        {
            while (--j);
        }while(--i);
```

```
    }
}
/*********************************
* @函数名: SEG_HC595send
* @描述: 向74595发送一个字节数据
* @参数: 待发送数据
* @返回值: 无
*********************************/
void SEG_HC595send(unsigned char x)
{
    unsigned char n,temp;
    for(n=0;n<8;n++)
    {
        temp=x&0x80;
        if(temp!=0)
        {
            SPI_DS=1;
            SEG_HC595shift();
        }
        else
        {
            SPI_DS=0;
            SEG_HC595shift();
        }
        x<<=1;
    }
}
/*********************************
* @函数名: SEG_HC595store
* @描述: 数码管595锁存数据
* @参数: 无
* @返回值: 无
*********************************/
void SEG_HC595store(void)
{
    SPI_STCP=1;
    SPI_STCP=0;
}

/*********************************
* @函数名: SEG_HC595store
* @描述: 数码管595移位数据
* @参数: 无
* @返回值: 无
*********************************/
void SEG_HC595shift(void)
{
    SPI_SHCP=1;
    SPI_SHCP=0;
}
```

```
/*********************************
* @函数名: SEG_Display
* @描述: 数码管595显示数据
* @参数: pos-要显示的数码管位置,
        dat-要显示的数据
* @返回值: 无
*********************************/
void SEG_Display(unsigned char pos,unsigned char dat)
{
    SEG_HC595send(LedPos[pos]);
    SEG_HC595send(LedData[dat]);
    SEG_HC595store();
}

/*********************************
* @函数名: GetKey
* @描述: 扫描键盘获得一个按键
* @参数: 无
* @返回值: 按键的键值
*********************************/
unsigned char GetKey(void)
{
    unsigned char KeyValue,key=0,tempkey;
    KeyPort=0x0f;
    _nop_();_nop_();_nop_();_nop_();
    if((KeyPort&0x0f)!=0x0f)
        {
            delay_1ms(50);                //按键消抖
            key=KeyPort&0x0f;
            if(key!=0x0f)
            {
                KeyPort=0xf0;
                _nop_();_nop_();_nop_();_nop_();
                tempkey=KeyPort;
                key|=tempkey;             //获取特征码
                delay_1ms(50);            //按键消抖
            }
        }

    switch(key)                          //根据特征码获取键值
    {
        case 0x7E: KeyValue=0; break;  //0
        case 0x7D: KeyValue=1; break;  //1
        case 0x7B: KeyValue=2; break;  //2
        case 0x77: KeyValue=3; break;  //3

        case 0xBE: KeyValue=4; break;  //4
        case 0xBD: KeyValue=5; break;  //5
        case 0xBB: KeyValue=6; break;  //6
        case 0xB7: KeyValue=7; break;  //7

        case 0xDE: KeyValue=8; break;  //8
        case 0xDD: KeyValue=9; break;  //9
```

```
        case 0xDB: KeyValue=10; break; //A
        case 0xD7: KeyValue=11; break; //B

        case 0xEE: KeyValue=12; break; //C
        case 0xED: KeyValue=13; break; //D
        case 0xEB: KeyValue=14; break; //E
        case 0xE7: KeyValue=15; break; //F
        default  : KeyValue=16;
    }
    return(KeyValue);
}
void main()
{
    unsigned char KeyValue;
    while(1)
    {
        KeyValue=GetKey();                    //扫描键盘，获取按键值
        SEG_Display(0, KeyValue);             //在第0个数码管显示
    }
}
```

5.9.3 LCD应用编程实训

利用液晶的物理特性，通过电压对其显示区域进行控制，从而改变其光学性质来达到显示的效果，这是液晶作为显示器的基本原理。根据液晶显示功能的不同，液晶可分为段码型液晶模块、字符型液晶模块和图形液晶模块3类。

LCD模块以其低功耗、体积小、显示内容丰富、操作简单等优点在电子产品中得到广泛应用，为计算器、万用表、电力终端、仪器仪表等设备的显示部件。这里主要介绍在工程中应用最广泛、最有代表性的1602字符型液晶的显示原理和应用方法。

1. 1602液晶硬件接口

1602液晶的主要技术参数见表5-11。

表5-11　1602液晶主要技术参数

显示容量	16 × 2个字符
芯片工作电压	4.5~5.5 V
工作电流	2.0 mA（5.0 V）
模块最佳工作电压	5.0 V
字符尺寸	2.95 mm × 4.35 mm

其中，显示容量为16 × 2个字符，是指每一行能显示16个字符，共有2行，能同时显示32个字符。它能显示英文大小字母、数字和符号等，也就是能显示所有的ASCII码。芯片工作电压为5 V，有些1602液晶是3.3 V供电的，具体情况可以查看相应的数据手册。工作电流在5 V时为2 mA，这仅仅是指液晶片本身，并不包括液晶模块的背光板所需要的电流。当然有些液晶模块是没有背光的，如果有背光，整个液晶模块所需要的电流在10~20 mA之间。

1602液晶接口引脚的说明见表5-12。

表5-12　1602液晶接口引脚的说明

编　号	符　号	引 脚 说 明	编　号	符　号	引脚说明
1	VSS	电源地	9	VSS	Data I/O
2	VDD	电源正极	10	D3	Data I/O
3	VL	液晶显示偏压信号	11	D4	Data I/O
4	RS	数据/命令选择端（H/L）	12	D5	Data I/O
5	R/W	读/写选择端（H/L）	13	D6	Data I/O
6	E	使能信号	14	D7	Data I/O
7	D0	Data I/O	15	BLA	背光源正极
8	D1	Data I/O	16	BLK	背光源负极

各引脚的功能介绍如下：

引脚1：VSS为地电源。

引脚2：VDD接5 V正电源。

引脚3：VL为液晶显示器对比度调整端，接正电源时对比度最弱，接地时对比度最高，对比度过高时会产生“鬼影”现象，使用时可以通过一个10 kΩ的电位器调整其对比度。

引脚4：RS为数据/命令选择端，高电平时选择数据寄存器、低电平时选择指令寄存器。

引脚5：R/W为读/写选择端，高电平时进行读操作，低电平时进行写操作。当RS和R/W共同为低电平时可以写入指令或显示地址；当RS为低电平、R/W为高电平时，可以读忙信号；当RS为高电平，R/W为低电平时，可以写入数据。

引脚6：E端为使能端，当E端由高电平跳变为低电平时，液晶模块执行命令。

引脚7~14：D0~D7为8位双向数据线。

引脚15：背光源正极。

引脚16：背光源负极。

2. 1602液晶时序操作

（1）RAM地址映射图

1602液晶内部带有80 × 8位的RAM数据缓冲区，用来存储发送的数据，如图5-11所示。1602液晶显示每一个字符对应一个地址，其中00~0F地址对应液晶显示区的第一行16位，40~4F地址对应液晶显示区的第二行16位。液晶屏幕不会显示写到10~27或者50~67地址的数据，必须通过移屏指令将数据左移或右移到显示区域方可显示，字幕移动显示也是通过这个过程实现的。例如，输入0x81命令后，整屏左移1位；输入0x1C命令后，整屏右移1位。

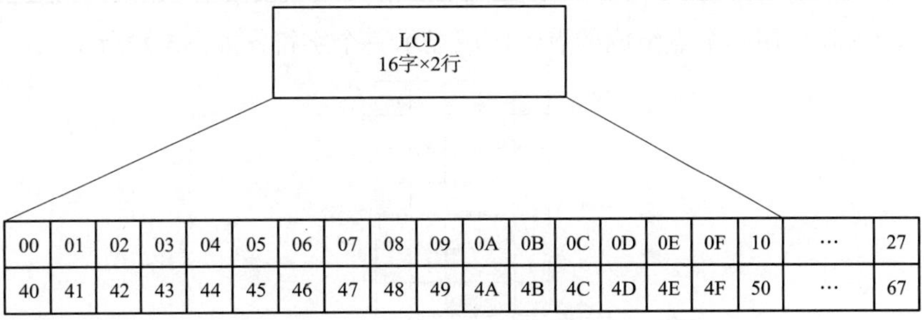

图5-11　RAM地址映射图

（2）状态字说明

状态字说明见表5-13。

表5-13　状态字说明

STA7 D7	STA6 D6	STA5 D5	STA4 D4	STA3 D3	STA2 D2	STA1 D1	STA0 D0
STA0~ STA6		当前数据地址指针的数值				—	
STA7		读/写操作使能				1：禁止；0：允许	

其中，STA7为读/写操作使能。当STA7等于1时，禁止进行读/写操作，因为1602液晶的操作速度是有一定限制的，当它还没忙完时，就去对它进行操作是不允许的。用DSP、ARM来对它进行操作时，由于控制器的运行速度要比1602液晶的运行速度快得多，可以达到每秒几百兆、甚至一个GB。此时，每对1602液晶操作一次，都要去读它是否忙完了，当STA7等于0时才能操作，否则传输的数据就会丢失。但对于用51单片机来控制的液晶，就不需要去读它是否忙完了再去操作，因为51单片机执行一条指令的时间大约为1 μs（按12 MHz晶振来计算），而1602液晶的运算速度是纳秒级的，比51单片机要快得多，因此1602液晶的状态字读/写操作使能，只有在高速操作时才需要用到。

（3）数据指针设置

数据指针设置，见表5-14。

表5-14　数据指针设置

指　令　码	功　能
80H+地址码（0~27H，40H~67H）	设置数据地址指针

要在1602液晶某个位置显示字符，首先要设置数据地址指针对RAM进行访问，其指令码是80H+地址码，而不能直接写地址码表示。例如，80H+01所在的位置是液晶显示区的第一行、第二个位置。

（4）初始化设置

在使用液晶时要进行初始化设置，包含显示模式设置和显示开/关及光标设置。

①显示模式设置见表5-15。

表5-15　显示模式设置

指　令　码								功　能
0	0	1	1	1	0	0	0	设置16×2显示，5×7点阵，8位数据口

其中，5×7点阵是用35个点组成的点阵区域显示一个字符，如图5-12所示。

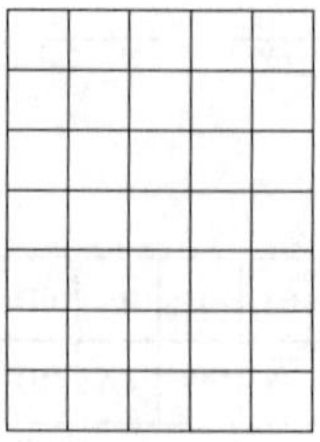

图5-12　5×7点阵

②显示开/关及光标设置，见表5-16。

表5-16　显示开/关及光标设置

指令码								功能
0	0	0	0	1	D	C	B	D=1，开显示；D=0，关显示； C=1，显示光标；C=0，不显示光标； B=1，光标闪烁；B=0，光标不闪烁
0	0	0	0	0	1	N	S	N=1，当读或写一个字符后地址指针加一，且光标加一； N=0，当读或写一个字符后地址指针减一，且光标减一； S=1，当写一个字符后，整屏显示左移（N=1）或右移（N=0） S=0，当写一个字符后，整屏显示不移动

③其他设置，见表5-17。

表5-17　其他设置

指令码	功能
01H	显示清屏：①数据指针清零；②所有显示清零
02H	显示回车：数据指针清零

（5）操作时序

①基本操作时序，见表5-18。

表5-18　基本操作时序

操作	输入	输出
读状态	RS=L，RW=H，E=H	D0~D7=状态字
写指令	RS=L，RW=L，D0~D7=指令码，E=高脉冲	无
读数据	RS=H，RW=H，E=H	D0~D7=数据
写数据	RS=H，RW=L，D0~D7=数据，E=高脉冲	无

其中，D0~D7可以送指令码，也可以送显示数据。例如，写数据时，RS是高电平，它和写指令刚好相反，然后给R/W一个低电平，接着给D0~D7送一个数据，然后给E一个高脉冲，这样数据就写入1602液晶上。写是没输出的，只有读的时候才有输出。表5-18和下面的读/写时序图是对应的，可以结合时序图一起看。

②读/写操作时序如图5-13所示。

对数字芯片进行操作时，要看懂时序图才能进行操作。表5-18和读/写操作时序图是对应的，此处只介绍写操作时序。读操作时序不再详细介绍。时间轴从左往右走，依次增加。

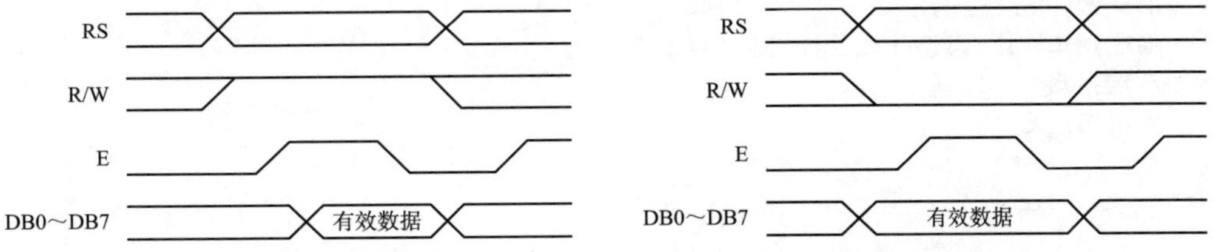

（a）读操作时序图　（b）写操作时序图

图5-13　1602液晶操作时序图

- RS引脚：RS可以是低电平，也可以是高电平。如果是写命令，RS是低电平有效：如果是写数据时，RS是高电平有效。写命令包括显示模式设置、显示开/关及光标设置等，写数据是指要显示的内容。
- R/W引脚：刚开始时可以是高电平，也可以是低电平。写操作时是低电平有效，在低电平时将命令或者数据送到数据线上。
- E使能引脚：从低电平变成高电平，然后再变成低电平，形成一个高脉冲将命令或者数据（DB0~DB7）写入液晶控制器，完成写操作。

3. 1602液晶与单片机接口方式

在STC8开发板上，1602液晶与单片机采用直接连接方式，如图5-14所示。

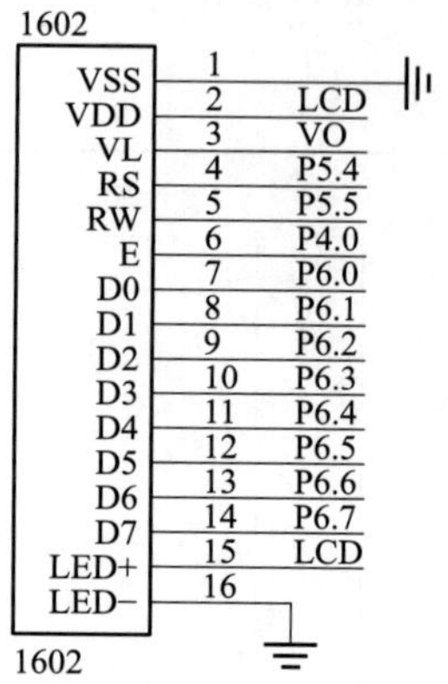

图5-14　1602液晶在STC8开发板上连接图

【例5-21】如图5-14所示，编程实现以下功能，让1602第一行显示STC8 MCU，第二行显示Hello MCU World。

```
#include<STC8.H>
#include "intrins.h"
sbit RS=P5^4;                        //数据/命令控制
sbit RW=P5^5;                        //读写控制
sbit E=P4^0;                         //使能端
#define DPORT P6
#define NoDisp 0                     //无显示
#define NoCur 1                      //有显示无光标
#define CurNoFlash 2                 //有光标但不闪烁
#define CurFlash 3                   //有光标且闪烁
/*******************************************
* @函数名：delay2uS
* @描述：延时2 μs
* @参数：无
* @返回值：无
*******************************************/
void delay2uS ()
{
    unsigned char t=9;
    while(--t);
}
/*******************************************
* @函数名：WaitIdle
* @描述：正常读/写操作之前检测LCD控制器状态
* @参数：无
* @返回值：无
*******************************************/
void WaitIdle()
{
    unsigned char tmp;
    RS=0;                            //命令
    RW=1;                            //读取
```

```
    DPORT=0xff;                   //为接收数据做准备
    _nop_();                      //短暂延时
    E=1;                          //使能LCD1602
    delay2uS();                   //LCD1602在E为高电平区间输出数据到端口
    for(;;)
    {
        tmp=DPORT;                //将数据端口上的值赋给tmp
        tmp&=0x80;                //最高位为1时表示液晶模块正忙，不能对其进行操作
        if(tmp==0)                //其余6位表示内部当前显示地址，无实际用途。
        break;
    }
    E=0;                          //释放总线
}
/*******************************************
* @函数名：LcdWriteDat
* @描述：向LCD1602液晶写入一字节数据
* @参数：dat-待写入数据值
* @返回值：无
*******************************************/
void LcdWriteDat(unsigned char dat)
{
    WaitIdle();                   //等待LCD1602空闲
    RS=1;                         //数据
    RW=0;                         //写
    DPORT=dat;                    //将待写数据送到数据端口
    _nop_();                      //短暂延时
    E=1;                          //使能LCD1602
    delay2uS();                   //LCD1602在E为高电平区间读取数据端口上的值
    E=0;                          //关闭LCD1602使能，释放总线
}
/*******************************************
* @函数名：LcdWriteCmd
* @描述：向LCD1602液晶写入一字节命令
* @参数：cmd-待写入命令值
* @返回值：无
*******************************************/
void LcdWriteCmd(unsigned char cmd)
{
    WaitIdle();                   //等待LCD1602空闲
    RS=0;                         //命令
    RW=0;                         //写
    DPORT=cmd;                    //将命令码输出在数据端口上
    _nop_();                      //短暂延时
    E=1;                          //使能LCD1602
    delay2uS();                   //LCD1602在E为高电平区间读取数据端口上的值
    E=0;                          //关闭LCD1602使能，释放总线
}
/*******************************************
* @函数名：LcdPos
* @描述：设置显示字符起始坐标
* @参数：xPos-水平方向坐标，0~15
```

```
        yPos-垂直方向坐标，0~1
* @返回值：无
********************************************/
void LcdPos(unsigned char xPos,unsigned char yPos)
{
    unsigned char tmp;
    xPos&=0x0f;                          //x位置范围是0~15
    yPos&=0x01;                          //y位置范围是0~1
    if(yPos==0)                          //显示第一行
        tmp=xPos;                        //第一行字符地址从0x00开始
    else
        tmp=xPos+0x40;                   //第二行字符地址从0x40开始
    tmp|=0x80;                           //设置RAM地址
    LcdWriteCmd(tmp);
}
/********************************************
* @函数名：SetCur
* @描述：设置光标
* @参数：Para-光标参数值
* @返回值：无
********************************************/
void SetCur(unsigned char Para)
{
    switch(Para)
    {
        case 0:
        {
            LcdWriteCmd(0x08); break;    //关显示
        }
        case 1:
        {
            LcdWriteCmd(0x0c); break;    //开显示但无光标
        }
        case 2:
        {
            LcdWriteCmd(0x0e); break;    //开显示有光标但不闪烁
        }
        case 3:
        {
            LcdWriteCmd(0x0f); break;    //开显示有光标且闪烁
        }
        default: break;
    }
}
/********************************************
* @函数名:WriteString
* @描述：在液晶上显示字符串
* @参数：xpos-行坐标
        ypos-列坐标
        s-字符串指针
* @返回值：无
```

```
******************************************/
void WriteString(unsigned char xPos,unsigned char yPos,unsigned char *s)
{
    unsigned char i=0;
    LcdPos(xPos,yPos);                         //起始坐标
    while(s[i])
    {
        LcdWriteDat(s[i]);
        i++;
        if(i>=16)  break;                      //超出16个字符外的数据丢弃
    }
}
/******************************************
* @函数名：LCD1602_Init
* @描述：LCD 1602初始化
* @参数：无
* @返回值：无
******************************************/
void LCD1602_Init()
{
    LcdWriteCmd(0x38);          //显示模式设置，设置16×2显示、5×7点阵、8位数据接口
    LcdWriteCmd(0x08);          //显示关闭，不显示光标、光标不闪烁
    LcdWriteCmd(0x01);          //显示清屏
    LcdWriteCmd(0x06);          //显示光标移动位置
    LcdWriteCmd(0x0c);          //显示开及光标设置
}

void main()
{
    unsigned char xPos,yPos;                    //X坐标、Y坐标
    unsigned char *s1="STC8 MCU!";              //第一行显示字符串
    unsigned char *s2="Hello MCU World";        //第二行显示字符串

    LCD1602_Init();                             //初始化LCD
    SetCur(CurFlash);                           //开光标显示、闪烁
    xPos=0;                                     //xPos表示水平右移字符数(0~15)
    yPos=0;                                     //yPos表示垂直下移字符数(0~1)
    WriteString(xPos,yPos,s1);                  //第一行显示字符串
    yPos++;                                     //下一行
    WriteString(xPos,yPos,s2);                  //第二行显示字符串
    while(1);
}
```

小　　结

本模块详细介绍了如何使用C语言来进行C51程序设计，重点讲述了C51的编程基础、数据类型、常量、变量、运算表达式、运算符、程序基本语句和函数等语法基础。除此之外，还介

绍了C51与汇编语言混合编程方法，以及如何利用C51编程控制硬件外设，使有C语言基础的读者能够很快掌握C51程序设计的编写方法。

习 题

1. STC8单片机直接支持哪些数据类型？

2. C51的存储类型有几种？分别表示的存储器区域是什么？

3. bit型变量和sbit型变量都是位变量，二者的区别是什么？

4. 编写控制LED灯循环左移和循环右移的程序。

5. 编写程序：4×4的矩阵键盘，16个按键分别编码为0~E，识别按键被按下，并点亮第一个数码管显示按键编码。

第二部分
应用系统开发

模块六

STC8中断系统

学习导航

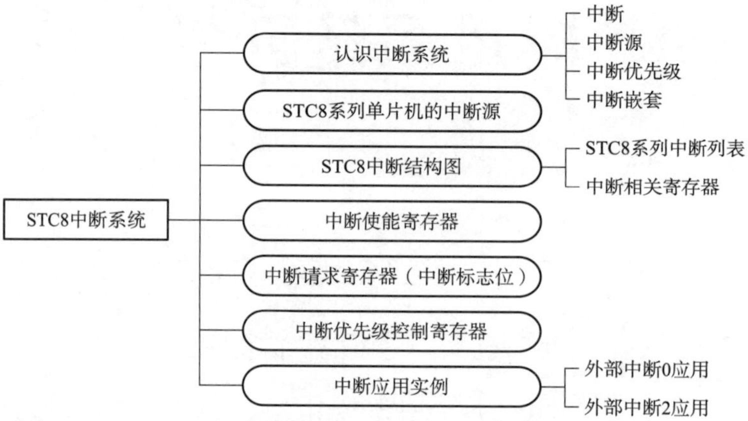

学习及素养目标

- 了解单片机中断系统的基本概念。
- 理解STC8单片机中断系统及工作原理。
- 理解STC8单片机外部中断基本使用方法。
- 掌握STC8单片机中断服务程序的编写方法。
- 掌握STC8单片机中断应用系统开发方法。
- 理解中断思想对提高工作效率的作用。

本模块从单片机中断的基本概念、中断源、中断控制、中断响应过程等基本概念入手，结合开发板资源，侧重讲解STC8单片机常用的中断，熟悉中断寄存器的配置和使用方式，以便于读者掌握其中断系统的应用，为后续综合项目的开发奠定基础。

单元一　认识中断系统

中断的概念是在20世纪50年代中期提出的，是计算机中一个很重要的技术。它既和硬件有关，也和软件有关。中断系统是为使CPU具有对外界紧急事件的实时处理能力而设置的。实时控制、故障自动处理往往采用中断系统。单片机与外围设备间传递数据及实现人机联系，也常采用中断方式。中断系统的应用使单片机的功能更强，效率更高，使用更加方便、灵活。下面介绍中断系统的几个概念。

6.1.1　中断

当中央处理器（CPU）正在处理某件事的时候外界发生了紧急事件请求，要求CPU暂停当前的工作，转而去处理这个紧急事件，处理完以后，再回到原来被中断的地方，继续原来的工作，这样的过程称为中断。实现这种功能的部件称为中断系统，中断系统是为使CPU具有对外界紧急事件的实时处理能力而设置的。一个完整的中断过程包括四个步骤：中断请求、中断响应、中断服务与中断返回。

例如，当一位经理正在处理文件时，电话铃响了（中断请求），他不得不在文件上做一个记号（断点地址，即返回地址），暂停工作，去接电话（响应中断），并处理“电话请求”（中断服务）；然后，他静下心来（恢复中断前状态），继续处理文件（中断返回）。

6.1.2　中断源

请示CPU中断的请求源称为中断源。中断源向CPU提出的处理请求，称为中断请求或中断申请。

6.1.3　中断优先级

微型机的中断系统一般允许多个中断源，当几个中断源同时向CPU请求中断，要求为它服务时，就存在CPU优先响应哪一个中断源请求的问题。通常根据中断源的轻重缓急排队，优先处理最紧急事件的中断请求源，即规定每一个中断源有一个优先级别。CPU总是先响应优先级别最高的中断请求。

6.1.4　中断嵌套

当CPU正在处理一个中断源请求时（执行相应的中断服务程序），发生了另外一个优先级比它还高的中断源请求。如果CPU能够暂停对原来中断源的服务程序，转而去处理优先级更高的中断请求源，处理完以后，再回到原低级中断服务程序，这样的过程称为中断嵌套。这样的中断系统称为多级中断系统，没有中断嵌套功能的中断系统称为单级中断系统。

单级中断响应过程如图6-1所示；中断嵌套响应过程如图6-2所示。

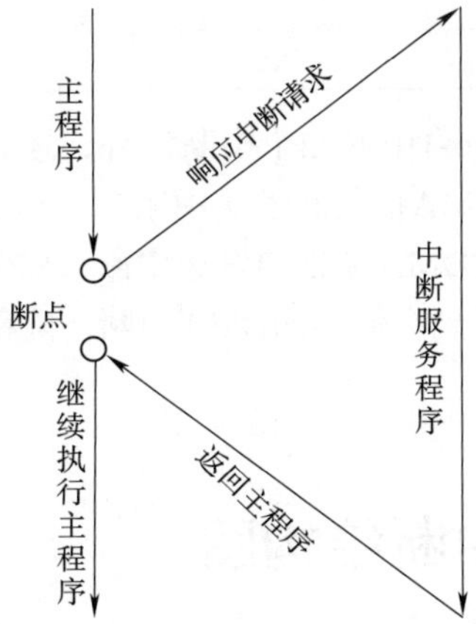

图6-1　单级中断响应过程

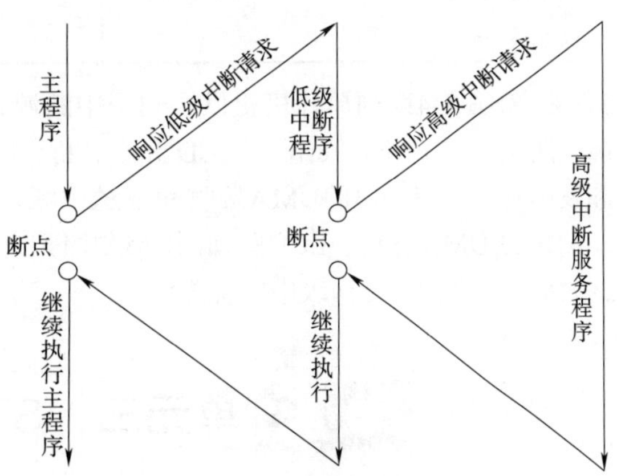

图6-2　中断嵌套响应过程

单元二　STC8系列单片机的中断源

常见的STC8系列单片机的中断源见表6-1，其中√表示对应的系列有相应的中断源。本书以STC8A8K64S4A12单片机为基础进行讲解。

表6-1　STC8系列单片机中断源

中　断　源	STC8A8K64S4A12系列	STC8A4K64S2A12系列	STCF2K64S4系列	STC8F2K64S2系列
外部中断0中断（INT0）	√	√	√	√
定时器0中断（Timer0）	√	√	√	√
外部中断1中断（INT1）	√	√	√	√
定时器T1中断（Timer1）	√	√	√	√
串口1中断（UART1）	√	√	√	√
模数转换中断（ADC）	√	√	—	—
低压检测中断（LVD）	√	√	√	√
捕获中断（CCP/PCA/PWM）	√	√		—
串口2中断（UART2）	√	√	√	√
串行外设接口中断（SPI）	√	√	√	√
外部中断2中断（INT2）	√	√	√	√
外部中断3中断（INT3）	√	√	√	√
定时器T2中断（Timer2）	√	√	√	√
外部中断4中断（INT4）	√	√	√	√
串口3中断（UART3）	√	—	√	—
串口4中断（UART4）	√	√	√	—
定时器T3中断（Timer3）	√	√	√	√
定时器T4中断（Timer4）	√	√	√	√
比较器中断（CMP）	√	√	√	√
增强型PWM中断	√	√	—	—
PWM异常检测中断（PWMFD）	√	√	—	—
I^2C总线中断	√	√	√	√

STC8A8K64D4系列单片机提供了43个中断源，除了表6-1中的22个中断源外，还包括以下中断源：所有的I/O中断（8组）、LCD驱动中断、串口1的DMA接收和发送中断、串口2的DMA接收和发送中断、串口3的DMA接收和发送中断、串口4的DMA接收和发送中断、SPI的DMA中断、ADC的DMA中断、LCD驱动的DMA中断以及存储器到存储器的DMA中断。除部分中断源外，大部分中断源支持4级中断优先级。

单元三　STC8中断结构图

STC8单片机中断结构如图6-3所示。

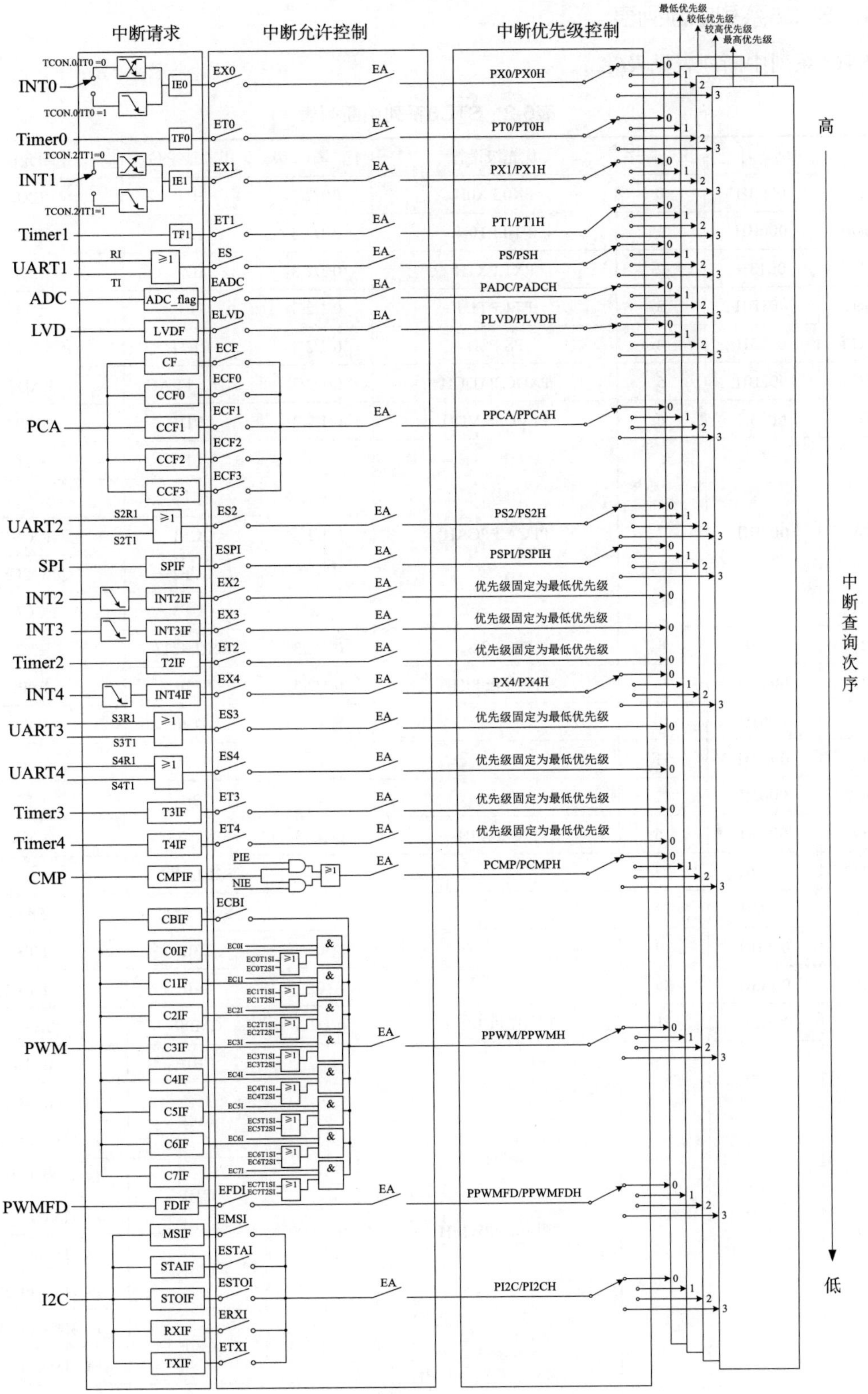

图6-3　STC8单片机中断结构图

6.3.1 STC8系列中断列表

STC8系列中断列表见表6-2。

表6-2 STC8系列中断列表

中断源	中断向量	次序	优先级设置	优先级	中断请求位	中断允许位
INT0	0003H	0	PX0,PX0H	0/1/2/3	IE0	EX0
Timer0	000BH	1	PT0,PT0H	0/1/2/3	TF0	ET0
INT1	0013H	2	PX1,PX1H	0/1/2/3	IE1	EX1
Timer1	001BH	3	PT1,PT1H	0/1/2/3	TF1	ET1
UART1	0023H	4	PS,PSH	0/1/2/3	RI,TI	ES
ADC	002BH	5	PADC,PADCH	0/1/2/3	ADC_FLAG	EADC
LVD	0033H	6	PLVD,PLVDH	0/1/2/3	LVDF	ELVD
PCA	003BH	7	PPCA,PPCAH	0/1/2/3	CF	ECF
					CCF0	ECCF0
					CCF1	ECCF1
					CCF2	ECCF2
					CCF3	ECCF3
UART2	0043H	8	PS2,PS2H	0/1/2/3	S2RI,S2TI	ES2
SPI	004BH	9	PSPI,PSPIH	0/1/2/3	SPIF	ESPI
INT2	0053H	10		0	INT2IF	EX2
INT3	005BH	11		0	INT3IF	EX3
Timer2	0063H	12		0	T2IF	ET2
INT4	0083H	16	PX4,PX4H	0/1/2/3	INT4IF	EX4
UART3	008BH	17			S3RI,S3TI	ES3
UART4	0093H	18			S4RI,S4TI	ES4
Timer3	009BH	19		0	T3IF	ET3
Timer4	00A3H	20		0	T4IF	ET4
CMP	00ABH	21	PCMP,PCMPH	0/1/2/3	CMPIF	PIENIE
PWM	00B3H	22	PPWM,PPWMH	0/1/2/3	CBIF	ECBI
					C0IF	EC0I&&EC0T1SI
						EC0I&&EC0T2SI
					C1IF	EC1I&&EC1T1SI
						EC1I&&EC1T2SI
					C2IF	EC2I&&EC2T1SI
						EC2I&&EC2T2SI
					C3IF	EC3I&&EC3T1SI
						EC3I&&EC3T2SI
					C4IF	EC4I&&EC4T1SI

续表

中断源	中断向量	次序	优先级设置	优先级	中断请求位	中断允许位
PWMFD	00BBH	23	PPWMFD,PPWMFDH	0/1/2/3	C4IF	EC4I&&EC4T2SI
					C5IF	EC5I&&EC5T1SI
						EC5I&&EC5T2SI
					C6IF	EC6I&&EC6T1SI
						EC6I&&EC6T2SI
					C7IF	EC7I&&EC7T1SI
						EC7I&&EC7T2SI
PWMFD	00BBH	23	PPWMFD,PPWMFDH	0/1/2/3	FDIF	EFDI
I2C	00C3H	24	PI2C,PI2CH	0/1/2/3	MSIF	EMSI
					STAIF	ESTAI
					RXIF	ERXI
					TXIF	ETXI
					STOIF	ESTOI

用C语言声明中断服务的程序如下：

```
Void  INT0_Routine(void)        interrupt    0;
void  TM0_Rountine(void)        interrupt    1;
void  INT1_Routine(void )       interrupt    2;
void  TM1_Rountine(void)        interrupt    3;
void  UART1_Routine(void)       interrupt    4;
void  ADC_Routine(void)         interrupt    5;
void  LVD_Routine( void)        interrupt    6;
void  PCA_Routine(void)         interrupt    7;
void  UART2_Routine(void)       interrupt    8;
void  SPI_ Routine(void)        interrupt    9;
void  INT2_Routine(void)        interrupt    10;
void  INT3_Routine(void)        interrupt    11;
void  TM2_Routine(void)         interrupt    12;
void  INT4_Routine(void)        interrupt    16;
void  UART3_Routine( void)      interrupt    17;
void  UART4_Routine(void)       interrupt    18;
void  TM3_Routine(void)         interrupt    19;
void  TM4_ Routine(void)        interrupt    20;
void  CMP_Routine(void)         interrupt    21;
void  PWM_Routine(void)         interrupt    22;
void  PWMFD_Routine(void)       interrupt    23;
void  I2C_Routine(void)         interrupt    24;
```

6.3.2 中断相关寄存器

中断相关寄存器列表见表6-3。

表6-3 中断相关寄存器列表

符号	描述	地址	位地址与符号								复位值
			B7	B6	B5	B4	B3	B2	B1	B0	
IE	中断允许寄存器	A8H	EA	ELVD	EADC	ES	ET1	EX1	ET0	EX0	0000,0000
IE2	中断允许寄存器2	AFH	—	ET4	ET3	ES4	ES3	ET2	ESPI	ES2	X000,0000
INTCLKO	中断与时钟输出控制寄存器	8FH	—	EX4	EX3	EX2	—	T2CLKO	T1CLKO	T0CLKO	X000,0000
IP	中断优先级控制寄存器	B8H	PPCA	PLVD	PADC	PS	PT1	PX1	PT0	PX0	0000,0000
IPH	高中断优先级控制寄存器	B7H	PPCAH	PLVDH	PADCH	PSH	PT1H	PX1H	PT0H	PX0H	0000,0000
IP2	中断优先级控制寄存器2	B5H	—	PI2C	PCMP	PX4	PPWMFD	PPWM	PSPI	PS2	x000,0000
IP2H	高中断优先级控制寄存器2	B6H	—	PI2CH	PCMPH	PX4H	PPWMFDH	PPWMH	PSPIH	PS2H	x000,0000
TCON	定时器控制寄存器	88H	TF1	TR1	TF0	TR0	IE1	IT1	IE0	IT0	0000,0000
AUXINTIF	扩展外部中断标志寄存器	EFH	—	INT4IF	INT3IF	INT2IF	—	T4IF	T3IF	T2IF	x000,x000
SCON	串口1控制寄存器	98H	SM0/FE	SM1	SM2	REN	TB8	RB8	TI	RI	0000,0000
S2CON	串口2控制寄存器	9AH	S2SM0	—	S2SM2	S2REN	S2TB8	S2RB8	S2TI	S2RI	0100,0000
S3CON	串口3控制寄存器	ACH	S3SM0	S3ST3	S3SM2	S3REN	S3TB8	S3RB8	S3TI	S3RI	0000,0000
S4CON	串口4控制寄存器	84H	S4SM0	S4ST4	S4SM2	S4REN	S4TB8	S4RB8	S4TI	S4RI	0000,0000
PCON	电源控制寄存器	87H	SMOD	SMOD0	LVDF	POF	GF1	GF0	PD	IDL	0011,0000
ADC_CONTR	ADC控制寄存器	BCH	ADC_POWER	ADC_START	ADC_FLAG	—	ADC_CHS[3:0]				000x,0000
SPSTAT	SPI状态寄存器	CDH	SPIF	WCOL	—	—	—	—	—	—	00xx,xxxx
CCON	PCA控制寄存器	D8H	CF	CR	—	—	CCF3	CCF2	CCF1	CCF0	00xx,0000
CMOD	PCA模式寄存器	D9H	CIDL	—	—	—	CPS[2:0]			ECF	0xxx,0000
CCAPM0	PCA模块0模式控制寄存器	DAH	—	ECOM0	CCAPP0	CCAPN0	MAT0	TOG0	PWM0	ECCF0	x000,0000
CCAPM1	PCA模块1模式控制寄存器	DBH	—	ECOM1	CCAPP1	CCAPN1	MAT1	TOG1	PWM1	ECCF1	x000,0000
CCAPM2	PCA模块2模式控制寄存器	DCH	—	ECOM2	CCAPP2	CCAPN2	MAT2	TOG2	PWM2	ECCF2	x000,0000
CCAPM3	PCA模块3模式控制寄存器	DDH	—	ECOM3	CCAPP3	CCAPN3	MAT3	TOG3	PWM3	ECCF3	x000,0000

续表

符号	描述	地址	位地址与符号								复位值
			B7	B6	B5	B4	B3	B2	B1	B0	
CMPCR1	比较器控制寄存器1	E6H	CMPEN	CMPIF	PIE	NIE	PIS	NIS	CMPOE	CMPRES	0000,0000
PWMCFG	增强型PWM配置寄存器	F1H	CBIF	ETADC	—	—	—	—	—	—	00xx,xxxx
PWMCR	PWM控制寄存器	FEH	ENPWM	ECBI	—	—	—	—	—	—	00xx,xxxx
PWMIF	增强型PWM中断标志寄存器	F6H	C7IF	C6IF	C5IF	C4IF	C3IF	C2IF	C1IF	C0IF	0000,0000
PWMFDCR	PWM异常检测控制寄存器	F7H	INVCMP	INVIO	ENFD	FLTFLIO	EFDI	FDCMP	FDIO	FDIF	0000,0000
PWM0CR	PWM0控制寄存器	FF04H	ENC0O	C0INI	—	C0_S[1:0]		EC0I	EC0T2SI	EC0T1SI	00x0,0000
PWM1CR	PWM1控制寄存器	FF14H	ENC1O	C1INI	—	C1_S[1:0]		EC1I	EC1T2SI	EC1T1SI	00x0,0000
PWM2CR	PWM2控制寄存器	FF24H	ENC2O	C2INI	—	C2_S[1:0]		EC2I	EC2T2SI	EC2T1SI	00x0,0000
PWM3CR	PWM3控制寄存器	FF34H	ENC3O	C3INI	—	C3_S[1:0]		EC3I	EC3T2SI	EC3T1SI	00x0,0000
PWM4CR	PWM4控制寄存器	FF44H	ENC4O	C4INI	—	C4_S[1:0]		EC4I	EC4T2SI	EC4T1SI	00x0,0000
PWM5CR	PWM5控制寄存器	FF54H	ENC5O	C5INI	—	C5_S[1:0]		EC5I	EC5T2SI	EC5T1SI	00x0,0000
PWM6CR	PWM6控制寄存器	FF6EH	ENC5O	C6INI	—	C6_S[1:0]		EC6I	EC6T2SI	EC6T1SI	00x0,0000
PWM7CR	PWM7控制寄存器	FF74H	ENC7O	C7INI	—	C7_S[1:0]		EC7I	EC7T2SI	EC7T1SI	00x0,0000
I2CMSCR	I^2C主机控制寄存器	FE81H	EMSI	—	—	—	—	MSCMD[2:0]			0xxx,x000
I2CMSST	I^2C主机状态寄存器	FE82H	MSBUSY	MSIF	—	—	—	—	MSACKI	MSACKO	00xx,xx00
I2CSLCR	I^2C从机控制寄存器	FE83H	—	ESTAI	ERXI	ETXI	ESTOI	—	—	SLRST	X000,0xx0
I2CSLST	I^2C从机状态寄存器	FE84H	SLBUSY	STAIF	RXIF	TXIF	STOIF	TXING	SLACKI	SLACKO	0000,0000

单元四　中断使能寄存器

用户可以用关总中断允许位（EA）或相应中断的允许位屏蔽相应的中断请求，也可以用打开相应的中断允许位来使CPU响应相应的中断申请，每一个中断源可以用软件独立地控制为开中断或关中断状态，部分中断的优先级别均可用软件设置。高优先级的中断请求可以打断低优先级的中断，反之低优先级的中断请求不可以打断高优先级的中断。当两个相同优先级的中断同时产生时，将由查询次序来决定系统先响应哪个中断。STC8单片机常用的中断允许控制位都被分配在相关寄存器中。

1. 中断使能寄存器IE（见表6-4）

表6-4　中断使能寄存器IE

符号	地址	B7	B6	B5	B4	B3	B2	B1	B0
IE	A8H	EA	ELVD	EADC	ES	ET1	EX1	ET0	EX0

①EA：总中断允许控制位。其作用是使中断允许形成多级控制，即各中断源首先受EA控制，其次还受各中断源自己的中断允许控制位控制。

0：CPU屏蔽所有的中断申请。

1：CPU开放中断。

②ELVD：低压检测中断允许位。

0：禁止低压检测中断。

1：允许低压检测中断。

③EADC：A/D转换中断允许位。

0：禁止A/D转换中断。

1：允许A/D转换中断。

④ES：串行口1中断允许位。

0：禁止串行口1中断。

1：允许串行口1中断。

⑤ET1：定时器/计数器T1的溢出中断允许位。

0：禁止T1中断。

1：允许T1中断。

⑥EX1：外部中断1中断允许位。

0：禁止INT1中断。

1：允许INT1中断。

⑦ET0：定时器/计数器T0的溢出中断允许位。

0：禁止T0中断。

1：允许T0中断。

⑧EX0：外部中断0中断允许位。

0：禁止INT0中断。

1：允许INT0中断。

2. 中断使能寄存器IE2（见表6-5）

表6-5　中断使能寄存器IE2

符号	地址	B7	B6	B5	B4	B3	B2	B1	B0
IE2	AFH	—	ET4	ET3	ES4	ES3	ET2	ESPI	ES2

①ET4：定时/计数器T4的溢出中断允许位。
0：禁止T4中断。
1：允许T4中断。
②ET3：定时/计数器T3的溢出中断允许位。
0：禁止T3中断。
1：允许T3中断。
③ES4：串行口4中断允许位。
0：禁止串行口4中断。
1：允许串行口4中断。
④ES3：串行口3中断允许位。
0：禁止串行口3中断。
1：允许串行口3中断。
⑤ET2：定时/计数器T2的溢出中断允许位。
0：禁止T2中断。
1：允许T2中断。
⑥ESPI：SPI中断允许位。
0：禁止SPI中断。
1：允许SPI中断。
⑦ES2：串行口2中断允许位。
0：禁止串行口2中断。
1：允许串行口2中断。

3. 外部中断与时钟输出控制寄存器INTCLKO（见表6-6）

表6-6　外部中断与时钟输出控制寄存器INTCLKO

符号	地址	B7	B6	B5	B4	B3	B2	B1	B0
INTCLKO	8FH	—	EX4	EX3	EX2	—	T2CLKO	T1CLKO	T0CLKO

①EX4：外部中断4中断允许位。
0：禁止INT4中断。
1：允许INT4中断。
②EX3：外部中断3中断允许位。
0：禁止INT3中断。
1：允许INT3中断。
③EX2：外部中断2中断允许位。
0：禁止INT2中断。

1：允许INT2中断。

4. PCA/CCP/PWM中断控制寄存器（见表6-7）

表6-7 PCA/CCP/PWM中断控制寄存器

符号	地址	B7	B6	B5	B4	B3	B2	B1	B0
CMOD	D9H	CIDL	—	—	—	CPS[2:0]			ECF
CCAPM0	DAH	—	ECOM0	CCAPP0	CCAPN0	MAT0	TOG0	PWM0	ECCF0
CCAPM1	DBH	—	ECOM1	CCAPP1	CCAPN1	MAT1	TOG1	PWM1	ECCF1
CCAPM2	DCH	—	ECOM2	CCAPP2	CCAPN2	MAT2	TOG2	PWM2	ECCF2
CCAPM3	DDH	—	ECOM3	CCAPP3	CCAPN3	MAT3	TOG3	PWM3	ECCF3

①ECF：PCA计数器中断允许位。
0：禁止PCA计数器中断。
1：允许PCA计数器中断。
②ECCF0：PCA模块0中断允许位。
0：禁止PCA模块0中断。
1：允许PCA模块0中断。
③ECCF1：PCA模块1中断允许位。
0：禁止PCA模块1中断。
1：允许PCA模块1中断。
④ECCF2：PCA模块2中断允许位。
0：禁止PCA模块2中断。
1：允许PCA模块2中断。
⑤ECCF3：PCA模块3中断允许位。
0：禁止PCA模块3中断。
1：允许PCA模块3中断。

5. CMPCR1（比较器控制寄存器1）（见表6-8）

表6-8 CMPCR1（比较器控制寄存器1）

符号	地址	B7	B6	B5	B4	B3	B2	B1	B0
CMPCR1	E6H	CMPEN	CMPIF	PIE	NIE	PIS	NIS	CMPOE	CMPRES

①PIE：比较器上升沿中断允许位。
0：禁止比较器上升沿中断。
1：允许比较器上升沿中断。
②NIE：比较器下降沿中断允许位。
0：禁止比较器下降沿中断。
1：允许比较器下降沿中断。

注意：这里只介绍了与中断控制有关的位。

6. PWMCR（PWM控制寄存器）（见表6-9）

表6-9　PWMCR（PWM控制寄存器）

符号	地址	B7	B6	B5	B4	B3	B2	B1	B0
PWMCR	FEH	ENPWM	ECBI	—	—	—	—	—	—

ECBI：增强PWM计数器中断允许位。

0：禁止PWM计数器中断。

1：允许PWM计数器中断。

7. PWMFDCR（PWM异常检测控制寄存器）（见表6-10）

表6-10　PWMFDCR（PWM异常检测控制寄存器）

符号	地址	B7	B6	B5	B4	B3	B2	B1	B0
PWMFDCR	F7H	INVCMP	INVIO	ENFD	FLTFIO	EFDI	FDCMP	FDIO	FDIF

EFDI：PWM外部异常事件中断允许位。

0：禁止PWM外部异常事件中断

1：允许PWM外部异常事件中断

注意：这里只介绍了与中断控制有关的位。

8. 增强型PWM控制寄存器（见表6-11）

表6-11　增强型PWM控制寄存器

符号	地址	B7	B6	B5	B4	B3	B2	B1	B0
PWM0CR	FF04H	ENC0O	C0INI	—	C0_S[1:0]		EC0I	EC0T2SI	EC0T1SI
PWM1CR	FF14H	ENC1O	C1INI	—	C1_S[1:0]		EC1I	EC1T2SI	EC1T1SI
PWM2CR	FF24H	ENC2O	C2INI	—	C2_S[1:0]		EC2I	EC2T2SI	EC2T1SI
PWM3CR	FF34H	ENC3O	C3INI	—	C3_S[1:0]		EC3I	EC3T2SI	EC3T1SI
PWM4CR	FF44H	ENC4O	C4INI	—	C4_S[1:0]		EC4I	EC4T2SI	EC4T1SI
PWM5CR	FF54H	ENC5O	C5INI	—	C5_S[1:0]		EC5I	EC5T2SI	EC5T1SI
PWM6CR	FF64H	ENC6O	C6INI	—	C6_S[1:0]		EC6I	EC6T2SI	EC6T1SI
PWM7CR	FF74H	ENC7O	C7INI	—	C7_S[1:0]		EC7I	EC7T2SI	EC7T1SI

①EC*n*I：PWM通道*n*电平翻转中断允许位。

0：禁止第*n*通道PWM中断。

1：允许第*n*通道PWM中断。

②EC*n*T2SI：PWM通道*n*第2个翻转点中断允许位。

0：禁止第*n*通道PWM的第2个翻转点中断

1：允许第*n*通道PWM的第2个翻转点中断

③EC*n*T1SI：PWM通道*n*第1个翻转点中断允许位。

0：禁止第*n*通道PWM的第1个翻转点中断

1：允许第*n*通道PWM的第1个翻转点中断

注意：这里只介绍了与中断控制有关的位。

9. I^{2}C控制寄存器（见表6-12）

表6-12 I^{2}C控制寄存器

符号	地址	B7	B6	B5	B4	B3	B2	B1	B0
I2CMSCR	FE81H	EMSI	—	—	—	—	MSCMD[2:0]		
I2CSLCR	FE83H	—	ESTAI	ERXI	ETXI	ESTOI	—	—	SLRST

①EMSI：I^{2}C主机模式中断允许位。

0：禁止I^{2}C主机模式中断。

1：允许I^{2}C主机模式中断。

②ESTAI：I^{2}C从机接收START事件中断允许位。

0：禁止I^{2}C从机接收START事件中断。

1：允许I^{2}C从机接收START事件中断。

③ERXI：I^{2}C从机接收数据完成事件中断允许位。

0：禁止I^{2}C从机接收数据完成事件中断。

1：允许I^{2}C从机接收数据完成事件中断。

④ETXI：I^{2}C从机发送数据完成事件中断允许位。

0：禁止I^{2}C从机发送数据完成事件中断。

1：允许I^{2}C从机发送数据完成事件中断。

⑤ESTOI：I^{2}C从机接收STOP事件中断允许位。

0：禁止I^{2}C从机接收STOP事件中断。

1：允许I^{2}C从机接收STOP事件中断。

任何一个中断若要处于允许状态，必须满足两个条件：一是总中断（CPU中断）允许位EA为1；二是该中断的中断允许位为1。

注意：这里只介绍了与中断控制有关的位。

单元五　中断请求寄存器（中断标志位）

一个完整的中断过程包括中断请求、中断响应、中断服务与中断返回四个阶段。每一个中断的产生都是由中断源触发的，产生中断请求标志，向CPU申请中断。具体控制寄存器如下：

1. 定时器控制寄存器（见表6-13）

表6-13 定时器控制寄存器

符号	地址	B7	B6	B5	B4	B3	B2	B1	B0
TCON	88H	TF1	TR1	TF0	TR0	IE1	IT1	IE0	IT0

①TF1：定时器T1溢出中断标志。中断服务程序中，硬件自动清零。

②TF0：定时器T0溢出中断标志。中断服务程序中，硬件自动清零。

③IE1：外部中断1中断请求标志。中断服务程序中，硬件自动清零。

④IE0：外部中断0中断请求标志。中断服务程序中，硬件自动清零。

注意：这里只介绍了与中断控制有关的位。

2. **中断标志辅助寄存器**（见表6-14）

表6-14　中断标志辅助寄存器

符号	地址	B7	B6	B5	B4	B3	B2	B1	B0
AUXINTIF	EFH	—	INT4IF	INT3IF	INT2IF	—	T4IF	T3IF	T2IF

①INT4IF：外部中断T4中断请求标志，需要软件清零。

②INT3IF：外部中断T3中断请求标志，需要软件清零。

③INT2IF：外部中断T2中断请求标志，需要软件清零。

④T4IF：定时器T4溢出中断标志，需要软件清零。

⑤T3IF：定时器T3溢出中断标志，需要软件清零。

⑥T2IF：定时器T2溢出中断标志，需要软件清零。

3. **串口控制寄存器**（见表6-15）

表6-15　串口控制寄存器

符号	地址	B7	B6	B5	B4	B3	B2	B1	B0
SCON	98H	SM0/FE	SM1	SM2	REN	TB8	RB8	TI	RI
S2CON	9AH	S2SM0	—	S2SM2	S2REN	S2TB8	S2RB8	S2TI	S2RI
S3CON	ACH	S3SM0	S3ST3	S3SM2	S3REN	S3TB8	S3RB8	S3TI	S3RI
S4CON	84H	S4SM0	S4ST4	S4SM2	S4REN	S4TB8	S4RB8	S4TI	S4RI

①TI：串口1发送完成中断请求标志，需要软件清零。

②RI：串口1接收完成中断请求标志，需要软件清零。

③S2TI：串口2发送完成中断请求标志，需要软件清零。

④S2RI：串口2接收完成中断请求标志，需要软件清零。

⑤S3TI：串口3发送完成中断请求标志，需要软件清零。

⑥S3RI：串口3接收完成中断请求标志，需要软件清零。

⑦S4TI：串口4发送完成中断请求标志，需要软件清零。

⑧S4RI：串口4接收完成中断请求标志，需要软件清零。

注意：这里只介绍了与中断控制有关的位。

4. **电源管理寄存器**（见表6-16）

表6-16　电源管理寄存器

符号	地址	B7	B6	B5	B4	B3	B2	B1	B0
PCON	87H	SMOD	SMOD0	LVDF	POF	GF1	GF0	PD	IDL

LVDF：低压检测中断请求标志，需要软件清零。

5. ADC控制寄存器（见表6-17）

表6-17 ADC控制寄存器

符号	地址	B7	B6	B5	B4	B3	B2	B1	B0
ADC_CONTR	BCH	ADC_POWER	ADC_START	ADC_FLAG	—	ADC_CHS[3:0]			

ADC_FLAG：ADC转换完成中断请求标志，需要软件清零。

6. SPI状态寄存器（见表6-18）

表6-18 SPI状态寄存器

符号	地址	B7	B6	B5	B4	B3	B2	B1	B0
SPSTAT	CDH	SPIF	WCOL	—	—	—	—	—	—

SPIF：SPI数据传输完成中断请求标志，需要软件清零。

7. PCA控制寄存器（见表6-19）

表6-19 PCA控制寄存器

符号	地址	B7	B6	B5	B4	B3	B2	B1	B0
CCON	D8H	CF	CR	—	—	CCF3	CCF2	CCF1	CCF0

①CF：PCA计数器中断请求标志，需要软件清零。
②CCF3：PCA模块3中断请求标志，需要软件清零。
③CCF2：PCA模块2中断请求标志，需要软件清零。
④CCF1：PCA模块1中断请求标志，需要软件清零。
⑤CCF0：PCA模块0中断请求标志，需要软件清零。

8. 比较器控制寄存器1（见表6-20）

表6-20 比较器控制寄存器1

符号	地址	B7	B6	B5	B4	B3	B2	B1	B0
CMPCR1	E6H	CMPEN	CMPIF	PIE	NIE	PIS	NIS	CMPOE	CMPRES

CMPIF：比较器中断请求标志，需要软件清零。

9. 增强型PWM配置寄存器（见表6-21）

表6-21 增强型PWM配置寄存器

符号	地址	B7	B6	B5	B4	B3	B2	B1	B0
PWMCFG	F1H	CBIF	ETADC	—	—	—	—	—	—

CBIF：增强型PWM计数器中断请求标志，需要软件清零。

10. 增强型PWM中断标志寄存器（见表6-22）

表6-22 增强型PWM中断标志寄存器

符号	地址	B7	B6	B5	B4	B3	B2	B1	B0
PWMIF	F6H	C7IF	C6IF	C5IF	C4IF	C3IF	C2IF	C1IF	C0IF

①C7IF：增强型PWM通道7中断请求标志，需要软件清零。
②C6IF：增强型PWM通道6中断请求标志，需要软件清零。
③C5IF：增强型PWM通道5中断请求标志，需要软件清零。
④C4IF：增强型PWM通道4中断请求标志，需要软件清零。
⑤C3IF：增强型PWM通道3中断请求标志，需要软件清零。
⑥C2IF：增强型PWM通道2中断请求标志，需要软件清零。
⑦C1IF：增强型PWM通道1中断请求标志，需要软件清零。
⑧C0IF：增强型PWM通道0中断请求标志，需要软件清零。

11. 增强型PWM异常检测控制寄存器（见表6-23）

表6-23　增强型PWM异常检测控制寄存器

符号	地址	B7	B6	B5	B4	B3	B2	B1	B0
PWMFDCR	F7H	INVCMP	INVIO	ENFD	FLTFLIO	EFDI	FDCMP	FDIO	FDIF

FDIF：增强型PWM异常检测中断请求标志，需要软件清零。

12. I^{2}C状态寄存器（见表6-24）

表6-24　I^{2}C状态寄存器

符号	地址	B7	B6	B5	B4	B3	B2	B1	B0
I2CMSST	FE82H	MSBUBY	MSIF	—	—	—	—	MSACKI	MSACKO
I2CSLST	FE84H	SLBUSY	STAIF	RXIF	TXIF	STOIF	TXING	SLACKI	SLACKO

①MSIF：I^{2}C主机模式中断请求标志，需要软件清零。
②STAIF：I^{2}C从机接收START事件中断请求标志，需要软件清零。
③RXIF：I^{2}C从机接收数据完成事件中断请求标志，需要软件清零。
④TXIF：I^{2}C从机发送数据完成事件中断请求标志，需要软件清零。
⑤STOIF：I^{2}C从机接收STOP事件中断请求标志，需要软件清零。

单元六　中断优先级控制寄存器

STC8单片机中断等级分为四级：0、1、2、3。系统复位后，所有的中断优先管理控制位全部清零，所有中断源均设置为低优先级。如果同一优先级的中断源同时向CPU申请中断，CPU通过内部硬件查询逻辑，按自然优先级顺序确定先响应哪个中断。自然优先级由内部硬件电路形成，排列如下：

中断源　　　　　　　　　　最高
外部中断0
定时器T0中断
外部中断1
定时器T1中断
串行口1中断
↓

A/D转换中断
LVD中断
PCA中断
串行口2中断
SPI中断
外部中断2
外部中断3
定时器T2中断
外部中断4
串行口3中断
串行口4中断
定时器T3中断
定时器T4中断
比较器中断
PWM中断
PWM异常中断 ↓ 最低

中断优先级控制寄存器见表6-25。

表6-25 中断优先级控制寄存器

符号	地址	B7	B6	B5	B4	B3	B2	B1	B0
IP	B8H	PPCA	PLVD	PADC	PS	PT1	PX1	PT0	PX0
IPH	B7H	PPCAH	PLVDH	PADCH	PSH	PT1H	PX1H	PT0H	PX0H
IP2	B5H	—	PI2C	PCMP	PX4	PPWMFD	PPWM	PSPI	PS2
IP2H	B6H	—	PI2CH	PCMPH	PX4H	PPWMFDH	PPWMH	PSPIH	PS2H

①PX0H、PX0：外部中断0中断优先级控制位。
00：INT0中断优先级为0级（最低级）。
01：INT0中断优先级为1级（较低级）。
10：INT0中断优先级为2级（较高级）。
11：INT0中断优先级为3级（最高级）。
②PT0H、PT0：定时器T0中断优先级控制位。
00：定时器T0中断优先级为0级（最低级）。
01：定时器T0中断优先级为1级（较低级）。
10：定时器T0中断优先级为2级（较高级）。
11：定时器T0中断优先级为3级（最高级）。
③PX1H、PX1：外部中断1中断优先级控制位。
00：INT1中断优先级为0级（最低级）。
01：INT1中断优先级为1级（较低级）。
10：INT1中断优先级为2级（较高级）。
11：INT1中断优先级为3级（最高级）。
④PT1H、PT1：定时器T1中断优先级控制位。

00：定时器T1中断优先级为0级（最低级）。
01：定时器T1中断优先级为1级（较低级）。
10：定时器T1中断优先级为2级（较高级）。
11：定时器T1中断优先级为3级（最高级）。
⑤PSH、PS：串口1中断优先级控制位。
00：串口1中断优先级为0级（最低级）。
01：串口1中断优先级为1级（较低级）。
10：串口1中断优先级为2级（较高级）。
11：串口1中断优先级为3级（最高级）。
⑥PADCH、PADC：ADC中断优先级控制位。
00：ADC中断优先级为0级（最低级）。
01：ADC中断优先级为1级（较低级）。
10：ADC中断优先级为2级（较高级）。
11：ADC中断优先级为3级（最高级）。
⑦PLVDH、PLVD：低压检测中断优先级控制位。
00：LVD中断优先级为0级（最低级）。
01：LVD中断优先级为1级（较低级）。
10：LVD中断优先级为2级（较高级）。
11：LVD中断优先级为3级（最高级）。
⑧PPCAH、PPCA：CCP/PCA/PWM中断优先级控制位。
00：CCP/PCA/PWM中断优先级为0级（最低级）。
01：CCP/PCA/PWM中断优先级为1级（较低级）。
10：CCP/PCA/PWM中断优先级为2级（较高级）。
11：CCP/PCA/PWM中断优先级为3级（最高级）。
⑨PS2H、PS2：串口2中断优先级控制位。
00：串口2中断优先级为0级（最低级）。
01：串口2中断优先级为1级（较低级）。
10：串口2中断优先级为2级（较高级）。
11：串口2中断优先级为3级（最高级）。
⑩PSPIH、PSPI：SPI中断优先级控制位。
00：SPI中断优先级为0级（最低级）。
01：SPI中断优先级为1级（较低级）。
10：SPI中断优先级为2级（较高级）。
11：SPI中断优先级为3级（最高级）。
⑪PPWMH、PPWM：增强型PWM中断优先级控制位。
00：增强型PWM中断优先级为0级（最低级）。
01：增强型PWM中断优先级为1级（较低级）。
10：增强型PWM中断优先级为2级（较高级）。
11：增强型PWM中断优先级为3级（最高级）。
⑫PPWMFDH、PPWMFD：增强型PWM异常检测中断优先级控制位。
00：PPWMFD中断优先级为0级（最低级）。

01：PPWMFD中断优先级为1级（较低级）。
10：PPWMFD中断优先级为2级（较高级）。
11：PPWMFD中断优先级为3级（最高级）。
⑬PX4H、PX4：外部中断4中断优先级控制位。
00：外部中断4中断优先级为0级（最低级）。
01：外部中断4中断优先级为1级（较低级）。
10：外部中断4中断优先级为2级（较高级）。
11：外部中断4中断优先级为3级（最高级）。
⑭PCMPH、PCMP：比较器中断优先级控制位。
00：CMP中断优先级为0级（最低级）。
01：CMP中断优先级为1级（较低级）。
10：CMP中断优先级为2级（较高级）。
11：CMP中断优先级为3级（最高级）。
⑮PI2CH、PI2C：I^2C中断优先级控制位。
00：I^2C中断优先级为0级（最低级）。
01：I^2C中断优先级为1级（较低级）。
10：I^2C中断优先级为2级（较高级）。
11：I^2C中断优先级为3级（最高级）。

单元七　中断应用实训

6.7.1 实训1——外部中断0应用

使用STC8配套实验板，选择IRC频率：12.000 MHz。按INT0键进入外部中断0中断函数，实现灯LED1高低电平翻转。原理图如图6-4所示。

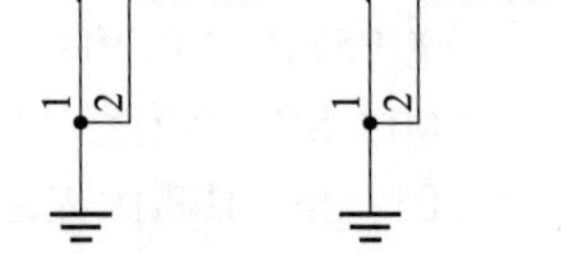

图6-4　外部中断原理图

通过原理图，可以看到按键INT0与单片机的P3.2引脚相连，按键INT1与单片机P3.3引脚相连。

分析：STC8实验板有五个外部中断，即外部中断0、外部中断1、外部中断2、外部中断3、外部中断4。外部中断触发方式有两种：一种是下降沿触发，即ITx=1（x=0或1或2或3或4）；另一种是跳变沿触发（上升沿和下降沿），即ITx=0。对于外部中断0或1设置为跳变沿触发时，当按一次INT0或INT1按键，会出现多次进入外部中断函数的现象。为了解决这种现象，加了按键消抖。

中断响应条件：
①中断源有中断请求。
②此中断源的中断允许位为1。
③CPU开中断（即EA=1）。
以上三个条件同时满足时，CPU才有可能响应中断。
主程序代码如下：

```
#include<stc8.h>
sbit LED1=P6^0;          //位声明，定义LED1为第一个LED灯
sbit INT0=P3^2;                                        //外部中断0按键
/**********************************
* @函数名：Delay_ms
* @描述：毫秒级延时
* @参数：延时xms毫秒
* @返回值：无
**********************************/
void Delay_ms(unsigned int xms)                        //晶振：12 MHz
{
    unsigned int i,j;
    for(i=xms;i>0;i--)
    {
        for(j=921;j>0;j--);
    }
}
/**********************************
* @函数名：PortInit
* @描述：端口模式配置
* @参数：无
* @返回值：无
**********************************/
void PortInit(void)
{
    P0M1=0X00;P0M0=0X00;                               //都配置为准双向口
    P1M1=0X00;P1M0=0X00;
    P2M1=0X00;P2M0=0X00;
    P3M1=0X00;P3M0=0X00;
    P4M1=0X00;P4M0=0X00;
    P5M1=0X00;P5M0=0X00;
    P6M1=0X00;P6M0=0X00;
    P7M1=0X00;P7M0=0X00;
}
/**********************************
* @函数名：Int0_init
* @描述：外部中断0初始化
* @参数：无
* @返回值：无
**********************************/
void Int0_init(void)
{
    IE0=0;                                             //清外部中断0请求标志
    IT0=1;                                             //使能INT0下降沿触发
    EX0=1;                                             //使能INT0中断
    EA=1;                                              //开启总中断
}
/**********************************
* @函数名：main
* @描述：测试外部中断0
* @参数：无
* @返回值：无
**********************************/
```

```
void main(void)
{
    PortInit();                                  //端口初始化
    Int0_init();                                 //初始化外部中断0
    while(1);
}

/**********************************
* @函数名: INT0_Isr
* @描述: 外部中断
* @参数: 无
* @返回值: 无
**********************************/
void INT0_Isr() interrupt 0 using 1
{
    if(INT0==0)
    {
        Delay_ms(10);                            //按键消抖
        if(INT0==0)
        {
            LED1=~LED1;                          //实现第1个LED灯高低电平翻转
        }
        while(!INT0);                            //等待按键抬起
    }
}
```

6.7.2 实训2——外部中断2应用

使用STC8实验板，用一根杜邦线将P0.0引脚与P3.6引脚相连，选择IRC频率12 MHz。下载完成后，按独立按键1，进入外部中断2中断函数，实现第一个LED灯电平翻转。

P3.6引脚是外部中断2的触发引脚，把它与独立按键1（P0.0引脚）相连，通过独立按键1产生下降沿，间接使P3.6引脚产生下降沿，从而触发外部中断2中断。

分析参考实训1。

主程序代码如下：

```
#include<stc8.h>
#include "int2.h"
sbit LED1=P6^0;                                  //位声明，定义LED1为第1个LED灯
sbit keyCtrol=P0^7;                              //独立按键总开关
sbit key1=P0^0;                                  //独立按键1
/**********************************
* @函数名: Delay_ms
* @描述: 毫秒级延时
* @参数: 延时xms毫秒
* @返回值: 无
**********************************/
void Delay_ms(unsigned int xms)                  //晶振: 12 MHz
{
    unsigned int i,j;
    for(i=xms;i>0;i--)
        for(j=921;j>0;j--);
```

```
}
/**********************************
* @函数名：PortInit
* @描述：端口模式配置
* @参数：无
* @返回值：无
**********************************/
void PortInit()
{
    P0M1=0X00;P0M0=0X00;                    //配置为准双向口
    P1M1=0X00;P1M0=0X00;
    P2M1=0X00;P2M0=0X00;
    P3M1=0X00;P3M0=0X00;
    P4M1=0X00;P4M0=0X00;
    P5M1=0X00;P5M0=0X00;
    P6M1=0X00;P6M0=0X00;
    P7M1=0X00;P7M0=0X00;
}
/**********************************
* @函数名：main
* @描述：测试外部中断2
* @参数：无
* @返回值：无
 **********************************/
void main()
{
    keyCtrol=0;                             //开独立按键总开关
    PortInit();                             //端口初始化
    int2Init();                             //外部中断2初始化
    while(1);
}

/**********************************
* @函数名：int2Init
* @描述：外部中断2初始化
* @参数：无
* @返回值：无
**********************************/
void int2Init(void)
{
    INTCLKO=EX2;                            //使能INT2中断
    EA=1;
}
/**********************************
* @函数名：INT2_Isr
* @描述：外部中断2
* @参数：无
* @返回值：无
**********************************/
void INT2_Isr() interrupt 10 using1
{
    if(key1==0)
```

```
        {
            Delay_ms(10);
            if(key1==0)
            {
                LED1=~LED1;         //进入外部中断2后，将LED1灯电平翻转，实现亮或灭
            }
            while(!key1);
        }
    }
```

小　　结

中断是单片机乃至计算机系统中非常重要的工作方式，它可以帮助单片机在无操作系统的情况下实现一定的并行运行的能力。本模块详细介绍了单片机中断系统的工作原理，要着重理解中断系统的各个重要概念，包括中断源、中断响应、中断返回、中断服务程序等。本模块就STC8系列单片机中断系统的具体情况介绍了STC8系列单片机中断源、中断系统软硬件结构及相关中断寄存器，并通过外部中断0和外部中断1给出了中断应用实训。

习　　题

1. 简述单片机中断系统的工作过程。
2. 简述STC8单片机中断系统软硬件结构。
3. 简述STC8单片机中断服务函数结构及编写方法。
4. 编程通过中断方式实现对外部中断0引脚输入的脉冲信号进行计数。
5. 通过Proteus设计电路在外部中断1引脚上连接按键，编程通过中断方式实现按键对流水灯状态的控制。

模块七
定时器/计数器

学习导航

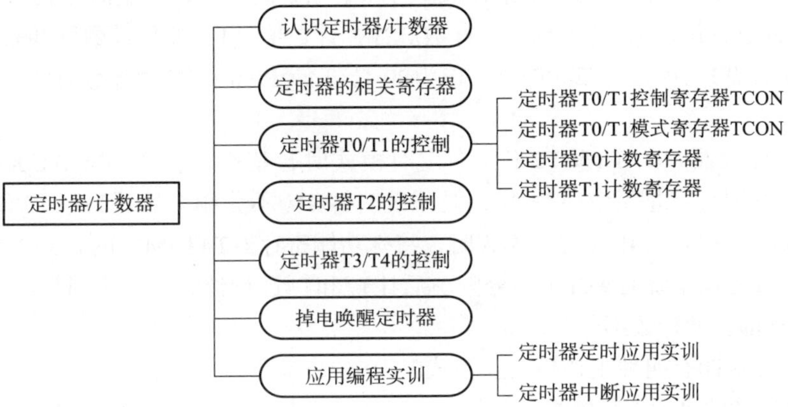

学习及素养目标

- 理解定时器计数器的基本原理。
- 掌握定时器计数器的结构和工作方式。
- 掌握编写定时器计数器的应用程序的基本方法。
- 利用定时器计数器工作原理进行单片机项目规划与实施。

在控制系统中，经常要求有一些定时或延时控制，如定时输出、定时检测和定时扫描等；也要求有计数功能，能对外部事件进行计数。实现以上功能，通常使用的方式有三种：软件延时、硬件定时、可编程的定时器。软件延时占用了CPU时间，降低了CPU的利用率。硬件定时采用时基电路（如555定时芯片），外接必要的元器件（电阻和电容），可构成硬件定时电路。这种定时电路在硬件连接好以后，定时值和定时范围不能由软件控制和修改，即不可编程。可编程的定时器可以很容易地利用软件来确定和修改，因此功能强，使用灵活。

实际应用中，可编程的定时器使用最多，本模块主要讲解STC8单片机内部的定时器/计数器的工作原理，以及相关寄存器的配置，结合开发板资源，将定时/计数功能应用到单片机开发项目中，有利于读者充分了解其原理，掌握其应用。

单元一　认识定时器/计数器

STC8系列单片机内部设置了五个16位定时器/计数器：T0、T1、T2、T3和T4，都具有计数方式和定时方式两种工作方式。

对定时器/计数器T0和T1，用它们在特殊功能寄存器TMOD中相应的控制位C/T选择T0或T1为定时器还是计数器。对定时器/计数器T2，用特殊功能寄存器AUXR中的控制位T2_C/T选择T2为定时器还是计数器。对定时器/计数器T3，用特殊功能寄存器T4T3M中的控制位T3_C/T选择T3为定时器还是计数器。对定时器/计数器T4，用特殊功能寄存器T4T3M中的控制位T4_C/T选择T4为定时器还是计数器。定时器/计数器的核心部件是一个加法计数器，其本质是对脉冲进行计数。只是计数脉冲来源不同：如果计数脉冲来自系统时钟，则为定时方式，此时定时器/计数器每12个时钟或者每1个时钟得到一个计数脉冲，计数值加1；如果计数脉冲来自单片机外部引脚（T0为P3.4，T1为P3.5，T2为P1.2，T3为P0.4，T4为P0.6），则为计数方式，每来一个脉冲加1。

当定时器/计数器T0、T1及T2工作在定时模式时，特殊功能寄存器AUXR中的T0x12、T1x12和T2x12分别决定是系统时钟/12还是系统时钟/1（不分频）后让T0、T1和T2进行计数。当定时器/计数器T3和T4工作在定时模式时，特殊功能寄存器T4T3M中的T3x12和T4x12分别决定是系统时钟/12还是系统时钟/1（不分频）后让T3和T4进行计数。当定时器/计数器工作在计数模式时，对外部脉冲计数不分频。

定时器/计数器T0有四种工作模式：模式0（16位自动重装载模式）、模式1（16位不可重装载模式）、模式2（8位自动重装模式）、模式3（不可屏蔽中断的16位自动重装载模式）。定时器/计数器T1除模式3外，其他工作模式与定时器/计数器T0相同。T1在模式3时无效，停止计数。定时器T2的工作模式固定为16位自动重装载模式。T2既可以当定时器使用，也可以当串口的波特率发生器和可编程时钟输出。定时器T3、定时器T4与定时器T2一样，它们的工作模式固定为16位自动重装载模式。T3/T4可以当定时器使用，也可以当串口的波特率发生器和可编程时钟输出。

单元二　定时器的相关寄存器

STC8单片机定时/计数相关的控制寄存器见表7-1。

表7-1　STC8单片机定时/计数相关的控制寄存器

符号	描述	地址	B7	B6	B5	B4	B3	B2	B1	B0	复位值
TCON	定时器控制寄存器	88H	TF1	TR1	TF0	TR0	IE1	IT1	IE0	IT0	0000 0000
TMOD	定时器模式寄存器	89H	GATE	C/T	M1	M0	GATE	C/T	M1	M0	0000 0000
TL0	定时器T0低8位寄存器	8AH	—	—	—	—	—	—	—	—	0000 0000

续表

符号	描述	地址	B7	B6	B5	B4	B3	B2	B1	B0	复位值
TL1	定时器T1低8位寄存器	8BH	—	—	—	—	—	—	—	—	0000 0000
TH0	定时器T0高8位寄存器	8CH	—	—	—	—	—	—	—	—	0000 0000
TH1	定时器T1高8位寄存器	8DH	—	—	—	—	—	—	—	—	0000 0000
AUXR	辅助寄存器1	8EH	T0x12	T1x12	UART_M0x6	T2R	T2_C/T	T2x12	EXTRAM	S1ST2	0000 0001
INTCLKO	中断与时钟输出控制寄存器	8FH	—	EX4	EX3	EX2	—	T2CLKO	T1CLKO	T0CLKO	x000 x000
WKTCL	掉电唤醒定时器低字节	AAH	—	—	—	—	—	—	—	—	1111 1111
WKTCH	掉电唤醒定时器高字节	ABH	WKTEN	—	—	—	—	—	—	—	0111 1111
T4T3M	定时器T4/T3控制寄存器	D1H	T4R	T4_C/T	T4x12	T4CLKO	T3R	T3_C/T	T3x12	T3CLKO	0000 0000
T4H	定时器T4高字节	D2H	—	—	—	—	—	—	—	—	0000 0000
T4L	定时器T4低字节	D3H	—	—	—	—	—	—	—	—	0000 0000
T3H	定时器T3高字节	D4H	—	—	—	—	—	—	—	—	0000 0000
T3L	定时器T3低字节	D5H	—	—	—	—	—	—	—	—	0000 0000
T2H	定时器T2高字节	D6H	—	—	—	—	—	—	—	—	0000 0000
T2L	定时器T2低字节	D7H	—	—	—	—	—	—	—	—	0000 0000

单元三 定时器T0/T1的控制

7.3.1 定时器T0/T1控制寄存器TCON

定时器T0/T1控制寄存器TCON见表7-2。

表7-2 定时器T0/T1控制寄存器TCON

符号	地址	B7	B6	B5	B4	B3	B2	B1	B0
TCON	88H	TF1	TR1	TF0	TR0	IE1	IT1	IE0	IT0

①TF1：T1溢出中断标志。T1被允许计数以后，从初值开始加1计数。当产生溢出时由硬件将TF1位置“1”，并向CPU请求中断，一直保持到CPU响应中断时，才由硬件清“0”（也可由查询软件清“0”）。

②TR1：定时器T1的运行控制位，该位由软件置位和清零。当GATE(TMOD.7)=0，TR1=1时就允许T1开始计数，TR1=0时禁止T1计数。当GATE(TMOD.7)=1，TR1=1且INT1输入高电平时，才允许T1计数。

③TF0：T0溢出中断标志。T0被允许计数以后，从初值开始加1计数，当产生溢出时，由硬件置“1”TF0，向CPU请求中断，一直保持CPU响应该中断时，才由硬件清0（也可由查询软件清0）。

④TR0：定时器T0的运行控制位。该位由软件置位和清零。当GATE(TMOD.3)=0，TR0=1时就允许T0开始计数，TR0=0时禁止T0计数。当GATE(TMOD.3)=1，TR0=1且INT0输入高电平时，才允许T0计数，TR0=0时禁止T0计数。

⑤IE1：外部中断1请求源（INTI/P3.3）标志。IE1=1，外部中断向CPU请求中断，当CPU响应该中断时由硬件清“0”IE1。

⑥IT1：外部中断源1触发控制位。IT1=0，上升沿或下降沿均可触发外部中断1。IT1=1，外部中断1程控为下降沿触发方式。

⑦IE0：外部中断0请求源（INT0/P3.2）标志。IE0=1外部中断0向CPU请求中断，当CPU响应外部中断时，由硬件清“0”IE0（边沿触发方式）。

⑧IT0：外部中断源0触发控制位。IT0=0，上升沿或下降沿均可触发外部中断0。IT0=1，外部中断0程控为下降沿触发方式。

7.3.2 定时器T0/T1模式寄存器TCON

定时器T0/T1模式寄存器见表7-3。

表7-3 定时器T0/T1模式寄存器

符号	地址	B7	B6	B5	B4	B3	B2	B1	B0
TMOD	89H	T1_GATE	T1_C/T	T1_M1	T1_M0	T0_GATE	T0_C/T	T0_M1	T0_M0

①T1_GATE：控制定时器T1，置1时只有在INT1引脚为高电平及TR1控制位置1时才可打开定时器/计数器1。

②T0_GATE：控制定时器T0，置1时只有在INT0引脚为高电平及TR0控制位置1时才可打开定时器/计数器0。

③T1_C/T：控制定时器T1用作定时器或计数器，清0则用作定时器（对内部系统时钟进行计数），置1用作计数器（对引脚T1/P3.5外部脉冲进行计数）。

④T0_C/T：控制定时器T0用作定时器或计数器，清0则用作定时器（对内部系统时钟进行计数），置1用作计数器（对引脚T0/P3.4外部脉冲进行计数）。

⑤T1_M1/T1_M0：定时器/计数器T1工作方式选择，见表7-4。

表7-4 定时器/计数器T1工作方式选择

T1_M1	T1_M0	工作方式	定时器/计数器T1工作方式
0	0	方式0	16位自动重载模式：当[TH1,TL1]中的16位计数值溢出时，系统会自动将内部16位重载寄存器中的重载值载入[TH1,TL1]中

续表

T1_M1	T1_M0	工作方式	定时器/计数器T1工作方式
0	1	方式1	16位不自动重载模式：当[TH1,TL1]中的16位计数值溢出时，定时器1将从0开始计数
1	0	方式2	8位自动重载模式：当TL1中的8位计数值溢出时，系统会自动将TH1中的重载值装入TL1中
1	1	方式3	T1停止工作

⑥T0_M1/T0_M0：定时器/计数器T0工作方式选择，见表7-5。

表7-5　定时器/计数器T0工作方式选择

T0_M1	T0_M0	工作方式	定时器/计数器T1工作方式
0	0	方式0	16位自动重载模式：当[TH0,TL0]中的16位计数值溢出时，系统会自动将内部16位重载寄存器中的重载值载入[TH0,TL0]中
0	1	方式1	16位不自动重载模式：当[TH0,TL0]中的16位计数值溢出时，定时器0将从0开始计数
1	0	方式2	8位自动重载模式：当TL0中的8位计数值溢出时，系统会自动将TH0中的重载值装入TL0中
1	1	方式3	16位自动重载模式：与模式0相同，产生不可屏蔽中断

7.3.3　定时器T0计数寄存器

定时器T0计数寄存器见表7-6。

表7-6　定时器T0计数寄存器

符号	地址	B7	B6	B5	B4	B3	B2	B1	B0
TL0	8AH								
TH0	8CH								

当定时器/计数器T0工作在16位模式（模式0、模式1、模式3）时，即TL0和TH0组合成为一个16位寄存器，TL0为低字节，TH0为高字节。若为8位模式（模式2）时，TL0和TH0为两个独立的8位寄存器。

7.3.4　定时器T1计数寄存器

定时器T1计数寄存器见表7-7。

表7-7　定时器T1计数寄存器

符号	地址	B7	B6	B5	B4	B3	B2	B1	B0
TL1	8BH								
TH1	8DH								

当定时器/计数器T1工作在16位模式（模式0、模式1）时，即TL1和TH1组合成一个16位寄存器，TL1为低字节，TH1为高字节。当为8位模式（模式2）时，TL1和TH1为两个独立的8位寄存器。

辅助寄存器（AUXR）的T0x12、T1x12用于设置T0、T1定时计数脉冲的分频系数，格式见表7-8。

表7-8 辅助寄存器（AUXR）

符号	地址	B7	B6	B5	B4	B3	B2	B1	B0
AUXR	8EH	T0x12	T1x12	UART_M0x6	T2R	T2_C/T	T2x12	EXTRAM	S1ST2

①T0x12：定时器0速度控制位。

0：12T模式，即CPU时钟12分频（FOSC/12）。

1：1T模式，即CPU时钟不分频（FOSC/1）。

②T1x12：定时器1速度控制位。

0：12T模式，即CPU时钟12分频（FOSC/12）。

1：1T模式，即CPU时钟不分频（FOSC/1）。

用户如果需要使用T0工作在定时方式（T1的计算方式相同），定时时间的计算公式如下：

$$定时时间=（2^{16}-T0定时器的初始值）\times 系统时钟周期 \times 12（1-T0x12）$$

假如用户需要5 ms的定时，采用定时器T0工作在模式0，结合中断系统，对T0进行初始化配置如下：

```
void Timer0Init(void)                    //5 ms@12.000 MHz
{
    AUXR|=0x80;                          //定时器时钟1T模式
    TMOD&=0xF0;                          //设置定时器模式（16位自动重装载）
    TL0=0xA0;                            //设置定时初值(15A0)H=(5536)D
    TH0=0x15;                            //(65536-5536)×(1/12M)=5000 μs=5 ms
    TF0=0;                               //清除TF0标志
    TR0=1;                               //定时器T0开始计时
    ET0=1;                               //使能定时器T0中断
    EA=1;                                //开总中断
}
```

T0、T1两个定时器的可编程时钟的输出由中断与时钟输出控制寄存器（INTCLKO）控制，具体见表7-9。

表7-9 INTCLKO控制寄存器

符号	地址	B7	B6	B5	B4	B3	B2	B1	B0
INTCLKO	8FH	—	EX4	EX3	EX2	—	T2CLKO	T1CLKO	T0CLKO

①T0CLKO：定时器T0时钟输出控制。

0：关闭时钟输出。

1：使能P3.5口的是定时器T0时钟输出功能。

当定时器T0计数发生溢出时，P3.5口的电平自动发生翻转。

②T1CLKO：定时器T1时钟输出控制。

0：关闭时钟输出。

1：使能P3.4口的是定时器T1时钟输出功能。

当定时器T1计数发生溢出时，P3.4口的电平自动发生翻转。

假设用户需要使用定时器T0的时钟分频输出，使用STC8实验板从P3.5引脚依次输出约32.7 ms的高电平和32.7 ms的低电平，采用定时器T0的模式0（16位自动重装载），初值是65 536的一半，当定时器T0计数发生溢出时，P3.5口的电平自动发生翻转。通过逻辑分析仪查看结果。

程序如下：

```
#include<stc8.h>
void main()
{
    TMOD=0x00;                          //模式0
    TL0=0x00;                           //(32768)D=(8000)H=(65536/2)D
    TH0=0x80;
    TR0=1;                              //启动定时器
    INTCLKO=0x01;                       //使能时钟输出
    while (1);
}
```

T0分频输出如图7-1所示。

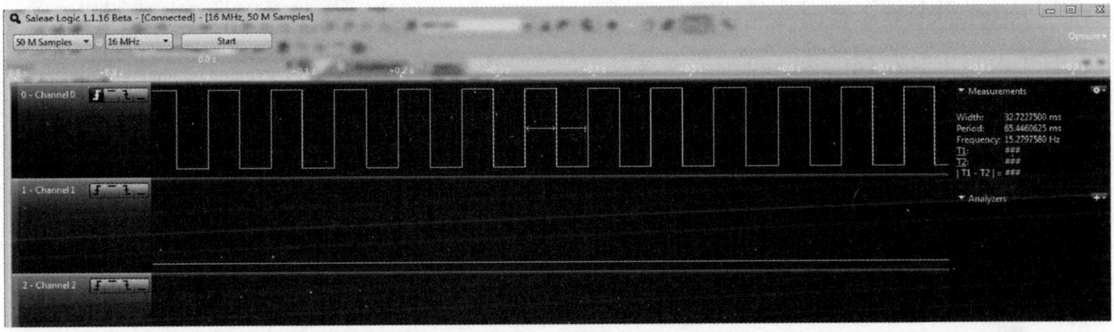

图7-1　T0分频输出图

单元四　定时器T2的控制

定时器T2的控制在辅助寄存器AUXR，具体参考表7-10。

表7-10　定时器T2计数器寄存器

符号	地址	B7	B6	B5	B4	B3	B2	B1	B0
T2L	D7H								
T2H	D6H								

定时器/计数器T2的工作模式固定为16位重载模式，T2L和T2H组合成一个16位寄存器，T2L为低字节，T2H为高字节。当[T2H,T2L]中的16位计数值溢出时，系统会自动将内部16位重载寄存器中的重载值装入[T2H,T2L]中。

假如用户需要5 ms的定时，采用定时器T2，结合中断系统，对T2初始化配置如下：

```
void Timer2Init(void)                   //5 ms@12.000 MHz
{
```

```
    AUXR|=0x04;                    //定时器时钟1T模式
    T2L=0xA0;                      //设置定时初值(15A0)H=(5536)D
    T2H=0x15;                      //(65536-5536)*(1/12M)=5000 μs=5 ms
    AUXR|=0x10;                    //定时器T2开始计时
    IE2=ET2;                       //使能定时器2中断
    EA=1;                          //开总中断
}
```

单元五　定时器T3/T4的控制

定时器T3/T4控制寄存器（T4T3M），各个控制位定义见表7-11。

表7-11　定时器T3/T4控制寄存器

符号	地址	B7	B6	B5	B4	B3	B2	B1	B0
T4T3M	D1H	T4R	T4_C/T	T4x12	T4CLKO	T3R	T3_C/T	T3x12	T3CLKO

①T4R：定时器T4的运行控制。

0：定时器T4停止计数。

1：定时器T4开始计数。

②T4_C/T：控制定时器T4用作定时器或计数器，清0则用作定时器（对内部系统时钟进行计数），置1用作计数器（对引脚T4/P0.6外部脉冲进行计数）。

③T4x12：定时器T4速度控制位。

0：12T模式，即CPU时钟12分频（FOSC12）。

1：1T模式，即CPU时钟不分频（FOSC/1）。

④T4CLKO：定时器T4时钟输出控制。

0：关闭时钟输出。

1：使能P0.7口是定时器T4时钟输出功能。

当定时器T4计数发生溢出时，P0.7口的电平自动发生翻转。

⑤TR3：定时器T3的运行控制位。

0：定时器T3停止计数。

1：定时器T3开始计数。

⑥T3_C/T：控制定时器T3用作定时器或计数器，清0则用作定时器（对内部系统时钟进行计数），置1用作计数器（对引脚T3/P0.4外部脉冲进行计数）。

⑦T3x12：定时器T3速度控制位。

0：12T模式，即CPU时钟12分频（FOSC/12）。

1：1T模式，即CPU时钟不分频（FOSC/1）。

⑧T3CLKO：定时器T3时钟输出控制。

0：关闭时钟输出

1：使能P0.5口是定时器T3时钟输出功能

当定时器T3计数发生溢出时，P0.5口的电平自动发生翻转。定时器T3计数寄存器见表7-12。

表7-12 定时器T3计数寄存器

符号	地址	B7	B6	B5	B4	B3	B2	B1	B0
T3L	D5H								
T3H	D4H								

定时器/计数器T3的工作模式固定为16位重载模式，T3L和T3H组合成为一个16位寄存器，T3L为低字节，T3H为高字节。当[T3H,T3L]中的16位计数值溢出时，系统会自动将内部16位重载寄存器中的重载值装入[T3H,T3L]中。

定时器T4计数寄存器见表7-13。

表7-13 定时器T4计数寄存器

符号	地址	B7	B6	B5	B4	B3	B2	B1	B0
T4L	D3H								
T4H	D2H								

定时器/计数器T4的工作模式固定为16位重载模式，T4L和T4H组合成为一个16位寄存器，T4L为低字节，T4H为高字节。当[T4H,T4L]中的16位计数值溢出时，系统会自动将内部16位重载寄存器中的重载值装入[T4H,T4L]中。

注意：定时器T0从P3.5高速输出、定时器T1从P3.4高速输出、定时器T2从P1.3高速输出、定时器T3从P0.5高速输出、定时器T4从P0.7高速输出，这些I/O设置为准双向口或推挽输出，脉冲输出正常，均为推挽输出，并且再直接操作I/O将不影响输出波形。但是，如果将I/O设置为开漏输出（允许内部上拉电阻或外接上拉电阻），则如果对应的I/O输出高电平，波形无输出（I/O为高阻），而对应的I/O输出低电平，波形有推挽输出。

单元六 掉电唤醒定时器

内部掉电唤醒定时器是一个15位的计数器（由{WKTCH[6:0],WKTCL[7:0]}组成15位）。用于唤醒处于掉电模式的MCU。具体控制寄存器见表7-14。

表7-14 掉电唤醒定时器计数寄存器

符号	地址	B7	B6	B5	B4	B3	B2	B1	B0
WKTCL	AAH								
WKTCH	ABH	WKTEN							

WKTEN：掉电唤醒定时器的使能控制位。

0：停用掉电唤醒定时器。

1：启用掉电唤醒定时器。

如果STC8系列单片机内置掉电唤醒专用定时器被允许（通过软件将WKTCH寄存器中的WKTEN位置1），当MCU进入掉电模式/停机模式后，掉电唤醒专用定时器开始计数，当计数值与用户所设置的值相等时，掉电唤醒专用定时器MCU唤醒。MCU唤醒后，程序从上次设置单片机进入掉电模式语句的下一条语句开始往下执行。掉电唤醒之后，可以通过读WKTCH和

WKTCL中的内容获取单片机在掉电模式中的睡眠时间。

注意： 用户在寄存器{WKTCH[6:0],WKTCL[7:0]}中写入的值必须比实际计数值少1。例如，用户需计数10次，则将9写入{WKTCH[6:0],WKTCL[7:0]}中。同样，如果用户需计数32 768次，则对应{WKTCH[6:0],WKTCL[7:0]}写入7FFFH（即32767）。

内部掉电唤醒定时器有自己的内部时钟，其中掉电唤醒定时器一次的时间就是由该时钟决定的。内部掉电唤醒定时器的时钟频率为32 kHz，当然误差较大。用户可以通过读RAM区F8H和F9H的内容（F8H存放频率的高字节，F9H存放低字节）来获取内部掉电唤醒专用定时器出厂时所记录的时钟频率。

掉电唤醒专用定时器计数时间的计算公式如下：

$$掉电唤醒定时器定时时间=106\times16\times计数次数/Fwt$$

Fwt为从RAM区F8H和F9H获取的内部掉电唤醒专用定时器的时钟频率。假设Fwt=32 kHz，则掉电唤醒专用定时器计数时间见表7-15。

表7-15 掉电唤醒专用定时器计数时间

{WKTCH[6:0],WKTCL[7:0]}	掉电唤醒专用定时器计数时间
0	106 × 16 × (1+0)/32 kHz≈0.5 ms
9	106 × 16 × (1+9)/32 kHz≈5 ms
99	106 × 16 × (1+99)/32 kHz≈50 ms
999	106 × 16 × (1+999)/32 kHz≈0.5 s
4095	106 × 16 × (1+4095)/32 kHz≈2 s
32767	106 × 16 × (1+32767)/32 kHz≈16 s

单元七 应用编程实训

7.7.1 定时器定时应用实训

用T1方式0实现定时，在P1.6引脚输出周期为10 ms的方波。

分析：采用T1方式0定时，TMOD=00H。因为方波周期是10 ms，因此T1的定时时间为5 ms，定时时间到就对P1.6引脚的电平进行取反，就可以实现方波输出。系统采用12 MHz晶振，分频系数为12，则T1的初值为：

$$X=2^{16}-计数值=65\ 536-5\ 000=60\ 536=EC78H$$

即(TH1)=ECH，(TL1)=78H。

程序如下：

```
#include<STC8.h>
#include<intrins.h>
#include<gpio.h>                              //I/O初始化
Void main(void)
{
    gpio();
    TMOD=0x00;                                //定时器初始化
```

```
        TH1=0xEC;
        TL1=0x00;
        TR1=1;
        while(1)
        {
            if(TF1==1)                                  //判断5 ms定时是否到
            {
                TF1=0;
                p16=!p16;                               //5 ms定时到，取反输出
            }

        }
    }
```

另外，关于定时器初始化配置，也可以利用STC-ISP烧录软件生成，如图7-2所示。

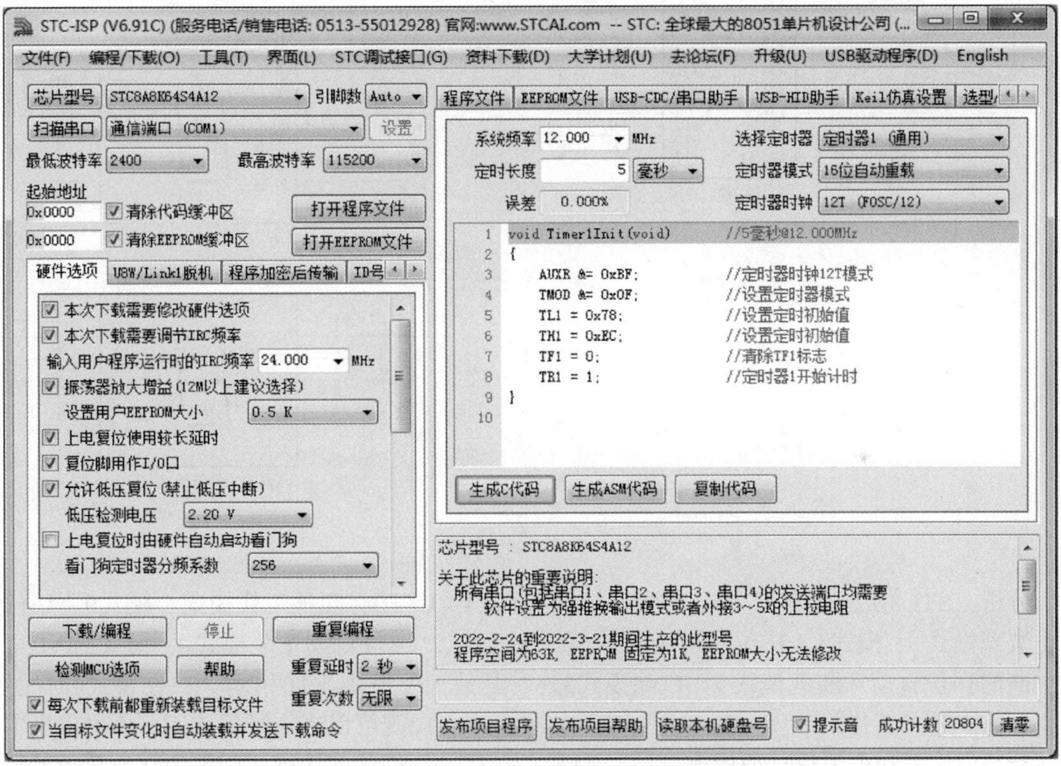

图7-2 STC-ISP初始化程序生成图

7.7.2 定时器中断应用实训

使用STC8实验板，选择STC-ISP的IRC频率：12 MHz。程序运行后，数码管前两位显示00，这时按独立按键1，定时器开始工作，数码管的值每秒增加1，按独立按键2可以停止定时器计时，数码管显示的数值暂停（这时也可按独立按键1，继续计时），这时按独立按键3可以把数码管显示的值清零。

数码管原理如图7-3所示。

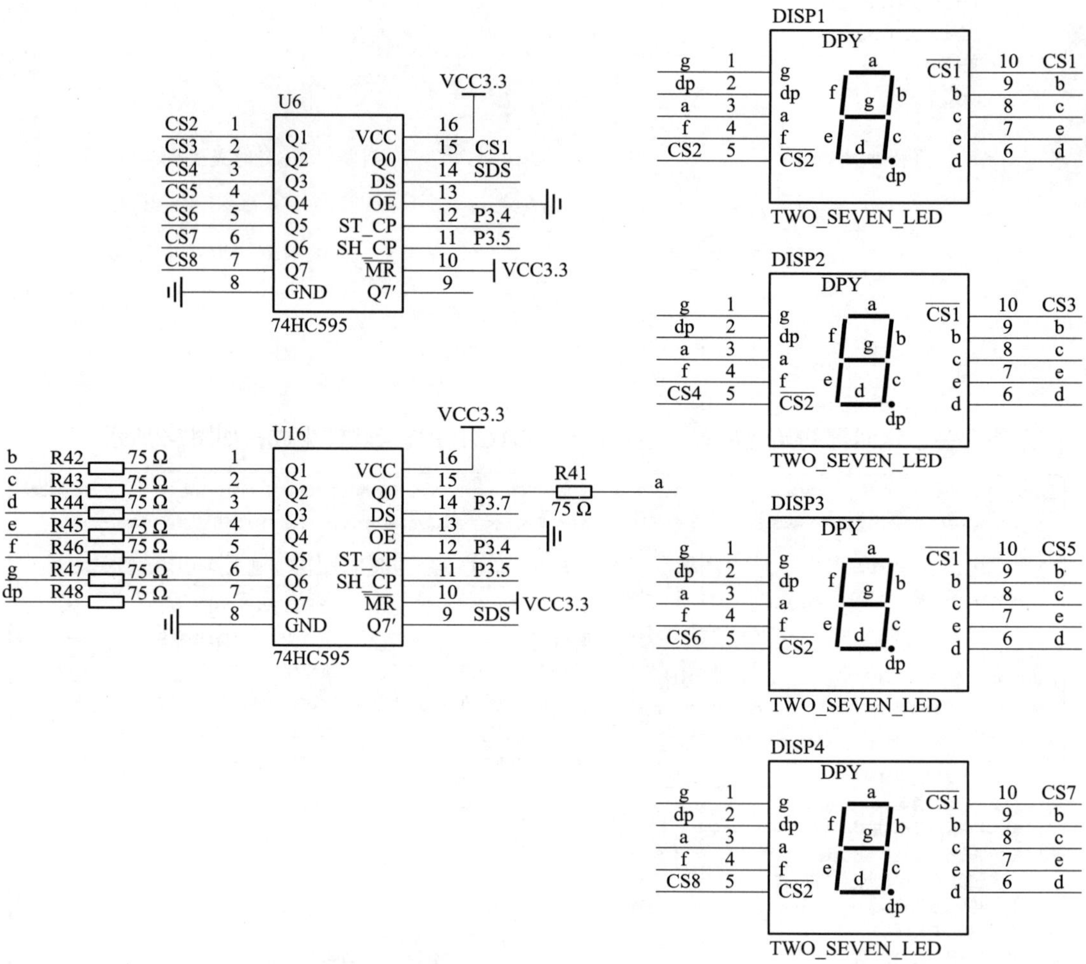

图7-3 数码管原理图

分析：STC8实验板有五个定时器/计数器（T0~T4）。T0有四种工作模式：模式0（16位自动重装载模式）、模式1（16位不可重装载模式）、模式2（8位自动重装模式）、模式3（不可屏蔽中断的16位自动重装载模式）。T1除模式3外，其他工作模式与T0相同。T1在模式3时无效，停止计数。T2的工作模式固定为16位自动重装载模式。T2既可以当定时器使用，也可以当串口的波特率发生器和可编程时钟输出。T3、T4与T2一样，它们的工作模式固定为16位自动重装载模式。T3/T4既可以当定时器使用，也可以当串口的波特率发生器和可编程时钟输出。下面的实例中使用T0实现定时功能。

数码管显示程序如下：

```
<hc595.h>文件:
#ifndef __HC595_H__
#define __HC595_H__
void SEG_HC595send(unsigned char x);                    //HC595发送一个字节数据
void display(unsigned char pos,unsigned char dat); //pos位数码管显示数字dat
#endif
<hc595.c>文件:
```

```
#include "hc595.h"
#include<STC8.h>
#include<intrins.h>
sbit P_HC595_SRCLK=P3^5;                          //移位时钟
sbit P_HC595_RCLK=P3^4;                           //存储时钟
sbit P_HC595_SER=P3^7;                            //数据输入端
//段选：dp、g、f、e、d、c、b、a
unsigned char const LedData[]={0xc0,0xf9,0xa4,0xb0,0x99,0x92,0x82,0xf8,0
x80,0x90,0x88,0x83,0xc6,0xa1,0x86,0x8e,0xFF,0x00,0xbf,0x7f,0x89};
//"0" "1" "2" "3" "4" "5" "6" "7" "8" "9" "A" "B" "C" "D" "E"
//"F" "全灭" "全亮" "-"  "."  "H"
//位选：CS1、CS2、CS3、CS4、CS5、CS6、CS7、CS8
unsigned char const LedPos[]={0x01,0x02,0x04,0x08,0x10,0x20,0x40,0x80};
/**********************************
* @函数名：DelayCub
* @描述：毫秒级延时
* @参数：延时xms毫秒
* @返回值：无
* @调用：内部调用
**********************************/
void DelayCub(unsigned int xms)                   //晶振：12 MHz
{
    unsigned int i,j;
    for(i=xms;i>0;i--)
    {
        for(j=921;j>0;j--);
    }
}
/**********************************
* @函数名：Delay1us
* @描述：延时1微秒
* @参数：无
* @返回值：无
* @调用：内部调用
**********************************/
void Delay1us()
{
    _nop_();
    _nop_();
    _nop_();
    _nop_();
}
/**********************************
* @函数名：Send_595
* @描述：hc595发送一字节数据
* @参数：要发送的数据
* @返回值：无
**********************************/
void Send_595(unsigned char dat)
{
    unsigned char i;
    for(i=0;i<8;i++)
```

```
    {
        dat<<=1;
        P_HC595_SER=CY;
        P_HC595_SRCLK=0;
        Delay1us();
        P_HC595_SRCLK=1;
    }
}
/*********************************
* @函数名: display
* @描述: 第pos位数码管显示dat
* @参数: pos,dat
* @返回值: 无
* @调用: 外部调用
*********************************/
void display(unsigned char pos,unsigned char dat)
{
    Send_595(LedPos[pos]);
    Send_595(LedData[dat]);
    P_HC595_RCLK=0;
    Delay1us();
    P_HC595_RCLK=1;
    DelayCub(2);
}
```

定时器T0初始化程序:

```
<timer0.h>文件:
#ifndef __TIMER0_H__
#define __TIMER0_H__
void Timer0Init(void);
#endif
<timer0.c>文件:
#include<stc8.h>
#include "timer0.h"
/*********************************
* @函数名: Timer0Init
* @描述: 定时器T0模式0初始化
* @参数: 无
* @返回值: 无
* @调用: 外部调用
*********************************/
void Timer0Init(void)          //5 ms@12 MHz
{
    AUXR|=0x80;                 //定时器时钟1T模式(辅助寄存器AUXR)
    TMOD&=0xF0;                 //设置定时器模式(工作方式寄存器TMOD)
    TL0=0xA0;                   //设置定时初值(15A0)H=(5536)D
    TH0=0x15;                   //(65536-5536)×(1/12M)s=5000 μs=5 ms
    TF0=0;                      //清除TF0标志(定时器/计数器控制寄存器TCON)
    TR0=1;                      //定时器0开始计时
    ET0=1;                      //使能定时器0中断
    EA=1;                       //开总中断(中断允许寄存器IE)
}
```

主程序如下：

```
#include<stc8.h>                    //STC8系列单片机头文件
#include "hc595.h"                  //用户自定义头文件
#include "timer0.h"                 //用户自定义头文件
sbit keyCtrol=P0^7;                 //keyCtrol表示独立按键总开关
sbit key1=P0^0;                     //key1表示独立按键1
sbit key2=P0^1;                     //key2表示独立按键2
sbit key3=P0^2;                     //key3表示独立按键3
unsigned char num=0;                //用于存放记录的时间
extern void DelayCub(unsigned int xms);
                //外部引用延时函数，在hc595.c文件中定义且属于内部调用类函数
/**********************************
* @函数名：main
* @描述：测试定时器0模式0
* @参数：无
* @返回值：无
**********************************/
void main()
{
    keyCtrol=0;                     //开启独立按键总开关
    Timer0Init();                   //定时器T0初始化
    TR0=0;                          //关闭定时器T0
    while (1)
    {
        if(key1==0)                 //判断独立按键1是否按下
        {
            DelayCub(10);           //延时10 ms，用于消抖
            if(key1==0)             //再次判断独立按键1是否按下
            {
            if(num==60)             //避免出现计时到60后，按独立按键1，接着往上加
                {
                    num=0;
                }
                TR0=1;              //定时器T0开始计时
            }
            while(!key1);           //等待独立按键1抬起
        }
        if(key2==0)
        {
            DelayCub(10);
            if(key2==0)
            {
                TR0=0;              //关闭定时器T0计时
            }
            while(!key2);
        }
        if(key3==0)
        {
            DelayCub(10);
            if(key3==0)
            {
```

```
                TR0=0;                     //保证清零时，定时器0已停止计时
                num=0;                     //把计时变量清零
            }
            while(!key3);
        }
        display(0,num/10);                 //数码管显示计时数值
        display(1,num%10);
    }
}

/*********************************
* @函数名: TM0_Isr
* @描述: 定时器T0模式0中断
*********************************/
void TM0_Isr() interrupt 1 using 1
{
    static unsigned int count=0;           //用于记录进入中断的次数
    count++;
    if(count==200)                         //进中断200次，时间到达1s，这时计时器值加1
    {
        count=0;                           //count清零，为下次计数做准备
        num++;                             //计时器的值加1
        if(num==60)                        //计时60s后，停止计时
        {
            TR0=0;                         //定时器T0关闭计时
        }
    }
}
```

小　　结

定时器/计数器是单片机中最常用的外设模块之一，几乎所有单片机应用项目中都要用到定时器/计数器的相关功能。本模块详细介绍了定时器/计数器的工作原理以及STC8系列单片机的组成结构和相关寄存器，理解单片机定时器/计数器的工作原理和组成对后续开展单片机应用开发非常重要；重点介绍了STC8系列单片机定时器/计数器中的T0/T1模块的编程结构和使用方法，T0/T1模块在单片机应用开发过程中使用最频繁。此外，还介绍了T2、T3/T4的基本使用方法，并给出了定时器/计数器的应用实例。

习　　题

1. 简述STC8系列单片机中定时器/计数器的基本结构。
2. 简述STC8系列单片机中T0/T1模块的相关寄存器及其功能。
3. 编写程序使用T0/T1模块控制流水灯实现1 s时间间隔的状态转换。
4. 编写程序分别采用查询方式和中断方式实现电子时钟，并通过数码管显示时钟效果。
5. 编写程序实现简单频率计功能。

模块八
串行通信

学习导航

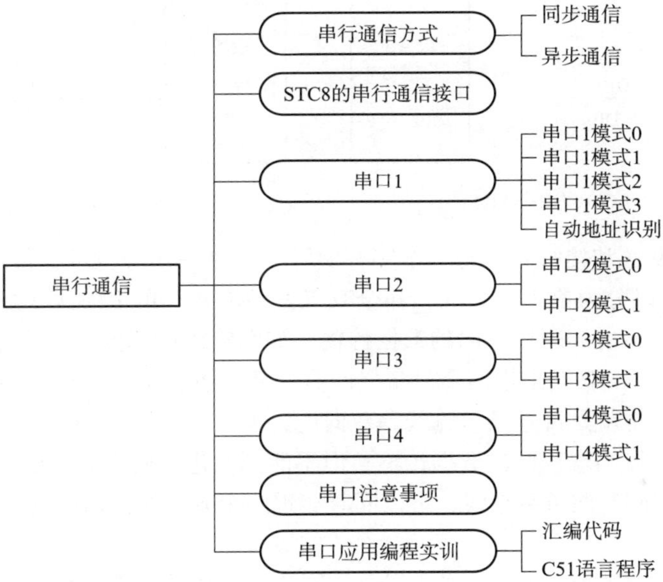

学习及素养目标

- 了解计算机的通信方式都有哪些，什么是串行通信。
- 了解STC8系列单片机串行通信都有什么功能。
- 掌握STC8单片机串行通信的配置方法。
- 能够根据实际需要编写程序，实现串行通信。
- 了解目前嵌入式系统及物联网领域常见串口模块功能及用法。

串行通信在单片机中用途非常广泛，地位非常重要。很多情况下，单片机程序的下载和调试都需要通过串行通信来实现。本模块学习串行通信的一些基本知识以及单片机的串行通信接口。

单元一　串行通信方式

单片机需要不断和外部的其他部件进行通信，通过交换数据来发挥其多样的强大的功能。

单片机有多种途径和外界进行通信，串行通信就是其中的一种通信方式。在通信领域内，数据通信中按每次传送的数据位数，通信方式可分为并行通信和串行通信。

为了说明串行通信和并行通信的区别，先介绍一下并行通信。并行通信是指两个设备之间可以同时进行多个数据位的传送，它们之间存在多条并行的数据线，如图8-1所示。在设备1和设备2之间存在n条数据线（DB1~DBn），通过这n条线可以同时传输n位二进制数据。

串行通信是指计算机主机与外设之间以及主机系统与主机系统之间数据的串行传送，使用一条数据线，将数据逐位地依次传输。每一位数据占据一个固定的时间长度，如图8-2所示。串行通信只需要少数几条线就可以在系统间交换信息，特别适用于计算机与计算机、计算机与外设之间的远距离通信。

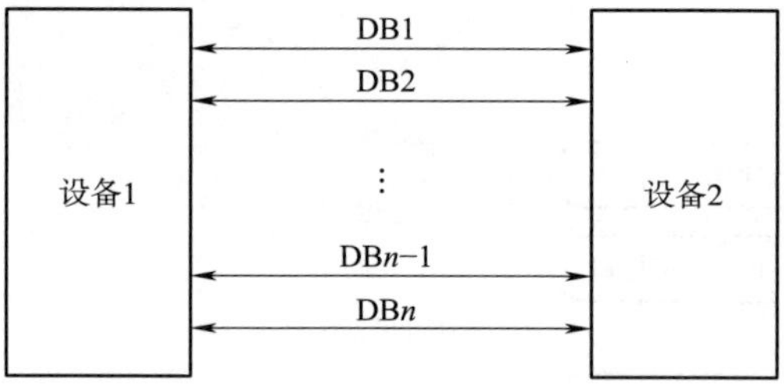

图8-1 并行通信示意图

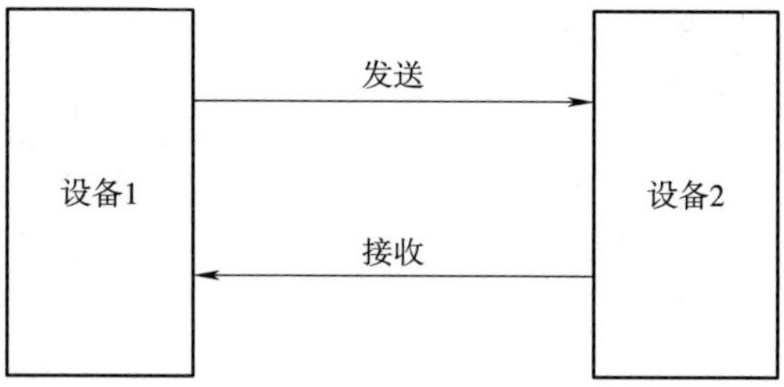

图8-2 串行通信示意图

串行通信时，发送和接收到的每一个字符实际上都是一次一位进行传送的，每一位为1或者为0。串行通信可以分为单工、半双工和全双工三种模式。单工模式一般在两个设备之间只有一条数据传输线，只能实现单方向的数据传输，如图8-2中的发送传输线，只能实现从设备1到设备2的数据传输。半双工是指两个设备之间有一条数据传输线，但这条数据线可以实现两个方向的数据传输，也就是说这条传输线是双向的，但在某一个时刻只能实现单方向的数据传输。这种模式虽然可以实现双向的数据传输，但不能同时进行两个方向的数据传输。全双工模式是指在两个设备之间有两条数据线，可以同时实现两个方向的数据传输。图8-2就是一种全双工模式的示意图。

按照串行通信的时钟控制方式，又可以分为同步通信和异步通信两种类型。

8.1.1 同步通信

所谓同步通信是指在约定的通信速率下，发送端和接收端的时钟信号频率和相位始终保持一致（同步），这就保证了通信双方在发送和接收数据时具有完全一致的定时关系。

同步通信把许多字符组成一个信息组，或称为信息帧，每帧的开始用同步字符来指示。由于发送和接收的双方采用同一时钟，所以在传送数据的同时还要传送时钟信号，以便接收方可以用时钟信号来确定每个信息位。

同步通信要求在传输线路上始终保持连续的字符位流，若计算机没有数据传输，则线路上要用专用的“空闲”字符或同步字符填充。

同步通信传送信息的位数几乎不受限制，通常一次通信传的数据有几十到几千个字节，通信效率较高。但它要求在通信中保持精确的同步时钟，所以其发送器和接收器比较复杂，成本也较高，一般用于传送速率要求较高的场合。

与异步方式不同的是，同步方式不仅在字符的本身之间是同步的，而且在字符与字符之间的时序也是同步的，即同步方式是将许多的字符聚集成一个字符块后，在每块信息（常称为信息帧）之前要加上1~2个同步字符，字符块之后再加入适当的错误检测数据才传送出去。采用同步通信时，在传输线上没有字符传输时，要发送专用的“空闲”字符或同步字符，其原因是同步传输字符必须连续传输，不允许有间隙。

由于同步传输采用字符块的方式，所以相对于异步方式里每一个字符就有一对控制数据和错误检测数据的设计，同步方式的字符块中的每一个字符就有比较少的控制数据和错误检测的数据，因此有较高的传输速率。更重要的是，异步方式下虽然有校验位可用于检测错误，但其功能也只能检测错误，而不能进行任何修正操作，而且对于2位及以上的错误没有检错能力。

在同步方式中通常采用CRC（循环冗余校验）。这种检验方法经过统计的数据表明错误防治率可达到99%以上。

8.1.2　异步通信

异步串行通信是指通信双方以一个字符（包括特定附加位）作为数据传输单位且发送方传送字符的间隔时间也不确定，它是一种具有不规则数据段传送特性的串行数据传输。在异步通信方式下，发送的数据中含有起始位和停止位这两个与实际欲传送的数据毫无相干的位。换句话说，若在传送1个8位的字符串时，其校验位、起始位和停止位都为1个位，则相当于要传送11个位信号，所以实际上的使用率就只有约73%。因而当需要高速率的通信速度时，异步式的传输不能满足需求。

异步串行通信的数据格式一般为：异步通信数据帧的第一位是开始位，在通信线上没有数据传送时处于逻辑“1”状态。当发送设备要发送一个字符数据时，首先发出一个逻辑“0”信号，这个逻辑低电平就是起始位。起始位通过通信线传向接收设备，当接收设备检测到这个逻辑低电平后，就开始准备接收数据位。因此，起始位所起的作用就是表示字符传送开始。

当接收设备收到起始位后，紧接着就会收到数据位。数据位的个数可以是5、6、7或8位的数据。在字符数据传送过程中，数据位从最低位开始传输。数据发送完之后，可以发送奇偶校验位。奇偶校验位用于有限差错检测，通信双方在通信时需要约定一致的奇偶校验方式。就数据传送而言，奇偶校验位是冗余位，但它表示数据的一种性质，这种性质用于检错，虽有限但很容易实现。在奇偶校验位或数据位之后发送的是停止位，可以是1位、1.5位或2位，一直为逻辑“1”状态。停止位是一个字符数据的结束标志。

在异步通信中，字符数据以图8-3所示的格式逐个传送。在发送间隙，即空闲时，通信线路总是处于逻辑“1”状态，每个字符数据的传送均以逻辑“0”开始。

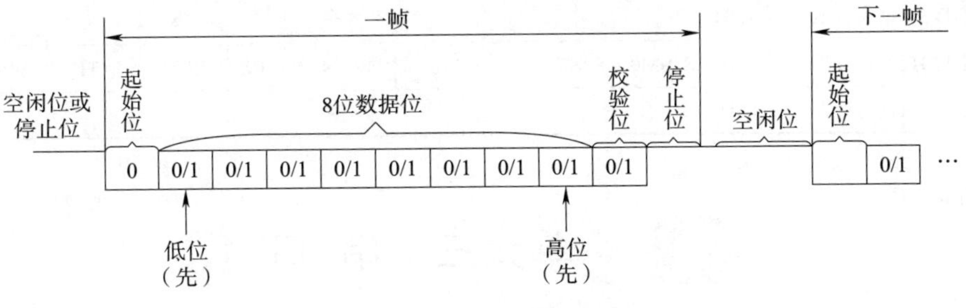

图8-3　异步串行通信帧格式

单元二　STC8的串行通信接口

为了方便串行通信，STC8系列单片机提供了四个全双工异步串行通信接口（串口1、串口2、串口3和串口4）。每个串口由两个数据缓冲区、一个移位寄存器、一个串行控制寄存器和一个波特率发生器等组成。每个串行口的数据缓冲器由两个互相独立的接收、发送缓冲区构成，可以同时发送和接收数据。

STC系列单片机的串口1有四种工作方式，其中两种方式的波特率是可变的，另两种是固定的，以供不同场合选用。串口2、3、4具有两种工作方式，这两种方式的波特率都是可变的。用户可以用软件设置不同的波特率和选择不同的工作方式。主机可通过查询或中断方式对接收/发送进行程序处理，使用灵活。

串口1、串口2、串口3、串口4的通信接口均可以通过功能引脚的切换功能切换到多组端口，从而可以将一个通信接口分时复用为多个通信接口。

使用这些串行通信接口需要设置和控制相关的寄存器。表8-1给出了STC8串行通信接口的相关寄存器的简称、说明、地址、各个位的含义及它们复位时的值。后面各节在用到这些寄存器时会对它们的功能进行说明。

表8-1　STC8串行通信接口寄存器

简称	说明	地址	各位的功能说明								复位值
			7	6	5	4	3	2	1	0	
PCON	电源控制寄存器	87H	SMOD	SMOD0	LVDF	POE	GF1	GF0	PD	IDL	00110000
AUXR	辅助寄存器1	8EH	T0x12	T1x12	UART_M0x6	T2R	T2_C/T	T2x12	EXTRAM	S1ST2	00000001
SADDR	串口1从机地址寄存器	A9H	—								00000000
SADEN	串口1从机地址屏蔽寄存器	B9H	—								00000000
SCON	串口1控制寄存器	98H	SM0/FE	SM1	SM2	REN	TB8	RB8	TI	RI	00000000
SBUF	串口1数据寄存器	99H	—								00000000
S2CON	串口2控制寄存器	9AH	S2SM0	—	S2SM2	S2REN	S2TB8	S2RB8	S2TI	S2RI	01000000
S2BUF	串口2数据寄存器	9BH	—								00000000
S3CON	串口3控制寄存器	ACH	S3SM0	S3ST3	S3SM2	S3REN	S3TB8	S3RB8	S3TI	S3RI	00000000
S3BUF	串口3数据寄存器	ADH	—								00000000
S4CON	串口4控制寄存器	84H	S4SM0	S4ST4	S4SM2	S4REN	S4TB8	S4RB8	S4TI	S4RI	00000000
S4BUF	串口4数据寄存器	85H	—								00000000

单元三　串　口　1

1. 串口控制寄存器

串口1控制寄存器的简称、地址、各位的功能及复位值见表8-2。

表8-2　串口1控制寄存器

简称	地址	7	6	5	4	3	2	1	0	复位值
SCON	98H	SM0/FE	SM1	SM2	REN	TB8	RB8	TI	RI	00000000

①SM0/FE：当PCON寄存器中的SMOD0位为1时，该位为帧错误检测标志位。当通用异步收发器（UART）在接收过程中检测到一个无效停止位时，通过UART将该位置1，必须由软件清零。当PCON寄存器中的位为0时，该位和SM1一起指定串口1的通信工作模式，见表8-3。

表8-3　串口1的四种工作模式

SM0	SM1	串口1工作模式	功能说明
0	0	模式0	同步移位串行方式
0	1	模式1	可变波特率8位数据方式
1	0	模式2	固定波特率9位数据方式
1	1	模式3	可变波特率9位数据方式

②SM2：允许模式2或模式3多机通信控制位。当串口1使用模式2或模式3时，如果SM2位为1且REN位为1，则接收机处于地址帧筛选状态。此时可以利用接收到的第9位（即RB8）来筛选地址帧，若RB8=1，说明该帧是地址帧，地址信息可以进入SBUF，并使RI为1，进而在中断服务程序中再进行地址号比较；若RB8=0，说明该帧不是地址帧，应丢掉且保持RI=0。在模式2或模式3中，如果SM2位为0且REN位为1，接收机处于地址帧筛选被禁止状态，不论收到的RB8为0或1，均可使接收到的信息进入SBUF，并使RI=1，此时RB8通常为校验位。模式1和模式0为非多机通信方式，在这两种方式时，SM2应设置为0。

③REN：允许/禁止串口接收控制位。

0：禁止串口接收数据。

1：允许串口接收数据。

④TB8：当串口1使用模式2或模式3时，TB8为要发送的第9位数据，按需要由软件置位或清0。在模式0和模式1中，该位不用。

⑤RB8：当串口1使用模式2或模式3时，RB8为接收到的第9位数据，一般用作校验位或者地址帧/数据帧标志位。在模式0和模式1中，该位不用。

⑥TI：串口1发送中断请求标志位。在模式0中，当串口发送数据第8位结束时，由硬件自动将TI置1，向主机请求中断，响应中断后TI必须用软件清零。在其他模式中，则在停止位开始发送时由硬件自动将TI置1，向CPU发请求中断，响应中断后TI必须用软件清零。

⑦RI：串口1接收中断请求标志位。在模式0中，当串口接收第8位数据结束时，由硬件自动将RI置1，向主机请求中断，响应中断后RI必须用软件清零。在其他模式中，串行接收到停止位的中间时刻由硬件自动将RI置1，向CPU发中断申请，响应中断后RI必须由软件清零。

2. 串口1数据寄存器（见表8-4）

表8-4 串口1数据寄存器

简　称	地　址	7	6	5	4	3	2	1	0
SBUF	99H								

SBUF：串口1数据接收/发送缓冲区。SBUF实际是2个缓冲器：读缓冲器和写缓冲器，两个操作分别对应两个不同的寄存器，1个是只写寄存器（写缓冲器），1个是只读寄存器（读缓冲器）。对SBUF进行读操作，实际是读取串口接收缓冲区，对SBUF进行写操作则是触发串口开始发送数据。

3. 电源管理寄存器（见表8-5）

表8-5 电源管理寄存器

简　称	地　址	7	6	5	4	3	2	1	0	复位值
PCON	87H	SMOD	SMOD0	LVDF	POF	GF1	GF0	PD	IDL	00000000

①SMOD：串口1波特率控制位。

0：串口1的各个模式的波特率都不加倍。

1：串口1模式1、模式2、模式3的波特率加倍。

②SMOD0：帧错误检测控制位。

0：无帧错检测功能。

1：使能帧错误检测功能。此时SCON的SM0/FE为FE功能，即为帧错误检测标志位。

4. 辅助寄存器（见表8-6）

表8-6 辅助寄存器

简　称	地　址	7	6	5	4	3	2	1	0
AUXR	8EH	T0x12	T1x12	UART_M0x6	T2R	T2_C/T	T2x12	EXTRAM	S1ST2

①UART_M0x6：串口1模式0的通信速度控制。

0：串口1模式0的波特率不加倍，固定为FOSC/12。

1：串口1模式0的波特率6倍速，即固定为FOSC/12×6=FOSC/2。

②S1ST2：串口1波特率发射器选择位。

0：选择定时器1作为波特率发射器。

1：选择定时器2作为波特率发射器。

8.3.1 串口1模式0

当串口1选择工作模式为模式0时，串行通信接口工作在同步移位寄存器模式，当串行口模式0的通信速度设置位UART_M0x6为0时，其波特率固定为系统时钟的12分频（SYSclk/12）；当设置UART_M0x6为1时，其波特率固定为系统时钟频率的2分频（SYSclk/2）。RxD为串行通信的数据口，TxD为同步移位脉冲输出脚，发送、接收的是8位数据，低位在先。

模式0的发送过程：当主机执行将数据写入发送缓冲器SBUF指令时启动发送，串行口即将8位数据以SYSclk/12或SYSclk/2（由UART_M0x6确定是12分频还是2分频）的波特率从RxD引脚输出（从低位到高位），发送完中断标志TI置1，TxD引脚输出同步移位脉冲信号。当写信号有效后，相隔一个时钟，发送控制端SEND有效（高电平），允许RxD发送数据，同时允许TxD输出同步移位脉冲。一帧（8位）数据发送完毕时，各控制端均恢复原状态，只有TI保持高电平，呈中断申请状态。在再次发送数据前，必须用软件将TI清0。发送过程如图8-4所示。

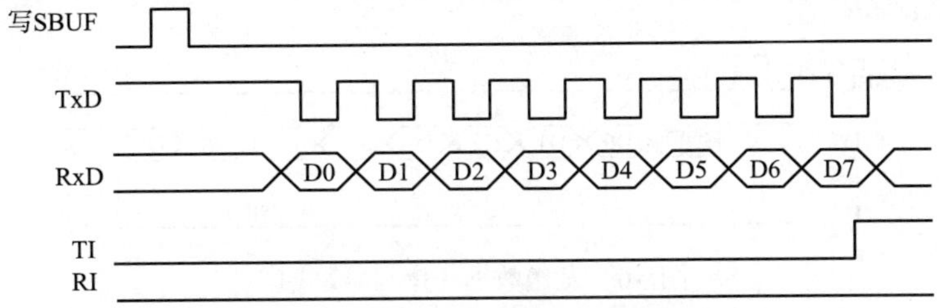

图8-4　串口1模式0的发送过程时序图

模式0的接收过程：首先将接收中断请求标志RI清零并置位允许接收控制位REN时启动模式0接收过程。启动接收过程后，RxD为串行数据输入端，TxD为同步脉冲输出端。串行接收的波特率为SYSclk/12或SYSclk/2（由UART_M0x6确定是12分频还是2分频）。当接收完成一帧数据（8位）后，控制信号复位，中断标志RI被置1，呈中断申请状态。当再次接收时，必须通过软件将RI清0。接收过程如图8-5所示。

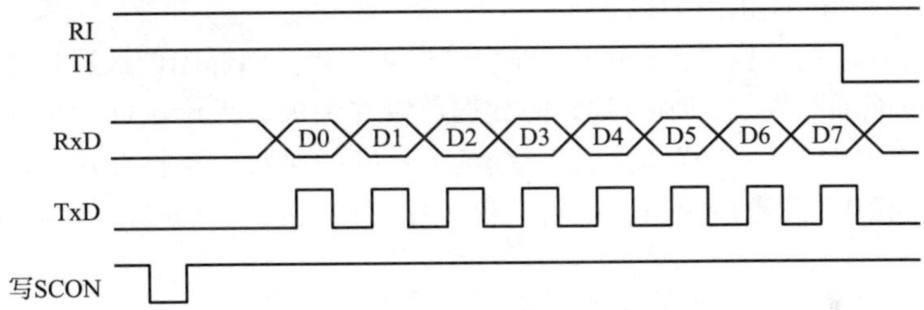

图8-5　串口1模式0的接收过程时序图

工作于模式0时，必须清0多机通信控制位SM2，使之不影响TB8位和RB8位。由于波特率固定为SYSclk/12或SYSclk/2，无须定时器提供，直接由单片机的时钟作为同步移位脉冲。

串口1模式0的波特率计算公式见表8-7（SYSclk为系统工作频率）。

表8-7　串口1模式0波特率计算公式

UART_M0x6	波特率计算公式
0	波特率=SYSclk/12
1	波特率=SYSclk/2

8.3.2　串口1模式1

当软件设置SCON的SM0、SM1为“01”时，串行口1则以模式1进行工作。此模式为8位UART格式，一帧信息为10位：1位起始位、8位数据位（低位在先）和1位停止位。波特率可变，即可根据需要设置波特率。TxD为数据发送口，RxD为数据接收口，串行口全双工接收/发送。

模式1的发送过程：串行通信模式发送时，数据由串行发送端TxD输出。当主机执行一条写SBUF的指令时就启动串行通信的发送，写SBUF信号还把“1”装入发送移位寄存器的第9位，并通知TX控制单元开始发送。移位寄存器将数据不断右移送TxD端口发送，在数据的左边不断移入“0”作补充。当数据的最高位移到移位寄存器的输出位置时，紧跟其后的是第9位“1”，在它的左边各位全为“0”，这个状态条件，使TX控制单元作最后一次移位输出，然后使允许发送信号SEND失效，完成一帧信息的发送，并置位中断请求位TI，即TI=1，向主机请求中断处理。发送过程如图8-6所示。

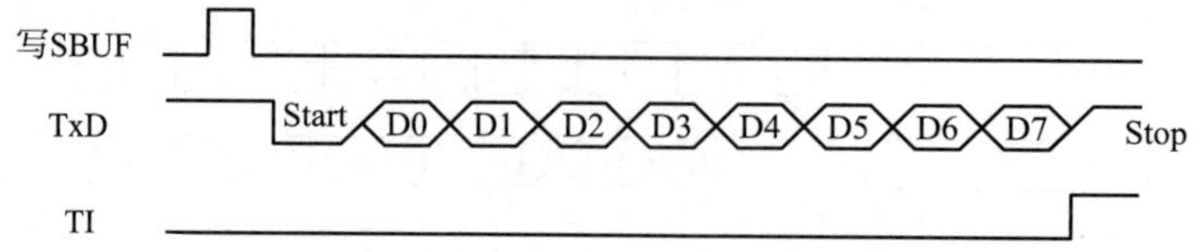

图8-6　发送数据（串口1模式1）

模式1的接收过程：当软件置位接收允许标志位REN，即REN=1时，接收器便对RxD端口的信号进行检测，当检测到RxD端口发送从“1”→“0”的下降沿跳变时就启动接收器准备接收数据，并立即复位波特率发生器的接收计数器，将1FFH装入移位寄存器。接收的数据从接收移位寄存器的右边移入，已装入的1FFH向左边移出，当起始位“0”移到移位寄存器的最左边时，使RX控制器作最后一次移位，完成一帧的接收。若同时满足以下两个条件：

①RI=0。

②SM2=0或接收到的停止位为1。

则接收到的数据有效，实现装载入SBUF，停止位进入RB8，RI标志位被置1，向主机请求中断。若上述两个条件不能同时满足，则接收到的数据作废并丢失，无论条件满足与否，接收器都重新检测RxD端口上的“1”→“0”的跳变，继续下一帧的接收。接收有效，在响应中断后，RI标志位必须由软件清0。通常情况下，串行通信工作于模式1时，SM2设置为“0”。接收过程如图8-7所示。

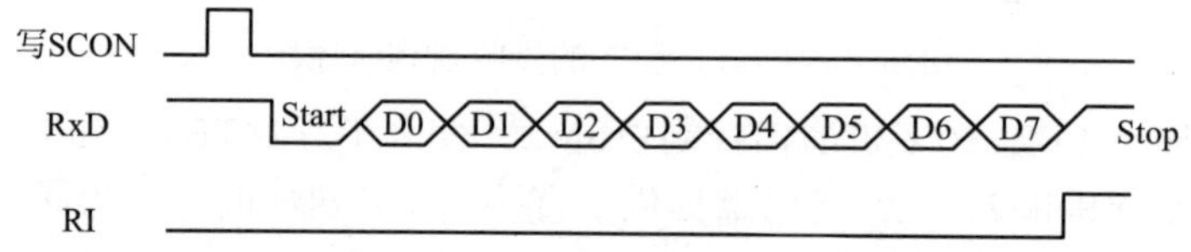

图8-7　接收数据（串口1模式1）

串口1的波特率是可变的，其波特率可由定时器T1或者定时器T2产生。当定时器采用1T模式时（12倍速），波特率的速度也会相应提高12倍。

串口1模式1的波特率计算公式见表8-8（SYSclk为系统工作频率）。

表8-8　串口1模式1波特率计算公式

选择定时器	定时器速度	波特率计算公式
定时器T2	1T	定时器T2重载值=65 536$-\frac{SYSclk}{4\times 波特率}$
	12T	定时器T2重载值=65 536$-\frac{SYSclk}{12\times 波特率}$
定时器T1模式0	1T	定时器T1重载值=65 536$-\frac{SYSclk}{4\times 波特率}$
	12T	定时器T1重载值=65 536$-\frac{SYSclk}{12\times 4\times 波特率}$

续表

选择定时器	定时器速度	波特率计算公式
定时器T1模式2	1T	定时器T1重载值=256- $\frac{2^{SMDD}\times SYSclk}{32\times 波特率}$
	12T	定时器T1重载值=256- $\frac{2^{SMDD}\times SYSclk}{12\times 32\times 波特率}$

常用频率与常用波特率所对应定时器的重载值见表8-9。

表8-9　常用频率与波特率所对应定时器的重载值

频率/MHz	波特率	定时器T2		定时器T1模式0		定时器T1模式2			
						SMOD=1		SMOD=0	
		1T模式	12T模式	1T模式	12T模式	1T模式	12T模式	1T模式	12T模式
11.0592	115200	FFE8H	FFFEH	FFE8H	FFFEH	FAH	—	FDH	—
	57600	FFD0H	FFFCH	FFD0H	FFFCH	F4H	FFH	FAH	—
	38400	FFB8H	FFFAH	FFB8H	FFFAH	EEH	—	F7H	—
	19200	FF70H	FFF4H	FF70H	FFF4H	DCH	FDH	EEH	—
	9600	FEE0H	FFE8H	FEE0H	FFE8H	B8H	FAH	DCH	FDH
18.342	115200	FFD8H	—	FFD8H	—	F6H	—	FBH	—
	57600	FFB0H	—	FFB0H	—	ECH	—	F6H	—
	38400	FF88H	FFF6H	FF88H	FFF6H	E2H	—	F1H	—
	19200	FF10H	FFECH	FF10H	FFECH	C4H	FBH	E2H	—
	9600	FE20H	FFD8H	FE20H	FFD8H	88H	F6H	C4H	FBH
22.1184	115200	FFD0H	FFFCH	FFD0H	FFFCH	F4H	FFH	FAH	—
	57600	FFA0H	FFF8H	FFA0H	FFF8H	E8H	FEH	F4H	FFH
	38400	FF70H	FFF4H	FF70H	FFF4H	DCH	FDH	EEH	—
	19200	FEE0H	FFE8H	FFE0H	FFE8H	B8H	FAH	DCH	FDH
	9600	FDC0H	FFD0H	FDC0H	FFD0H	70H	F4H	B8H	FAH

8.3.3　串口1模式2

当SM0、SM1两位为10时，串口1工作在模式2。串口1工作模式2为9位数据异步通信UART模式，其一帧的信息由11位组成：1位起始位、8位数据位（低位在先）、1位可编程位（第9位数据）和1位停止位。发送时可编程位（第9位数据）由SCON中的TB8提供，可软件设置为1或0，或者可将PSW中的奇/偶校验位P值装入TB8（TB8既可作为多机通信中的地址数据标志位，又可作为数据的奇偶校验位）。接收时第9位数据装入SCON的RB8。TxD为发送端口，RxD为接收端口，以全双工模式进行接收/发送。

模式2的波特率固定为系统时钟的64分频或32分频（取决于PCON中SMOD的值）。串口1模式2的波特率计算公式见表8-10（SYSclk为系统工作频率）。

表8-10　串口1模式2波特率计算公式

SMOD	波特率计算公式
0	波特率= $\frac{SYSclk}{64}$

续表

SMOD	波特率计算公式
1	波特率$=\frac{SYSclk}{32}$

模式2和模式1相比，除波特率发生源略有不同，发送时由TB8提供给移位寄存器第9数据位不同外，其余功能结构均基本相同，其接收/发送操作过程及时序也基本相同。

当接收器接收完一帧信息后必须同时满足下列条件：

①RI=0。

②SM2=0或者SM2=1且接收到的第9数据位RB8=1。

当上述两条件同时满足时，才将接收到的移位寄存器的数据装入SBUF和RB8中，RI标志位被置1，并向主机请求中断处理。如果上述条件有一个不满足，则刚接收到移位寄存器中的数据无效而丢失，也不置位RI。无论上述条件满足与否，接收器又重新开始检测RxD输入端口的跳变信息，接收下一帧的输入信息。在模式2中，接收到的停止位与SBUF、RB8和RI无关。

通过软件对SCON中的SM2、TB8的设置以及通信协议的约定，为多机通信提供了方便。串口1模式2的发送数据和接收数据时序如图8-8和图8-9所示。

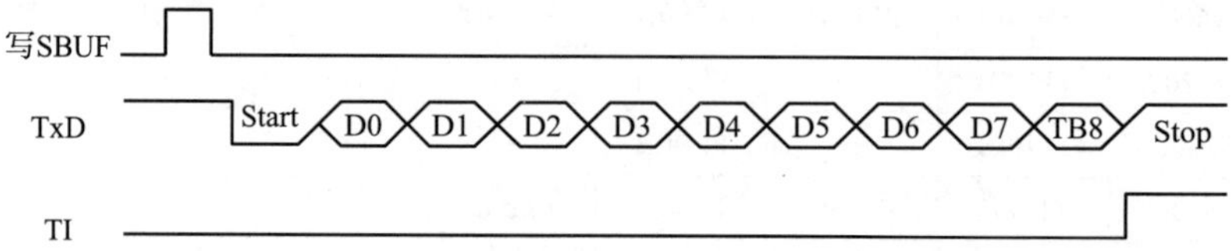

图8-8　发送数据（串口1模式2）

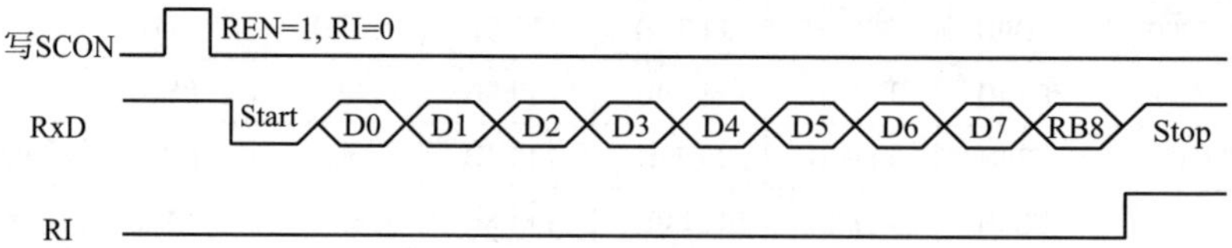

图8-9　接收数据（串口1模式2）

8.3.4　串口1模式3

当SM0、SM1两位为11时，串口1工作在模式3。串行通信模式3为9位数据异步通信UART模式，其一帧的信息由11位组成：1位起始位、8位数据位（低位在先）、1位可编程位（第9位数据）和1位停止位。发送时可编程位（第9位数据）由SCON中的TB8提供，可在软件中设置为1或0，或者将PSW中的奇/偶校验位P值装入TB8（TB8既可作为多机通信中的地址数据标志位，又可作为数据的奇偶校验位）。接收时第9位数据装入SCON的RB8。TxD为发送端口，RxD为接收端口，以全双工模式进行接收/发送。

模式3和模式1相比，除发送时由TB8提供给移位寄存器第9数据位不同外，其余功能结构均基本相同，其接收/发送操作过程及时序也基本相同。

当接收器接收完一帧信息后必须同时满足下列条件：

①RI=0。

②SM2=0或者SM2=1且接收到的第9数据位RB8=1。

当上述两个条件同时满足时，才将接收到的移位寄存器的数据装入SBUF和RB8中，RI标志位被置1，并向主机请求中断处理。如果上述条件有一个不满足，则刚接收到移位寄存器中的数据无效而丢失，也不置位RI。无论上述条件满足与否，接收器都重新开始检测RxD输入端口的跳变信息，接收下一帧的输入信息。在模式3中，接收到的停止位与SBUF、RB8和RI无关。

通过软件对SCON中的SM2、TB8的设置以及通信协议的约定，为多机通信提供了方便。串口1模式3的发送和接收时序和模式2相同。

串口1模式3的波特率计算公式与模式1完全相同。请参考模式1的波特率计算公式。

8.3.5　自动地址识别

串口1从机地址控制寄存器见表8-11。

表8-11　串口1从机地址控制寄存器

名称	地址	7	6	5	4	3	2	1	0
SADDR	A9H								
SADEN	B9H								

①SADDR：从机地址寄存器。

②SADEN：从机地址屏蔽位寄存器。

自动地址识别功能典型应用在多机通信领域，其主要原理是从机系统通过硬件比较功能识别来自主机串口数据流中的地址信息，通过寄存器SADDR和SADEN设置的本机的从机地址，硬件自动对从机地址进行过滤，当来自主机的从机地址信息与本机所设置的从机地址相匹配时，硬件产生串口中断；否则硬件自动丢弃串口数据，而不产生中断。当众多处于空闲模式的从机连接在一起时，只有从机地址相匹配的从机才会从空闲模式唤醒，从而可以大幅降低从机MCU的功耗，即使从机处于正常工作状态也可避免不停地进入串口中断而降低系统执行效率。

要使用串口的自动地址识别功能，首先需要将参与通信的MCU的串口通信模式设置为模式2或者模式3（通常都选择波特率可变的模式3，因为模式2的波特率是固定的，不便于调节），并开启从机的SCON的SM2位。对于串口模式2或者模式3的9位数据位中，第9位数据（存放在RB8中）为地址/数据的标志位，当第9位数据为1时，表示前面的8位数据（存放在SBUF中）为地址信息。当SM2被设置为1时，从机MCU会自动过滤掉非地址数据（第9位为0的数据），而对SBUF中的地址数据（第9位为1的数据）自动与SADDR和SADEN所设置的本机地址进行比较，若地址相匹配，则会将RI置“1”，并产生中断，否则不予处理本次接收的串口数据。

从机地址的设置是通过SADDR和SADEN两个寄存器进行设置的。SADDR为从机地址寄存器，里面存放本机的从机地址。SADEN为从机地址屏蔽位寄存器，用于设置地址信息中的忽略位。

例如：

```
SADDR=11001010
SADEN=10000001
```

则匹配地址为1××××××0，即只要主机送出的地址数据中的bit0为0且bit7为1就可以和本机地址相匹配。

又如：

```
SADDR=11001010
SADEN=00001111
```

则匹配地址为1××××××0，即只要主机送出的地址数据中的bit0为0且bit7为1就可以和本机地址相匹配。

再如：

```
SADDR=11001010
SADEN=00001111
```

则匹配地址为××××1010，即只要主机送出的地址数据中的低4位为1010就可以和本机地址相匹配，而高4位被忽略，可以为任意值。

主机可以使用广播地址（FFH）同时选中所有的从机来进行通信。

单元四　串口2

1. 串口2控制寄存器

串口2控制寄存器的简称、地址和各位的功能见表8-12。

表8-12　串口2控制寄存器

简称	地址	7	6	5	4	3	2	1	0
S2CON	9AH	S2SM0	—	S2SM2	S2REN	S2TB8	S2RB8	S2TI	S2RI

①S2SM0：指定串口2的通信工作模式，见表8-13。

表8-13　串口2的工作模式

S2SM0	串口2工作模式	功能说明
0	模式0	可变波特率8位数据方式
1	模式1	可变波特率9位数据方式

②S2SM2：允许串口2在模式1时允许多机通信控制位。在模式1时，如果S2SM2位为1且S2REN位为1，则接收机处于地址帧筛选状态。此时可以利用接收到的第9位（即S2RB8）来筛选地址帧：若S2RB8=1，说明该帧是地址帧，地址信息可以进入S2BUF，并使S2RI为1，进而在中断服务程序中再进行地址号比较；若S2RB8=0，说明该帧不是地址帧，应丢掉且保持S2RI=0。在模式1中，如果S2SM2位为0且S2REN位为1，接收机处于地址帧筛选被禁止状态。不论收到S2RB8为0或1，均可使接收到的信息进入S2BUF，并使S2RI=1，此时S2RB8通常为校验位。模式0为非多机通信方式，在这种方式时，要设置S2SM2为0。

③S2REN：允许/禁止串口接收控制位。

0：禁止串口接收数据。

1：允许串口接收数据。

④S2TB8：当串口2使用模式1时，S2TB8为要发送的第9位数据，一般用作校验位或者地址帧/数据帧标志位，按需要由软件置位或清0。在模式0中，该位不用。

⑤S2RB8：当串口2使用模式1时，S2RB8为接收到的第9位数据，一般用作校验位或者地址帧/数据帧标志位。在模式0中，该位不用。

⑥S2TI：串口2发送中断请求标志位。在停止位开始发送时由硬件自动将S2TI置1，向CPU

发请求中断，响应中断后S2TI必须用软件清零。

⑦S2RI：串口2接收中断请求标志位。串行接收到停止位的中间时刻由硬件自动将S2RI置1，向CPU发中断申请，响应中断后S2RI必须由软件清零。

2. 串口2数据寄存器

串口2数据寄存器的简称、地址和各位的功能见表8-14。

表8-14 串口2数据寄存器

简称	地址	7	6	5	4	3	2	1	0
S2BUF	9BH								

S2BUF：串口2数据接收/发送缓冲区。S2BUF实际是两个缓冲器：读缓冲器和写缓冲器。两个操作分别对应两个不同的寄存器，一个是只写寄存器（写缓冲器），一个是只读寄存器（读缓冲器）。对S2BUF进行读操作，实际是读取串口接收缓冲区，对S2BUF进行写操作则是触发串口开始发送数据。

8.4.1 串口2模式0

串口2的模式0为8位数据位可变波特率UART工作模式。此模式一帧信息为10位：1位起始位、8位数据位（低位在先）和1位停止位。波特率可变，可根据需要设置波特率。TxD2为数据发送口，RxD2数据接收口，串行口全双工接收/发送。串口2模式0的发送和接收时序如图8-10和图8-11所示。

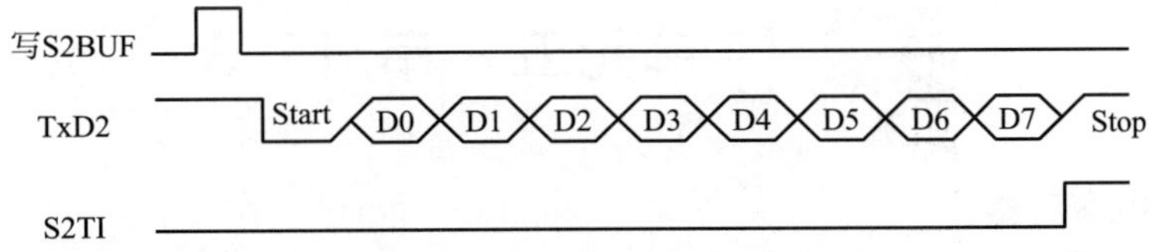

图8-10 发送时序（串口2模式0）

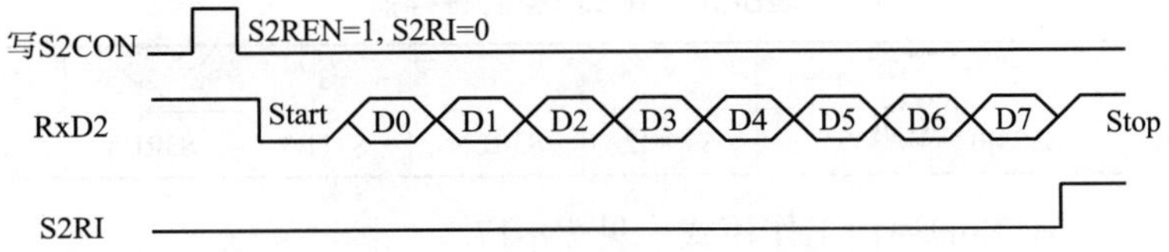

图8-11 接收时序（串口2模式0）

串口2的波特率是可变的，其波特率由定时器T2产生。当定时器采用1T模式时（12倍速），相应的波特率的速度也会相应提高12倍。

串口2模式0的波特率计算公式见表8-15（SYSclk为系统工作频率）。

表8-15 串口2模式0波特率计算公式

选择定时器	定时器速度	波特率计算公式
定时器T2	1T	定时器T2重载值=65 536−$\frac{SYSclk}{4\times 波特率}$
	12T	定时器T2重载值=65 536−$\frac{SYSclk}{12\times 4\times 波特率}$

8.4.2 串口2模式1

串行口2的模式1为9位数据位可变波特率UART工作模式。此模式一帧信息为11位：1位起始位、9位数据位（低位在先）和1位停止位。波特率可变，可根据需要设置波特率。TxD2为数据发送口，RxD2为数据接收口，串行口全双工接收/发送。串口2模式1的发送和接收时序如图8-12和图8-13所示。

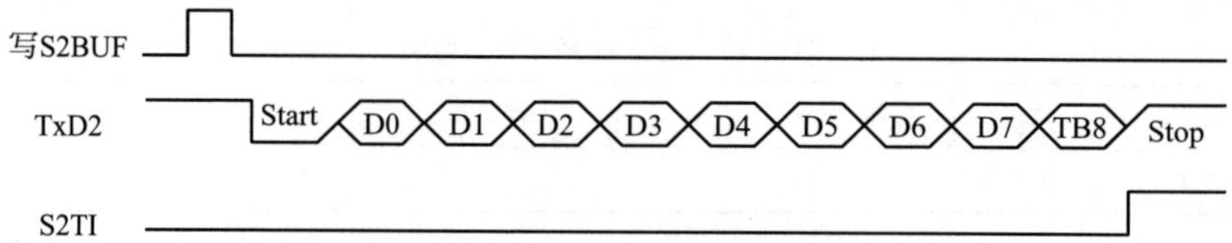

图8-12　发送时序（串口2模式1）

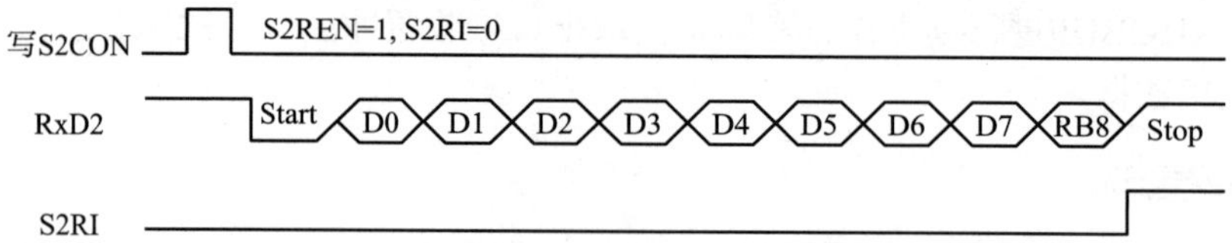

图8-13　接收时序（串口2模式1）

串口2模式1的波特率计算公式与模式0完全相同。请参考模式0的波特率计算公式。

单元五　串　口　3

1. 串口3控制寄存器

串口3控制寄存器各位的含义见表8-16。

表8-16　串口3控制寄存器

简称	地址	7	6	5	4	3	2	1	0
S3CON	ACH	S3SM0	S3ST3	S3SM2	S3REN	S3TB8	S3RB8	S3TI	S3RI

①S3SM0：指定串口3的通信工作模式，见表8-17。

表8-17　串口3工作模式

S3SM0	串口3工作模式	功能说明
0	模式0	可变波特率8位数据方式
1	模式1	可变波特率9位数据方式

②S3ST3：选择串口3的波特率发生器。

0：选择定时器T2为串口3的波特率发生器。

1：选择定时器T3为串口3的波特率发生器。

③S3SM2：串口3在模式1时允许多机通信控制位。在模式1时，如果S3SM2位为1且S3REN位1，则接收机处于地址帧筛选状态。此时可以利用接收到的第9位（即S3RB8）来筛选地址

帧：若S3RB8=1，说明该帧是地址帧，地址信息可以进入S3BUF，并使S3RI为1，进而在中断服务程序中再进行地址号比较；若S3RB8=0，说明该帧不是地址帧，应丢掉且保持S3RI=0。在模式1中，如果S3SM2位为0且S3REN位为1，接收机处于地址帧筛选被禁止状态。不论收到的S3RB8为0或1，均可使接收到的信息进入S3BUF，并使S3RI=1，此时S3RB8通常为校验位。模式0为非多机通信方式，在这种方式时要设置S3SM2为0。

④S3REN：允许/禁止串口接收控制位。

0：禁止串口接收数据。

1：允许串口接收数据。

⑤S3TB8：当串口3使用模式1时，S3TB8为要发送的第9位数据，一般用作校验位或者地址帧/数据帧标志位，按需要由软件置位或清0。在模式0中，该位不用。

⑥S3RB8：当串口3使用模式1时，S3RB8为接收到的第9位数据，一般用作校验位或者地址帧/数据帧标志位。在模式0中，该位不用。

⑦S3TI：串口3发送中断请求标志位。在停止位开始发送时由硬件自动将S3TI置1，向CPU发请求中断，响应中断后S3TI必须用软件清零。

⑧S3RI：串口3接收中断请求标志位。串行接收到停止位的中间时刻由硬件自动将S3RI置1，向CPU发中断申请，响应中断后S3RI必须由软件清零。

2. 串口3数据寄存器

串口3数据寄存器见表8-18。

表8-18　串口3数据寄存器

简称	地址	7	6	5	4	3	2	1	0
S3BUF	ADH								

S3BUF：串口1数据接收/发送缓冲区。S3BUF实际是两个缓冲器：读缓冲器和写缓冲器。两个操作分别对应两个不同的寄存器，一个是只写寄存器（写缓冲器），一个是只读寄存器（读缓冲器）。对S3BUF进行读操作，实际是读取串口接收缓冲区，对S3BUF进行写操作则是触发串口开始发送数据。

8.5.1　串口3模式0

串行口3的模式0为8位数据位可变波特率UART工作模式。此模式一帧信息为10位：1位起始位、8位数据位（低位在先）和1位停止位。波特率可变，可根据需要进行设置。TxD3为数据发送口，RxD3为数据接收口，串行口全双工接收/发送。串口3模式0发送数据和接收数据的时序如图8-14和图8-15所示。

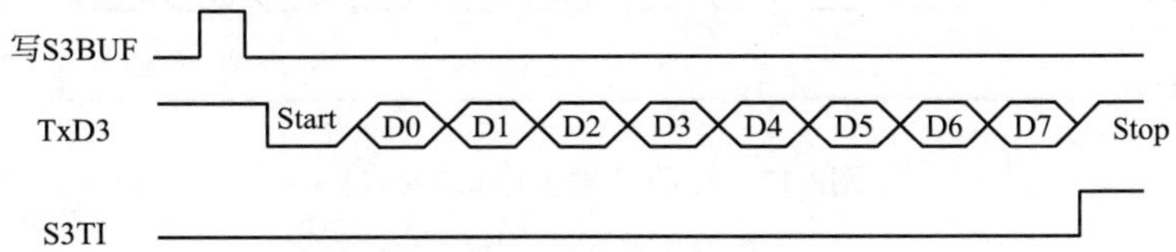

图8-14　发送数据（串口3模式0）

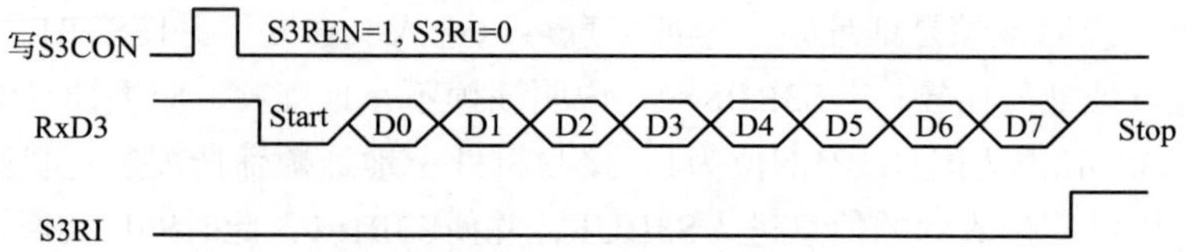

图8-15 接收数据（串口3模式0）

串口3的波特率是可变的，其波特率可由定时器T2或定时器T3产生。当定时器采用1T模式时（12倍速），相应的波特率的速度也会相应提高12倍。

串口3模式0的波特率计算公式见表8-19（SYSclk为系统工作频率）。

表8-19 串口3模式0的波特率计算公式

选择定时器	定时器速度	波特率计算公式
定时器T2	1T	定时器T2重载值=65 536−$\frac{SYSclk}{4\times 波特率}$
	12T	定时器T2重载值=65 536−$\frac{SYSclk}{12\times 4\times 波特率}$
定时器T3	1T	定时器T3重载值=65 536−$\frac{SYSclk}{4\times 波特率}$
	12T	定时器T3重载值=65 536−$\frac{SYSclk}{12\times 4\times 波特率}$

8.5.2 串口3模式1

串行口3的模式1为9位数据位可变波特率UART工作模式。此模式一帧信息为11位：1位起始位，9位数据位（低位在先）和1位停止位。波特率可变，可根据需要进行设置。TxD3为数据发送口，RxD3为数据接收口，串行口全双工接收/发送。串口3模式1的发送数据和接收数据的时序如图8-16和图8-17所示。

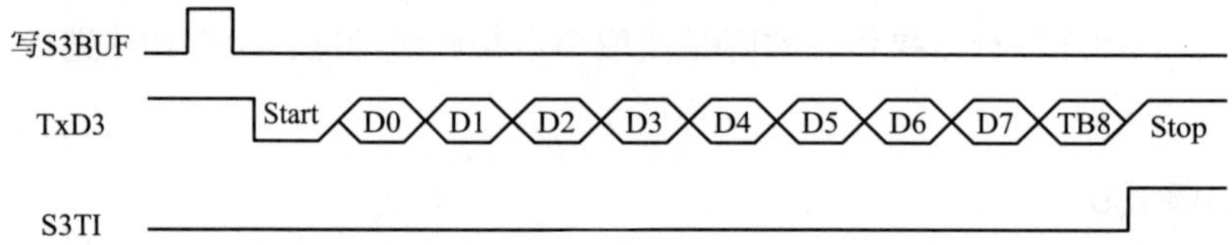

图8-16 发送数据（串口3模式1）

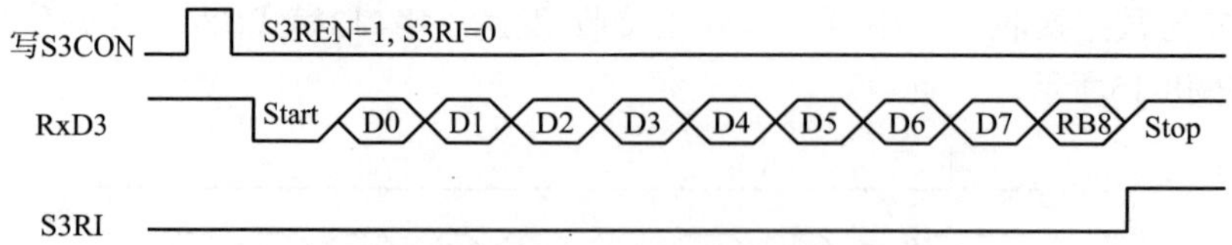

图8-17 接收数据（串口3模式1）

串口3模式1的波特率计算公式与模式0是完全相同的。请参考模式0的波特率计算公式。

单元六　串 口 4

1. 串口4控制寄存器（见表8-20）

表8-20　串口4控制寄存器

简称	地址	7	6	5	4	3	2	1	0
S4CON	84H	S4SM0	S4ST4	S4SM2	S4REN	S4TB8	S4RB8	S4TI	S4RI

①S4SM0：指定串口4的通信工作模式，见表8-21。

表8-21　串口4通信工作模式

S4SM0	串口4工作模式	功 能 说 明
0	模式0	可变波特率8位数据方式
1	模式1	可变波特率9位数据方式

②S4ST4：选择串口4的波特率发生器。

0：选择定时器T2为串口4的波特率发生器。

1：选择定时器T4为串口4的波特率发生器。

③S4SM2：允许串口4在模式1时允许多机通信控制位。在模式1时，如果S4SM2位为1且S4REN位为1，则接收机处于地址帧筛选状态。此时，可以利用接收到的第9位（即S4RB8）来筛选地址帧：若S4RB8=1，说明该帧是地址帧，地址信息可以进入S4BUF，并使S4RI为1，进而在中断服务程序中再进行地址号比较；若S4RB8=0，说明该帧不是地址帧，应丢掉且保持S4RI=0。在模式1中，如果S4SM2位为0且S4REN位为1，接收机处于地址帧筛选被禁止状态。不论收到的S4RB8为0或1，均可使接收到的信息进入S4BUF，并使S4RI=1，此时S4RB8通常为校验位。模式0为非多机通信方式，在这种方式时，要设置S4SM2应为0。

④S4REN：允许/禁止串口接收控制位。

0：禁止串口接收数据。

1：允许串口接收数据。

⑤S4TB8：当串口4使用模式1时，S4TB8为要发送的第9位数据，一般用作校验位或者地址帧/数据帧标志位，按需要由软件置位或清0。在模式0中，该位不用。

⑥S4RB8：当串口4使用模式1时，S4RB8为接收到的第9位数据，一般用作校验位或者地址帧/数据帧标志位。在模式0中，该位不用。

⑦S4TI：串口4发送中断请求标志位。在停止位开始发送时由硬件自动将S4TI置1，向CPU发请求中断，响应中断后S4TI必须用软件清零。

⑧S4RI：串口4接收中断请求标志位。串行接收到停止位的中间时刻由硬件自动将S4RI置1，向CPU发中断申请，响应中断后S4RI必须由软件清零。

2. 串口4数据寄存器（见表8-22）

表8-22　串口4数据寄存器

简称	地址	7	6	5	4	3	2	1	0
S4BUF	85H								

S4BUF：串口1数据接收/发送缓冲区。S4BUF实际是两个缓冲器：读缓冲器和写缓冲器。两个操作分别对应两个不同的寄存器，一个是只写寄存器（写缓冲器），一个是只读寄存器（读缓冲器）。对S4BUF进行读操作，实际是读取串口接收缓冲区，对S4BUF进行写操作则是触发串口开始发送数据。

8.6.1 串口4模式0

串行口4的模式0为8位数据位可变波特率UART工作模式。此模式一帧信息为10位：1位起始位、8位数据位（低位在先）和1位停止位。波特率可变，可根据需要进行设置波特率。TxD4为数据发送口，RxD4为数据接收口，串行口全双工接收/发送。串口4模式0的发送数据和接收数据时序如图8-18和图8-19所示。

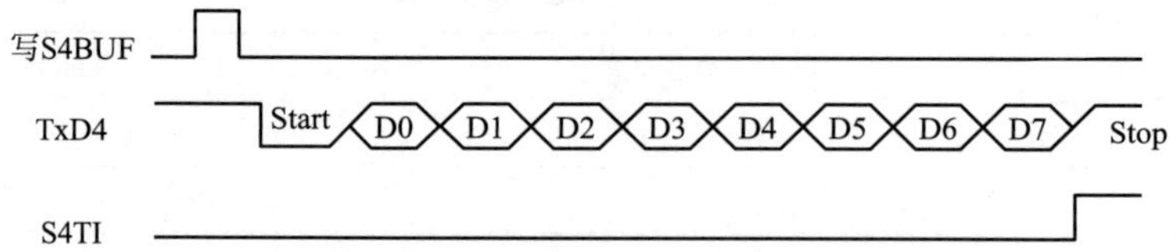

图8-18 发送数据（串口4模式0）

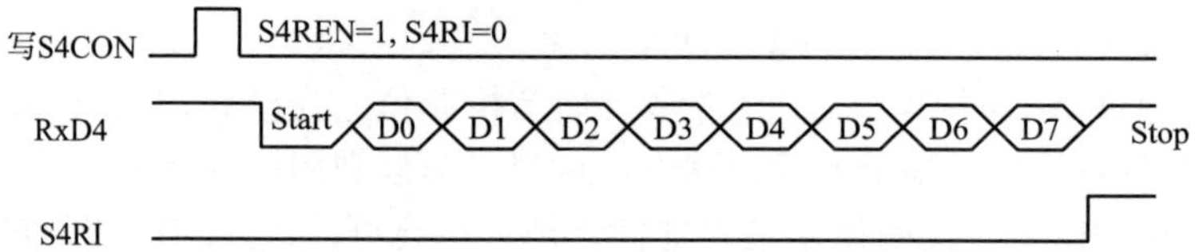

图8-19 接收数据（串口4模式0）

串口4的波特率是可变的，其波特率可由定时器T2或定时器T4产生。当定时器采用1T模式时（12倍速），相应的波特率的速度也会相应提高12倍。

串口4模式0的波特率计算公式见表8-23（SYSclk为系统工作频率）。

表8-23 串口4模式0的波特率计算公式

选择定时器	定时器速度	波特率计算
定时器T2	1T	定时器T2重载值=65 536−$\frac{SYSclk}{4 \times 波特率}$
	12T	定时器T2重载值=65 536−$\frac{SYSclk}{12 \times 4 \times 波特率}$
定时器T4	1T	定时器T4重载值=65 536−$\frac{SYSclk}{4 \times 波特率}$
	12T	定时器T4重载值=65 536−$\frac{SYSclk}{12 \times 4 \times 波特率}$

8.6.2 串口4模式1

串行口4的模式1为9位数据位可变波特率UART工作模式。此模式一帧信息为11位：1位起始位、9位数据位（低位在先）和1位停止位。波特率可变，可根据需要进行设置波特率。TxD4为数据发送口，RxD4为数据接收口，串行口全双工接收/发送。串口4模式1的发送数据和接收数据时序如图8-20和图8-21所示。

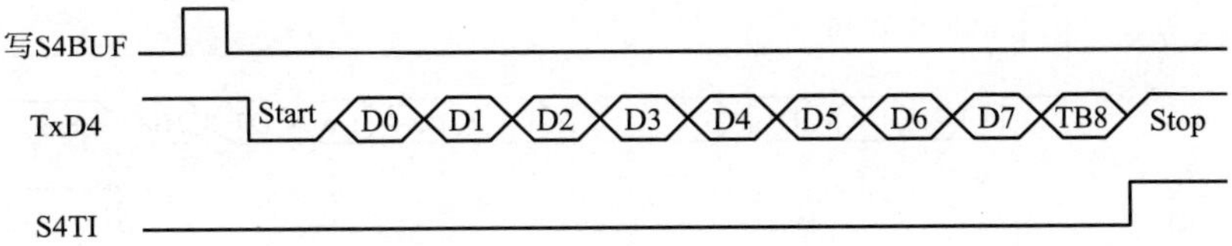

图8-20　发送数据（串口4模式1）

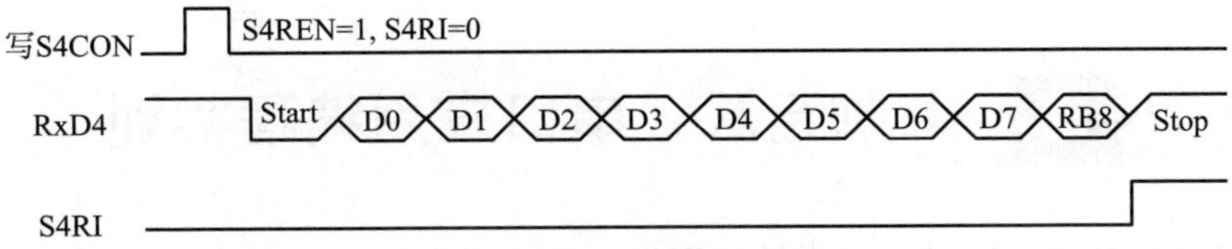

图8-21　接收数据（串口4模式1）

串口4模式1的波特率计算公式与模式0是完全相同的。请参考模式0的波特率计算公式。

单元七　串口注意事项

关于串口中断请求有如下问题需要注意：（串口1、串口2、串口3、串口4均类似，下面以串口1为例进行说明）

①8位数据模式时，发送完成约1/3个停止位后产生TI中断请求，如图8-22所示。

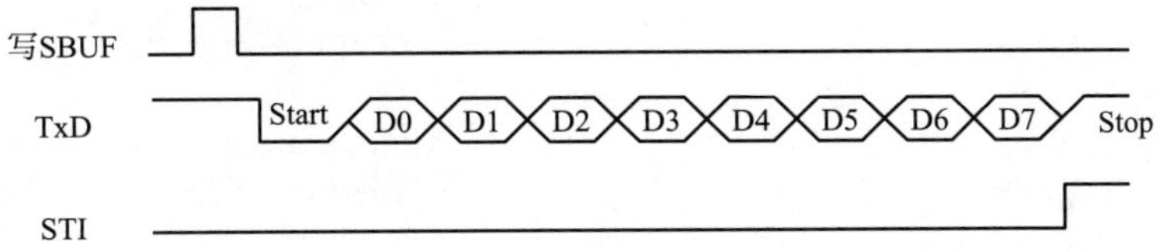

图8-22　发送数据（8位）

②8位数据模式时，接收完成约1/2个停止位后产生RI中断请求，如图8-23所示。

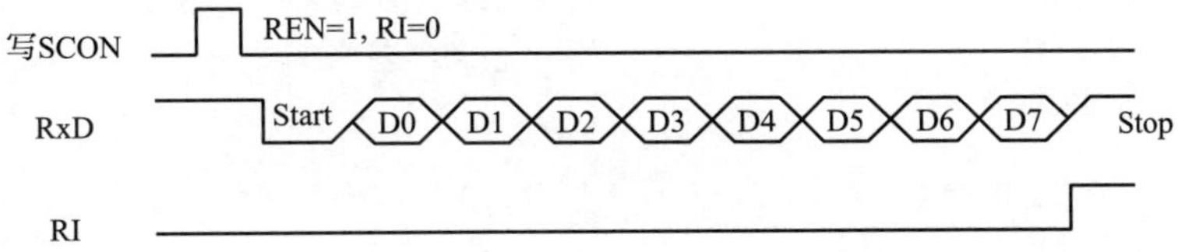

图8-23　接收数据（8位）

③9位数据模式时，发送完成约1/3个停止位后产生TI中断请求，如图8-24所示。

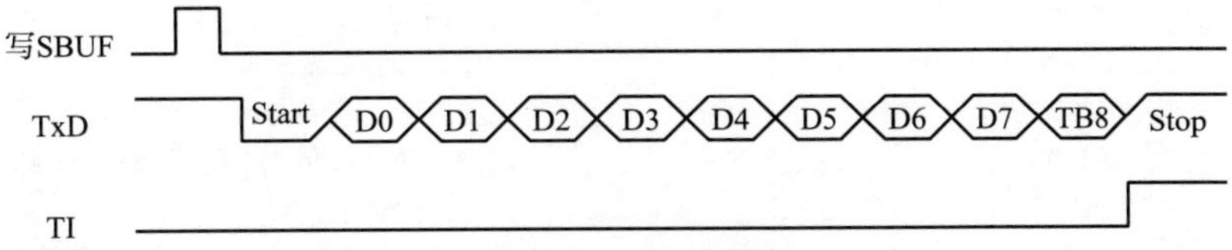

图8-24　发送数据（9位）

④9位数据模式时，接收完成半个第9位数据位后产生RI中断请求，如图8-25所示。

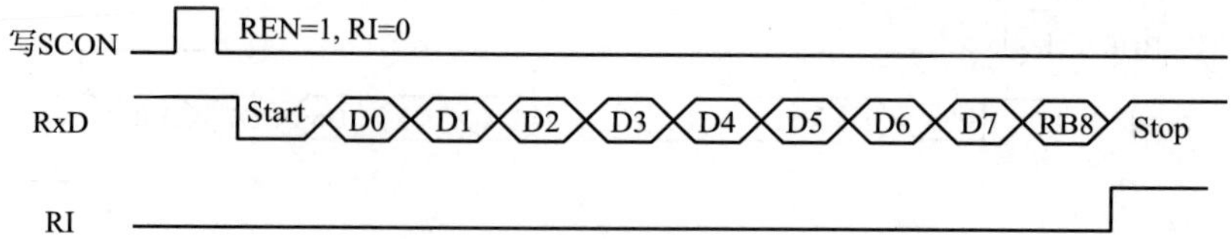

图8-25 接收数据（9位）

单元八 串口应用编程实训

本单元介绍串口1使用定时器T2做波特率发生器的程序。

8.8.1 汇编代码

```
;-----定时器T2用作串口1的波特率发生器-------
;
;工作频率为11.0592 MHz
;-----------------------------------------
AUXR        DATA      8EH;              ;辅助寄存器AUXR
T2H         DATA      D6H               ;定时器T2高8位
T2L         DATA      D7H               ;定时器T2低8位
BUSY        BIT       20H.0             ;忙标志位
WPTR        DATA      21H               ;WPTR赋地址21H
RPTR        DATA      22H               ;PRTR赋地址22H
BUFFER      DATA      23H               ;BUFFER赋地址23H

            ORG       0000H             ;程序首地址
            LJMP      MAIN              ;跳转到MAIN程序块
            ORG       0023H             ;程序首地址
LJMP        UART_ISR                    ;跳转到UART_ISR程序块
ORG         0100H                       ;程序首地址
UART_ISR:                               ;UART_ISR程序块
PUSH        ACC                         ;ACC入栈
PUSH        PSW                         ;PSW入栈
MOV         PSW,#08H                    ;PSW赋值08H

JNB         TI,CHKRI                    ;TI为0则跳转到CHERI
            CLR       TI                ;TI清零
            CLR       BUSY              ;BUSY清零
CHKRI:                                  ;CHKRI程序段
            JNB       RI,UARTISR_EXIT   ;RI为0则跳转到UARTISR_EXIT
            CLR       RI                ;RI清零
            MOV       A,WPTR            ;WPTR的值赋给A
            ANL       A,#0FH            ;0FH与A的值与之后赋予A
            ADD       A,#BUFFER         ;BUFFER的值与A的值加后赋给A
            MOV       R0,A              ;A的值赋予R0
            MOV       @R0,SBUF          ;SBUF的值赋予R0指明的存储单元，间址寻址
      INC             WPTR              ;WPTR增1
UARTISR_EXIT:                           ;UARTISR_EXIT程序段，串口中断退出
```

```
POP     PSW                         ;PSW出栈
        POP         ACC             ;ACC出栈
        RETI                        ;中断返回
UART_INIT:                          ;UART_INIT程序段，串口初始化
        MOV         SCON,#50H       ;50H赋值给SCON，8位可变波特率，无校验
        MOV         T2L,#0E8H       ;E8H赋值给T2L
        MOV         T2H,#0FFH       ;FFH赋值给T2H，FFE8对应的波特率位115200，
                                     65536-11059200/115200/4=FFE8
        MOV         AUXR,#15H       ;15H赋值给AUXR，启动定时器2，1T模式，定时器2
                                     为串口1的波特率发生器
        CLR         BUSY            ;BUSY清零
MOV                 WPTR,#00H       ;00H赋值给WPTR
        MOV         RPTR,#00H       ;00H赋值给RPTR
        RET                         ;返回
UART_SEND:                          ;UART_SEND程序段，串口发送
        JB          BUSY,$          ;等待前面的数据发送完成
        SETB        BUSY            ;BUSY置位
        MOV         SBUF,A          ;A赋予SBUF
        RET                         ;返回
UART_SENDSTR:
        CLR         A               ;A清零
        MOVC        A,@A+DPTR       ;(A+DPTR)指向的值赋给A
        JZ          SENDEND         ;A为0跳转到SENDSEND
        LCALL       UART_SEND       ;调用UART_SDND
        INC         DPTR            ;DPTR增1
        JMP         UART_SENDSTR    ;跳转到UART_SENDSTR
SENDEND:
        RET
MAIN:
    MOV             SP,#3FH         ;3FH到SP
       LCALL        UART_INIT;      调用UART_INIT
       SETB         ES              ;置位ES，使能串口中断
       SETB         EA              ;开中断
       MOV          DPTR,#STRING    ;数据指针赋值
       LCALL        UART_SENDSTR    ;调用UART_SENDSTR
LOOP:
        MOV         A,RPTR          ;RPTR赋给A
        XRL         A,WPTR          ;异或后赋给A
        ANL         A,#0FH          ;与后赋给A
        JZ          LOOP            ;A为0，跳转到LOOP循环
        MOV         A,RPTR          ;RPTR赋给A
        ANL         A,#0FH          ;逻辑与
        ADD         A,#BUFFER
        MOV         R0,A
        MOV         A,@R0
        LCALL       UART_SEND
        INC         RPTR
        JMP         LOOP
STRING: DB          'Uart Test!',0DH,0AH,00H
        END
```

8.8.2 C51语言程序

```
#include "reg51.h"
#include"intr’ins.h"
#define   FOSC    11059200UL                    //晶振频率
#define   BRT     (65536-FOSC/115200/4)         //用于设置波特率
sfr       AUXR=0x8e;                            //辅助寄存器
sfr       T2H=0xd6;                             //定时器T2寄存器高字节
sfr       T2L=0xd7;                             //定时器T2寄存器低字节

bit       busy;                                 //忙标志
char      wptr;
char      rptr;
char      buffer[16];
/*********************************
* @函数名: UarIsr
* @描述: 中断函数
* @参数: 无
* @返回值: 无
*********************************/
void UarIsr()   interrupt 4
{
    if(TI)                                      //发送完成中断
    {
        TI=0;                                   //清除中断
        busy=0;
    }
    if(RI)                                      //接收中断
    {
        RI=0;                                   //清除接收中断
        buffer[bptr++]=SBUF;
        wptr &=0x0f;
    }
}
/*********************************
* @函数名: UartInit
* @描述: 串口初始化
* @参数: 无
* @返回值: 无
*********************************/

void UartInit()
{
    SCON=0x50;          //设置串口1，8位可变波特率，无校验
    T2L=BRT;            //设置波特率
    T2H=BRT>>8;         //65536~11059200/115200/4=FFE8, T2L=E8H,T2H=FFH
    AUXR=0x15;          //启动定时器T2，1T模式，定时器T2为串口1的波特率发生器
    wptr=0x00;
    rptr=0x00;
    busy=0;
```

```
}
/*********************************
* @函数名：UartSend
* @描述：串口发送
* @参数：char dat，要发送的字符
* @返回值：无
*********************************/

void UartSend( char dat)
{
    while(busy);                                //等待上次发送完成
    busy=1;
    SBUF=dat;                                   //发送数据
}
/*********************************
* @函数名：UartSendStr
* @描述：串口发送字符串
* @参数：char *p，要发送的字符串指针
* @返回值：无
*********************************/

void UartSendStr(char *p)
{
    while(*p)
    {
        UartSend(*p++);
    }
}
void main()
{
    UartInit();
    ES=1;
    EA=1;
    UartSendStr("Uart Test!\r\n");
    while(1)
    {
        if(rptr!=wptr)
        {
            UartSend(buffer[rptr++]);
            rptr &=0x0f;
        }
    }
}
```

小　结

本模块首先介绍了串行通信的概念、串行通信和并行通信的区别以及同步串行通信和异步

串行通信，接着详细介绍了STC8单片机最常用的串行通信（通常称为串口通信）的配置和使用方法。STC8单片机提供了四个串行通信接口，并提供了不同的配置方式，为用户提供了多种不同的组合方式。请读者学习时掌握好串行通信的配置方式，在实践应用中举一反三，深入理解他们的区别。

习　　题

1. 简述串行通信和并行通信的区别，各自有什么优缺点。
2. 单工、半双工、全双工的区别是什么？各自有什么优缺点？
3. 简述STC8单片机串行通信接口的结构。
4. 使用STC-ISP软件生成C程序实现串行通信接口的初始化。
5. 编写程序使用串口实现两个单片机系统的双机通信。

模块九

其他外围模块

学习导航

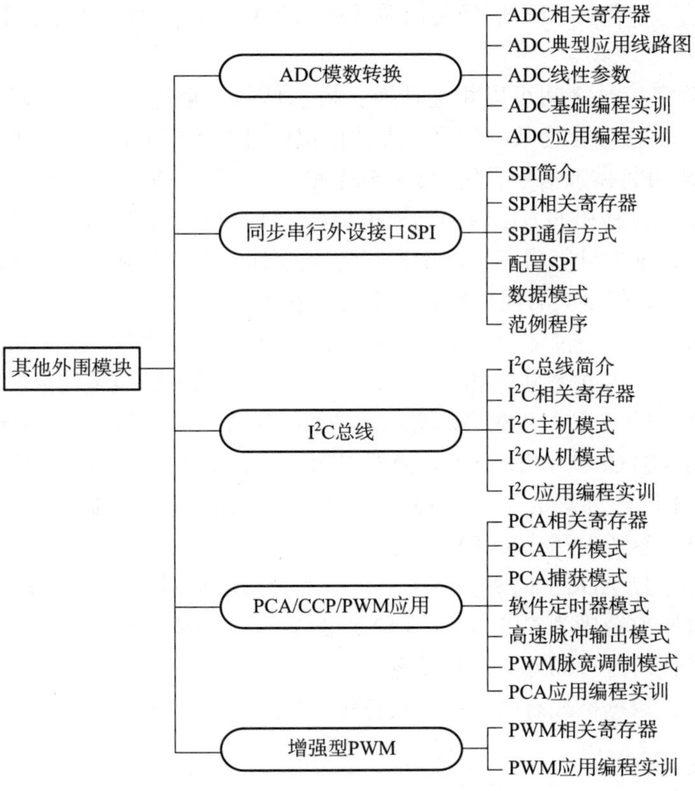

学习及素养目标

- 了解ADC、SPI、I^2C、PCA、CCP、PWM的概念及特点。
- 了解上述模块常见的应用场景。
- 了解STC8单片机上述模块的特点。
- 能够根据应用需要选择合适的模块并进行正确配置。
- 能够编写程序实现模块简单应用。
- 能够具体问题具体分析，做到细心沉稳，勇于尝试。

单片机处理的数据是数字数据，即二进制数据。而外界的信号一般为模拟信号，因此通常需要经过一定的过程将模拟信号转换成数字信号。单片机在特定场合工作时，经常需要和其他部件或者芯片进行数据通信，通信的方式有SPI和I^{2}C等方式。本模块将讲述STC单片机的ADC（模数转换）功能、SPI和I^{2}C的应用方法，以及PWM（脉宽调制）。

单元一　ADC模数转换

信号分为模拟信号和数字信号。模拟信号指的是随时间或空间连续变化的信号，如温度和图像。数字信号是指用二进制表示的离散的信息。自然界大多数信息用模拟信号来表示，例如可以用一系列连续变化的电磁波或电压信号（如电话传输中的音频电压信号）来表示。单片机处理的是数字信号，所以模拟信号要用单片机来处理，必须将模拟信号转换位数字信号才可以。

模拟信号和数字信号之间可以相互转换：模拟信号一般通过脉冲编码调制（pulse code modulation, PCM）方法量化为数字信号，即让模拟信号的不同幅度分别对应不同的二进制值。例如，采用8位编码可将模拟信号量化为2^8=256个量级，实用中常采取24位或30位编码；数字信号一般通过对载波进行移相的方法转换为模拟信号。计算机、计算机局域网与城域网中均使用二进制数字信号，目前在计算机广域网中实际传送的则既有二进制数字信号，也有由数字信号转换而得的模拟信号，但是具有应用发展前景的是数字信号。

模拟信号只有通过A/D转化为数字信号后才能用软件进行处理，这一切都是通过A/D转换器（ADC）来实现的。与模数转换相对应的是数模转换，数模转换是模数转换的逆过程。A/D转换器可以采用特定的芯片或者电路来实现，STC单片机集成了相应的A/D转换器，所以可以直接将模拟信号接入STC8单片机的A/D转换器引脚，不需要外接专用的A/D转换芯片或者电路。

STC8系列单片机内部集成了一个12位15通道的高速A/D转换器（注意：第16通道只能用于检测内部REFV参考电压，REFV的电压值为1.344 V，由于制造误差，实际电压值可能在1.34 ~ 1.35 V之间）。ADC的时钟频率为系统频率2分频再经过用户设置的分频系数进行再次分频（ADC的时钟频率范围为SYSclk/2/1 ~ SYSclk/2/16）。每固定16个ADC时钟可完成一次A/D转换。ADC每秒最快可进行80万次模数转换。

ADC转换结果的数据格式有两种：左对齐和右对齐，可方便用户程序进行读取和引用。

9.1.1 ADC相关寄存器

STC8中的ADC相关寄存器见表9-1。

表9-1　ADC相关寄存器

简　称	说　明	地址	各位的功能说明								复位值
			7	6	5	4	3	2	1	0	
ADC_CONTR	ADC控制寄存器	BCH	ADC_POWER	ADC_START	ADC_FLAG	—	ADC_CHS[3:0]				000x0000
ADC_RES	ADC转换结果高位寄存器	BDH	—								00000000

续表

简　称	说　明	地址	各位的功能说明								复位值
			7	6	5	4	3	2	1	0	
ADC_ RESL	ADC转换结果低位寄存器	BEH	—								00000000
ADCCFG	ADC配置寄存器	DEH	—	—	RESFMT	—	SPEED[3:0]				xx0x0000

1.ADC控制寄存器（见表9-2）

表9-2　ADC控制寄存器

简　称	地　址	7	6	5	4	3	2	1	0
ADC_CONTR	BCH	ADC_POWER	ADC_START	ADC_FLAG	—	ADC_CHS[3:0]			

①ADC_POWER：ADC电源控制位。

0：关闭ADC电源。

1：打开ADC电源。

建议进入空闲模式和掉电模式前将ADC电源关闭，以降低功耗。

②ADC_START：ADC转换启动控制位。写入1后开始ADC转换，转换完成后硬件自动将此位清零。

0：无影响。即使ADC已经开始转换工作，写0也不会停止A/D转换。

1：开始ADC转换，转换完成后硬件自动将此位清零。

③ADC_FLAG：ADC转换结束标志位。当ADC完成一次转换后，硬件会自动将此位置1，并向CPU提出中断请求。此标志位必须清零。

④ADC_CHS[3:0]：ADC模拟通道选择位，通道选择见表9-3。

表9-3　ADC通道选择

ADC_CHS[3:0]	ADC通道	ADC_CHS[3:0]	ADC通道
0000	P1.0	1000	P1.0
0001	P1.1	1001	P1.1
0010	P1.1	1010	P1.1
0011	P1.3	1011	P1.3
0100	P1.4	1100	P1.4
0101	P1.5	1101	P1.5
0110	P1.6	1110	P1.6
0111	P1.7	1111	测试内部1.344 V的REFV电压

2. ADC配置寄存器（见表9-4）

表9-4　ADC配置寄存器

简　称	地　址	7	6	5	4	3	2	1	0
ADCCFG	DEH	—	—	RESFMT	—	SPEED[3:0]			

①RESFMT：ADC转换结果格式控制位。

0：转换结果左对齐。ADC_RES保存结果的高8位，ADC_RESL保存结果的低4位。转换结果左对齐格式如图9-1所示。

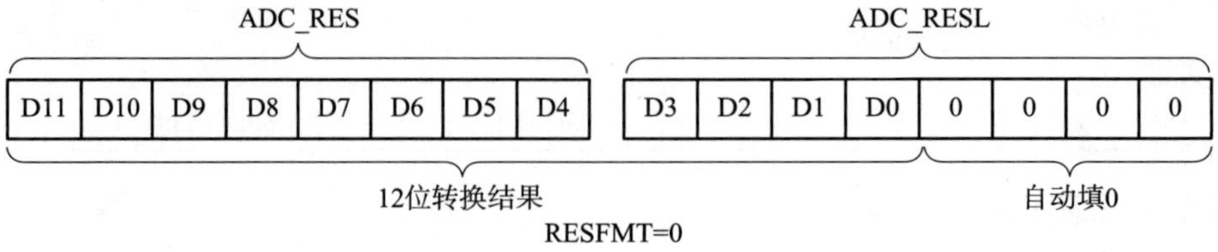

图9-1　转换结果左对齐

1：转换结果右对齐。ADC_RES保存结果的高4位，ADC_RESL保存结果的低8位。转换结果右对齐格式如图9-2所示。

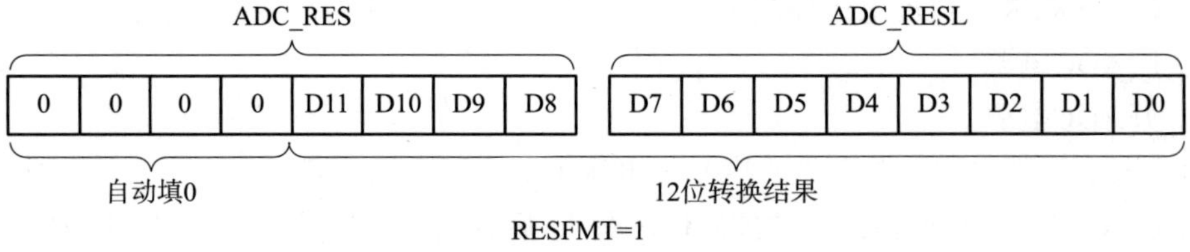

图9-2　转换结果右对齐

②SPEED[3:0]：ADC时钟控制。ADC工作时钟频率F_{ADC}=(SYSclk/2/16)/SPEED，见表9-5。

表9-5　ADC转换的时钟控制

SPEED[3:0]	F_{ADC}	SPEED[3:0]	F_{ADC}
0000	SYSclk/2/1	1000	SYSclk/2/9
0001	SYSclk/2/2	1001	SYSclk/2/10
0010	SYSclk/2/3	1010	SYSclk/2/11
0011	SYSclk/2/4	1011	SYSclk/2/12
0100	SYSclk/2/5	1100	SYSclk/2/13
0101	SYSclk/2/6	1101	SYSclk/2/14
0110	SYSclk/2/7	1110	SYSclk/2/15
0111	SYSclk/2/8	1111	SYSclk/2/16

3. ADC转换结果寄存器（见表9-6）

表9-6　ADC转换结果寄存器

简　称	地　址	7	6	5	4	3	2	1	0
ADC_RES	BDH								
ADC_RESL	BEH								

当A/D转换完成后，12位的转换结果会自动保存到ADC_RES和ADC_RESL中。保存结果的数据格式可参考ADCCFG寄存器中的RESFMT设置。

9.1.2　ADC典型应用线路图

根据模数转换精度的不同，可以将ADC配置成高精度模式和一般精度模式。

1. 高精度ADC应用

如果需要较高的转换精度，可以将ADC配置成高精度模式。高精度模式线路图如图9-3所示。

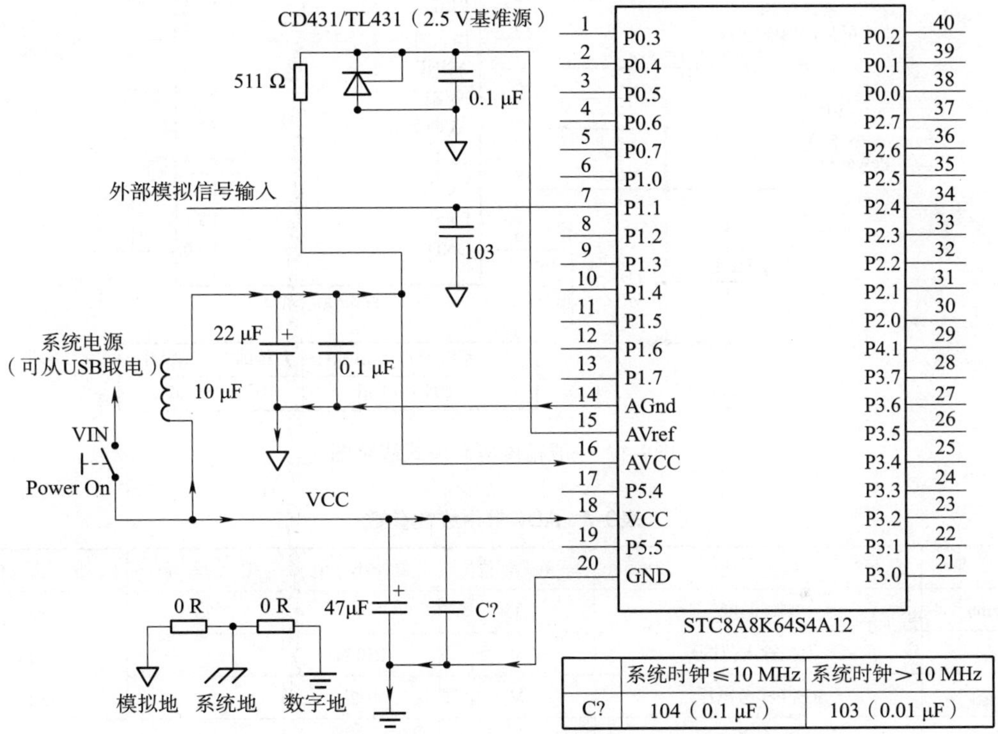

	系统时钟≤10 MHz	系统时钟>10 MHz
C?	104（0.1 μF）	103（0.01 μF）

图9-3　高精度模式线路图

2. ADC一般应用

如果不需要较高的转换精度，可以将ADC配置成一般精度应用模式。一般精度应有模式的线路图如图9-4所示。

9.1.3　ADC线性参数

ADC常用线性参数见表9-7。

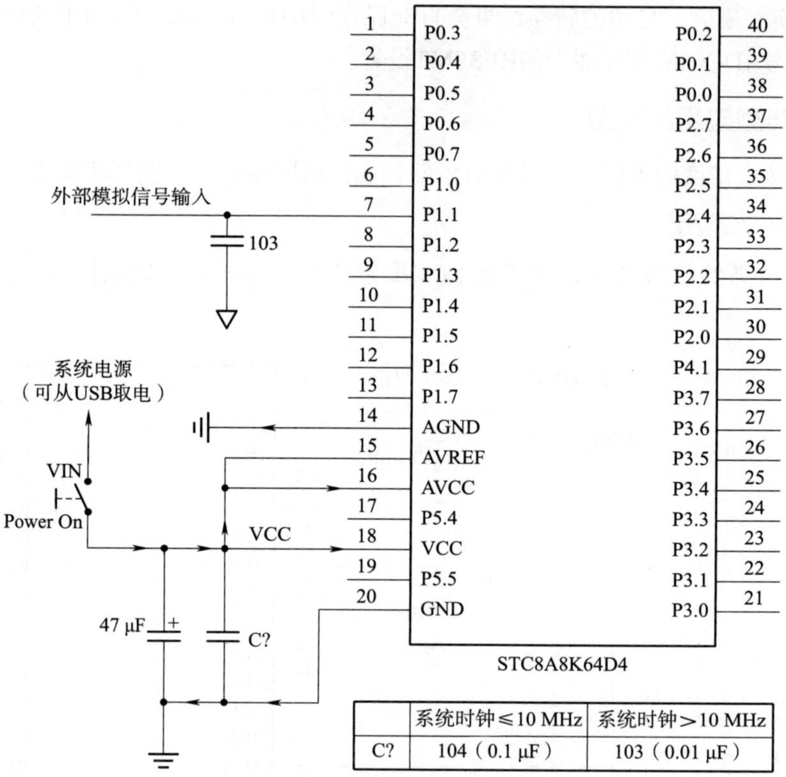

	系统时钟≤10 MHz	系统时钟>10 MHz
C?	104（0.1 μF）	103（0.01 μF）

图9-4　一般精度应有模式线路图

表9-7　ADC常用线性参数

符号	描述	单位	最小值	典型值	最大值
Temp	测试温度	℃	-40	25	85
A_{in}	模拟输入范围	V	REFN	—	REFP
V_{REFP}	REFP参考电压	V	1.2	3.0	5.5
V_{REFN}	REFN参考电压	V	0	0	0
RES	分辨率	bit	—	12	—
OFFSET	偏移误差	LSB	-3.0	± 1.5	3.0
GAIN	增益误差	LSB		± 2	± 5
INL	积分非线性误差	LSB	-3.0	± 1.0	2.0
DNL	微分非线性误差	LSB	-1.0	± 0.9	1.5
SPS	采样率（转换速率）	Hz	30	—	800
I_{REFP}	参考电压信号电流	μA	—	100	—
SNDR	信噪比失真率	dB	—	64	—
THD	总谐波失真	dB	—	65	—
SFDR	杂散动态范围	dB	—	64	—
R_{REFP}	REFP输入等效电路	Ω	—	700	—

续表

符　号	描　述	单　位	最 小 值	典 型 值	最 大 值
R_{in}	模拟输入等效电阻	Ω	—	500	—
C_{in}	模拟输入等效电容	pF	—	26	30
C_{load}	数字输出负载电容	pF	—	—	0.1

注意：

①使用ADC时，要注意AVCC跟VCC电压差不要超过0.1 V，VREF在2.0~AVCC（用户输入的模拟电压）之间，P1.0~P1.7、P0.0~P0.6电压不能比AVCC高。

②使用外部晶振时，要注意AVCC跟VCC电压差不要超过0.1 V，P1.0~P1.7、P0.0~P0.6电压不能比AVCC高，否则晶振不起振，形同死机。

9.1.4 ADC基础编程实训

1. ADC基本操作（查询方式）

C语言代码如下：

```
#include "reg51.h"
#include "intrins.h"
//测试工作频率为11.0592 MHz
sfr  ADC_CONTR=0xbc;
sfr  ADC_RES=0xbd;
sfr  ADC_RESL=0xbe;
sfr  ADCCFG=0xde;
sfr  P1M0=0x92;
sfr  P1M1=0x91;
void main()
{
    P1M0=0x00;                          //设置P1.0为ADC口
    P1M1=0x01;
    ADCCFG=0x0f;                        //设置ADC时钟为系统时钟/2/16/16
    ADC_CONTR=0x80;                     //使能ADC模块
    while(1)
    {
        ADC_CONTR|=0x40;                //启动AD转换
        _nop_();
        _nop_();
        while(!(ADC_CONTR & 0x20));     //查询ADC完成标志
        ADC_CONTR&=~0x20;               //清完成标志
        P2=ADC_RES;                     //读取ADC结果
    }
}
```

2. ADC基本操作（中断方式）

C语言代码如下：

```
#include "eg51.h"
#include "ntrins.h"
```

```
//测试工作频率为11.0592 MHz
sfr   ADC_CONTR=0xbc;
sfr   ADC_RES=0xbd;
sfr   ADC_RESL=0xbe;
sfr   ADCCFG=0xde;

sbit  EADC=IE^5;

sfr   P1M0=0x92;
sfr   P1M1=0x91;
/**********************************
* @函数名：ADC_Isr()
* @描述：中断函数
* @参数：无
* @返回值：无
**********************************/
void ADC_Isr() interrupt 5
{
    ADC_CONTR &= ~0x20;                    //清中断标志
    P2=ADC_RES;                            //读取ADC结果
    ADC_CONTR |= 0x40;                     //继续AD转换
}
void main()
{
    P1M0=0x00;                             //设置P1.0为ADC口
    P1M1=0x01;
    ADCCFG=0x0f;                           //设置ADC时钟为系统时钟/2/16/16
    ADC_CONTR=0x80;                        //使能ADC模块
    EADC=1;
    EA=1;
    ADC_CONTR |= 0x40;                     //启动AD转换
    while(1);
}
```

3. 格式化ADC转换结果

C语言代码如下：

```
#include "eg51.h"
#include "ntrins.h"
//测试工作频率为11.0592 MHz
sfr  ADC_CONTR=0xbc;
sfr  ADC_RES=0xbd;
sfr  ADC_RESL=0xbe;
sfr  ADCCFG=0xde;

sfr  P1M0=0x92;
sfr  P1M1=0x91;

void main()
{
```

```
        P1M0=0x00;                      //设置P1.0为ADC口
        P1M1=0x01;
        ADCCFG=0x0f;                    //设置ADC时钟为系统时钟/2/16/16
        ADC_CONTR=0x80;                 //使能ADC模块
        ADC_CONTR |= 0x40;              //启动AD转换
        _nop_();
        _nop_();
        while(!(ADC_CONTR & 0x20));     //查询ADC完成标志
        ADC_CONTR &= ~0x20;             //清完成标志

        ADCCFG=0x00;                    //设置结果左对齐
        ACC=ADC_RES;                    //A存储ADC的12位结果的高8位
        B=ADC_RESL;                     //B[7:4]存储ADC的12位结果的低4位，B[3:0]为0

        //ADCCFG=0x00;                  //设置结果右对齐
        //ACC=ADC_RES;                  //A[3:0]存储ADC的12位结果的高4位,A[7:4]为0
        //B=ADC_RESL;                   //存储ADC的12位结果的低8位
        while(1);
    }
```

9.1.5　ADC应用编程实训

STC8系列ADC的第15通道是用来测试内部BandGap参考电压的。由于内部BandGap参考电压很稳定，约为1.35 V，且不会随芯片的工作电压的改变而变化，所以可以通过测量内部BandGap参考电压，然后通过ADC的值便可反推出外部电压或外部电池电压。

图9-5所示为本实训电压测量参考线路图。

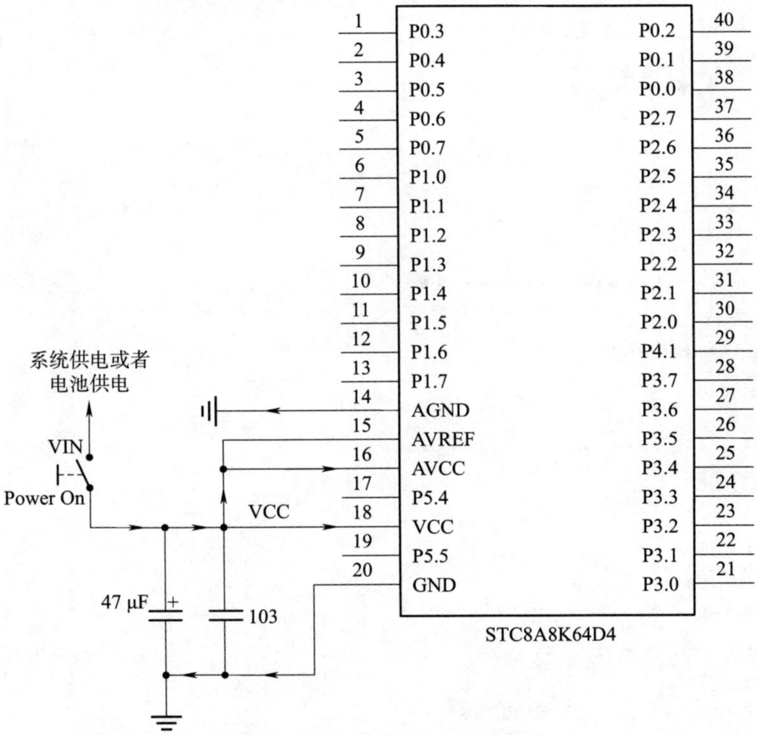

图9-5　电压测量参考线路图

C语言代码如下：

```
#include "reg51.h"
#include "intrins.h"
//测试工作频率为11.0592 MHz
#define   FOSC    11059200UL
#define   BRT     (65536-FOSC/115200/4)
sfr  AUXR=0x8e;
sfr  ADC_CONTR=0xbc;
sfr  ADC_RES=0xbd;
sfr  ADC_RESL=0xbe;
sfr  ADCCFG=0xde;
sfr  P1M0=0x92;
sfr  P1M1=0x91;
int  *BGV;        //内部Banggap电压值存放在idata中，电压单位为毫伏（mV）
//idata的EFH地址存放高字节，idata的F0H地址存放低字节
bit  busy;
/*********************************
* @函数名：UartIsr
* @描述：中断函数
* @参数：无
* @返回值：无
*********************************/
void UartIsr() interrupt 4
{
    if(TI)
    {
        TI=0;
        busy=0;
    }
    if(RI)
    {
        RI=0;
    }
}
/*********************************
* @函数名：UartInit
* @描述：串口初始化函数
* @参数：无
* @返回值：无
*********************************/
void UartInit()
{
    SCON=0x50;
    TMOD=0x00;
    TL1=BRT;
    TH1=BRT>>8;
    TR1=1;
    AUXR=0x40;
    busy=0;
```

```
}
/**********************************
* @函数名：UartSend
* @描述：串口发送函数
* @参数：char dat，要发送的字符
* @返回值：无
**********************************/
void UartSend(char dat)
{
    while(busy);
    busy=1;
    SBUF=dat;
}
/**********************************
* @函数名：ADCInit
* @描述：ADC初始化函数
* @参数：无
* @返回值：无
**********************************/
void ADCInit()
{
    ADCCFG=0x2f;                              //设置ADC时钟为系统时钟/2/16/16
    ADC_CONTR=0x8f;                           //使能ADC模块，并选择第16通道
}
/**********************************
* @函数名：ADCRead
* @描述：ADC读函数
* @参数：无
* @返回值：无
**********************************/
void ADCRead()
{
    int res;
    ADC_CONTR |= 0x40;                        //启动AD转换
    _nop_();
    _nop_();
    while(!(ADC_CONTR & 0x20));               //查询ADC完成标志
    ADC_CONTR &= ~0x20;                       //清完成标志
    res=(ADC_RES<<8)|ADC_RESL;                //读取ADC结果
    return res;
}
void main()
{
    int res;
    int vcc;
    int i;

    BGV=(int idata *)0xfe;
    ADCInit();                                //ADC初始化
    UartInit();                               //串口初始化
```

```
        ES=1;
        EA=1;
        ADCRead();
        ADCRead();                    //前两个数据丢弃
        res=0;
        for(i=0;i<8;i++)
        {
            res += ADCRead();         //读取8次数据
        }
        res>>=3;                      //取平均值
        vcc=(int)(4095L ** BGV/res);  //计算VREF引脚电压，即电池电压，电压单位为毫伏（mV）
        UartSend(vcc>>8);             //输出电压值到串口
        UartSend(vcc);
        P1M0=0x00;                    //设置P1.0为ADC口
        P1M1=0x01;
        ADCCFG=0x0f;                  //设置ADC时钟为系统时钟/2/16/16
        ADC_CONTR=0x80;               //使能ADC模块
        while(1)
    }
```

单元二　同步串行外设接口SPI

9.2.1　SPI简介

串行通信是指计算机主机与外设之间以及主机系统与主机系统之间数据的串行传送。使用串口通信时，发送和接收到的每一个字符实际上都是一次一位传送的，每一位为1或者为0。串行通信可以分为同步通信和异步通信两类。

串行外围设备接口（serial peripheral interface,SPI）是一种串行通信的协议。SPI总线系统提供了一种同步串行外设接口，它可以使MCU与各种外围设备以串行方式进行通信以交换信息。经常使用SPI通信的外围设备有FLASHRAM、网络控制器、LCD显示驱动器、A/D转换器和MCU等。SPI总线系统可直接与各个厂家生产的多种标准外围器件直接连接。该接口一般使用四条线：串行时钟线（SCLK）、主机输入/从机输出数据线MISO、主机输出/从机输入数据线MOSI和低电平有效的从机选择线SS（有的SPI接口芯片带有中断信号线INT，有的SPI接口芯片没有主机输出/从机输入数据线MOSI）。Motorola首先在其MC68HCXX系列处理器上使用了该通信协议。SPI接口主要应用在EEPROM、FLASH、实时时钟、AD转换器等外围设备的通信，以及数字信号处理器和数字信号解码器之间的通信。SPI是一种高速、全双工、同步的通信总线，并且在芯片的引脚上只占用四根线，节约了芯片的引脚，便于PCB的布局。正是出于这种简单易用的特性，现在越来越多的芯片集成了这种通信协议，如AT91RM9200。

SPI的通信原理很简单，它以主从方式工作，这种模式通常有一个主设备和一个或多个从设备，至少需要四根线，事实上三根也可以（用于单向传输时，也就是半双工方式）。这些通信线也是所有基于SPI的设备共有的，它们是SDI（数据输入）、SDO（数据输出）、SCLK（时钟）、CS（片选）。

①SDO：主设备数据输出，从设备数据输入。

②SDI：主设备数据输入，从设备数据输出。

③SCK：时钟信号，由主设备产生。

④CS：从设备使能信号，由主设备控制。

CS也称为片选信号，只有片选信号为预先规定的使能信号时（高电位或低电位），对此芯片的操作才有效。通过片选信号控制芯片是否被选中，可以在一条总线上连接多个SPI设备。

剩下的三条线负责通信。通信是通过数据交换完成的，这里先要知道SPI是串行通信协议，也就是说数据是一位一位地传输的。同时，它还是同步通信，这就是SCK时钟线存在的原因，由SCLK提供时钟脉冲，SDI、SDO则基于此脉冲完成数据传输。数据输出通过SDO线，数据在时钟上升沿或下降沿时改变，在紧接着的下降沿或上升沿被读取。完成一位数据传输，输入也采用同样原理。这样，至少8次时钟信号的改变（上沿和下沿为一次），就可以完成8位数据的传输。

要注意的是，SCLK信号线只由主设备控制，从设备不能控制信号线。同样，在一个基于SPI的设备中，至少有一个主控设备。这样的传输方式有一个优点：与普通的串行通信不同，普通的串行通信一般一次连续传送8位数据，而SPI允许数据一位一位地传送，甚至允许暂停，因为SCK时钟线由主控设备控制，当没有时钟跳变时，从设备不采集或传送数据。也就是说，主设备通过对SCLK时钟线的控制可以完成对通信的控制。SPI还是一个数据交换协议：因为SPI的数据输入和输出线独立，所以允许同时完成数据的输入和输出。不同的SPI设备的实现方式不尽相同，主要是数据改变和采集的时间不同，在时钟信号上沿或下沿采集有不同定义，具体请参考相关器件的文档。

在点对点的通信中，SPI接口不需要进行寻址操作，且为全双工通信，显得简单高效。在多个从设备的系统中，每个从设备需要独立的使能信号，硬件上比I^2C系统要稍微复杂一些。

STC8系列单片机内部集成了这种高速串行通信接口——SPI。SPI是一种全双工的高速同步通信总线。STC8系列集成的SPI接口提供了两种操作模式：主模式和从模式。

9.2.2　SPI相关寄存器

与SPI相关的寄存器有三个，见表9-8。

表9-8　SPI相关寄存器

符　号	描　述	地　址	位地址与符号								复位值
			7	6	5	4	3	2	1	0	
SPSTAT	SPI状态寄存器	CDH	SPIF	WCOL	—	—	—	—	—	—	00XXXXXX
SPCTL	SPI控制寄存器	CEH	SSIG	SPEN	DORD	MSTR	CPOL	CPHA	SPR[1:0]		00000100
SPDAT	SPI数据寄存器	CFH	—	—	—	—	—	—	—		00000000

1. SPI状态寄存器（见表9-9）

表9-9　SPI状态寄存器

简　称	地　址	7	6	5	4	3	2	1	0
SPCTAT	CDH	SPIF	WCOL	—	—	—	—	—	—

①SPIF：SPI中断标志位。

当发送/接收完成1 B的数据后，硬件自动将此位置1，并向CPU提出中断请求。当SSIG位被设置为0时，由于SS引脚电平的变化而使得设备的主/从模式发生改变时，此标志位也会被硬件自动置1，以标志设备模式发生变化。

注意：此标志位用户必须通过软件方式向此位写1进行清零。

②WCOL：SPI写冲突标志位。

当SPI在进行数据传输的过程中写SPDAT寄存器时，硬件将此位置1。

注意：此标志位用户必须通过软件方式向此位写1进行清零。

2.SPI控制寄存器（见表9-10）

表9-10 SPI控制寄存器

简称	地址	7	6	5	4	3	2	1	0
SPCTL	CEH	SSIG	SPEN	DORD	MSTR	CPOL	CPHA	SPR[1:0]	

①SSIG：SS引脚功能控制位。

0：SS引脚确定器件是主机还是从机。

1：忽略SS引脚功能，使用MSTR确定器件是主机还是从机。

②SPEN：SPI使能控制位。

0：关闭SPI功能。

1：使能SPI功能。

③DORD：SPI数据位发送/接收的顺序。

0：先发送/接收数据的高位（MSB）。

1：先发送/接收数据的低位（LSB）。

④MSTR：器件主/从模式选择位。

设置主机模式：

若SSIG=0，则SS引脚必须为高电平且设置MSTR为1。

若SSIG=1，则只需要设置MSTR为1（忽略SS引脚的电平）。

设置从机模式：

若SSIG=0，则SS引脚必须为低电平（与MSTR位无关）。

若SSIG=1，则只需要设置MSTR为0（忽略SS引脚的电平）。

⑤CPOL：SPI时钟极性控制。

0：SCLK空闲时为低电平，SCLK的前时钟沿为上升沿，后时钟沿为下降沿。

1：SCLK空闲时为高电平，SCLK的前时钟沿为下降沿，后时钟沿为上升沿。

⑥CPHA：SPI时钟相位控制。

0：数据SS引脚为低电平驱动第一位数据并在SCLK的后时钟沿改变数据，前时钟沿采样数据（必须SSIG=0）。

1：数据在SCK前时钟沿驱动，后时钟沿采样。

⑦SPR[1:0]：SPI时钟频率选择见表9-11。

表9-11　SPI时钟频率选择

SPR[1:0]	SCLK频率	SPR[1:0]	SCLK频率
00	SYSclk/4	10	SYSclk/16
01	SYSclk/8	11	SYSclk/2

3. SPI数据寄存器

SPI数据寄存器见表9-12。它是SPI发送/接收数据缓冲器。

表9-12　SPI数据寄存器

简称	地址	7	6	5	4	3	2	1	0
SPDAT	CFH								

注意：SPI的SCLK和MOSI如果设置为开漏输出并且I/O输出高，则SCLK和MOSI没有输出信号，但将这两个口输出低电平，则能正常输出。并且，这两个信号是推挽输出，与I/O设置无关。

9.2.3　SPI通信方式

SPI的通信方式通常有三种：单主单从（一个主机设备连接一个从机设备）、互为主从（两个设备连接，设备和互为主机和从机）、单主多从（一个主机设备连接多个从机设备）。

1. 单主单从

两个设备相连，其中一个设备固定作为主机，另外一个固定作为从机。

①主机设置：SSIG设置为1，MSTR设置为1，固定为主机模式。主机可以使用任意端口连接从机的SS引脚，拉低从机的SS引即脚可使能从机。

②从机设置：SSIG设置为0，SS引脚作为从机的片选信号。

单主单从连接配置如图9-6所示。

2. 互为主从

两个设备相连，主机和从机不固定。

设置方法1：两个设备初始化时都将SSIG设置为0，MSTR设置为1，且将SS引脚设置为双向口模式输出高电平。此时两个设备都是不忽略SS的主机模式。当其中一个设备需要启动传输时，可将自己的SS引脚设置为输出模式并输出低电平，拉低对方的SS引脚，这样另一个设备就被强行设置为从机模式。

设置方法2：两个设备初始化时都将自己设置成忽略SS的从机模式，即将SSIG设置为1，MSTR设置为0。当其中一个设备需要启动传输时，先检测SS引脚的电平，如果这时候为高电平，就将自己设置成忽略SS的主模式，即可进行数据传输。

互为主从连接配置如图9-7所示。

3. 单主多从

多个设备相连，其中一个设备固定作为主机，其他设备固定作为从机。

①主机设置：SSIG设置为1，MSTR设置为1，固定为主机模式。主机可以使用任意端口分别连接各个从机的SS引脚，拉低其中一个从机的SS引脚即可使能相应的从机设备。

②从机设置：SSIG设置为0，SS引脚作为从机的片选信号。

单主多从连接配置如图9-8所示。

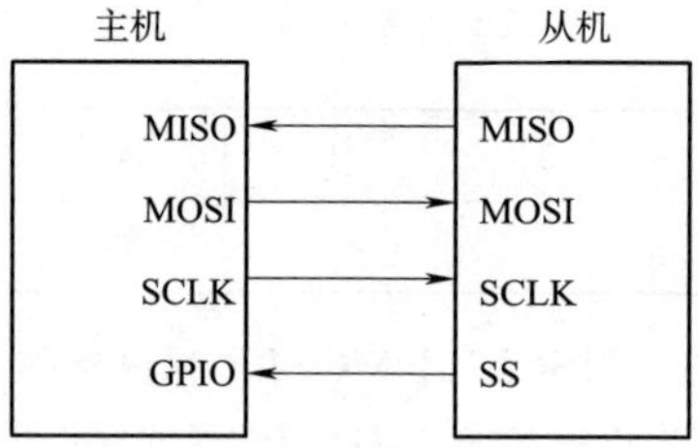

图9-6 单主单从配置

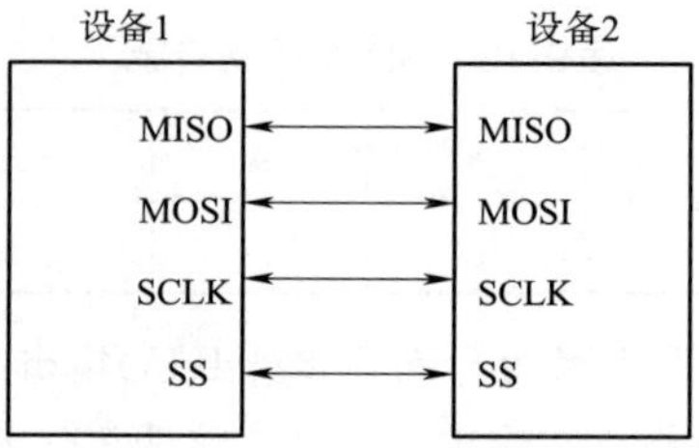

图9-7 互为主从配置

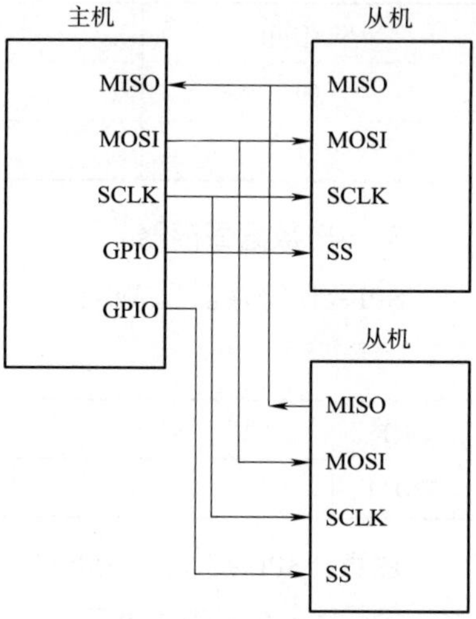

图9-8 单主多从连接配置

9.2.4 配置SPI

配置SPI的方法见表9-13。

表9-13 配置SPI方法

控制位			通信端口				说明
SPEN	SSIG	MSTR	SS	MISO	MOSI	SCLK	
0	x	x	x	输入	输入	输入	关闭SPI功能，SS/MOSI/MISO/SCLK均为普通I/O
1	0	0	0	输出	输入	输入	从机模式，且被选中
1	0	0	1	高阻	输入	输入	从机模式，但未被选中
1	0	1→0	0	输出	输入	输入	从机模式，不忽略SS且MSTR为1的主机模式，当SS引脚被拉低时，MSTR将被硬件自动清零，工作模式将被被动设置为从机模式
1	0	1	1	输入	高阻	高阻	主机模式，空闲状态
					输出	输出	主机模式，激活状态
1	1	0	x	输出	输入	输入	从机模式
1	1	1	x	输入	输出	输出	主机模式

1. 从机模式的注意事项

当CPHA＝0时，SSIG必须为0（即不能忽略SS引脚）。在每次串行字节开始发送前SS引脚必须拉低，并且在串行字节发送完后须重新设置为高电平。SS引脚为低电平时不能对SPDAT寄存器执行写操作，否则将导致一个写冲突错误。CPHA=0且SSIG=1时的操作未定义。

当CPHA＝1时，SSIG可以置1（即可以忽略脚）。如果SSIG＝0，SS引脚可在连续传输之间保持低电平有效（即一直固定为低电平）。这种方式适用于固定单主单从的系统。

2. 主机模式的注意事项

SPI中，传输总是由主机启动的。如果SPI使能（SPEN=1）并选择作为主机时，主机对SPI数据寄存器SPDAT的写操作将启动SPI时钟发生器和数据的传输。在数据写入SPDAT之后的半个到一个SPI位时间后，数据将出现在MOSI引脚。写入主机SPDAT寄存器的数据从MOSI引脚移出发送到从机的MOSI引脚。同时从机SPDAT寄存器的数据从MISO引脚移出发送到主机的MISO引脚。

传输完一个字节后，SPI时钟发生器停止，传输完成标志（SPIF）置位。如果SPI中断使能则会产生一个SPI中断。主机和从机CPU的两个移位寄存器可以看作是一个16位循环移位寄存器。当数据从主机移位传送到从机的同时，数据也以相反的方向移入。这意味着在一个移位周期中，主机和从机的数据相互交换。

3. 通过SS改变模式

如果SPEN=1，SSIG=0且MSTR=1，SPI使能为主机模式，并将SS引脚配置为输入模式化或准双向口模式。这种情况下，另外一个主机可将该引脚驱动为低电平，从而将该器件选择为SPI从机并向其发送数据。为了避免争夺总线，SPI系统将该从机的MSTR清零，MOSI和SCLK强制变为输入模式，而MISO则变为输出模式，同时SPSTAT的SPIF标志位置1。

用户软件必须一直对MSTR位进行检测，如果该位被一个从机选择动作而被动清零，而用户想继续将SPI作为主机，则必须重新设置MSTR位，否则将一直处于从机模式。

4. 写冲突

SPI在发送时为单缓冲，在接收时为双缓冲。这样在前一次发送尚未完成之前，不能将新的数据写入移位寄存器。当发送过程中对数据寄存器SPDAT进行写操作时，WCOL位将被置1以指示发生数据写冲突错误。在这种情况下，当前发送的数据继续发送，而新写入的数据将丢失。

当对主机或从机进行写冲突检测时，主机发生写冲突的情况是很罕见的，因为主机拥有数据传输的完全控制权。但从机有可能发生写冲突，因为当主机启动传输时，从机无法进行控制。

接收数据时，接收到的数据传送到一个并行读数据缓冲区，这样将释放移位寄存器以进行下一个数据的接收。但必须在下个字符完全移入之前从数据寄存器中读出接收到的数据，否则，前一个接收数据将丢失。

WCOL可通过软件向其写入“1”清零。

9.2.5　数据模式

SPI的时钟相位控制位CPHA可以让用户设置数据采样和改变时的时钟沿。时钟极性位CPOL可以让用户设置时钟极性。图9-9~图9-12所示为不同时钟相位、极性设置下的SPI通信时序。

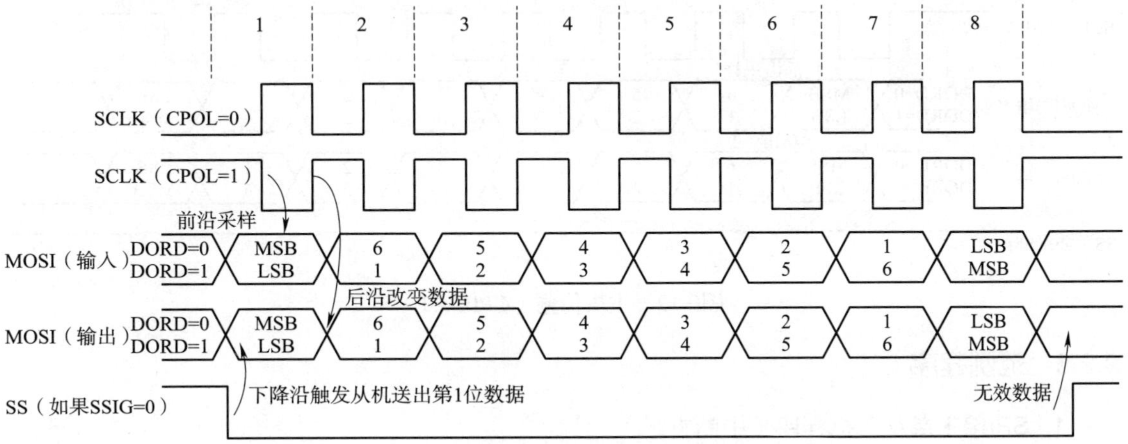

图9-9　从机传输（CPHA=0）

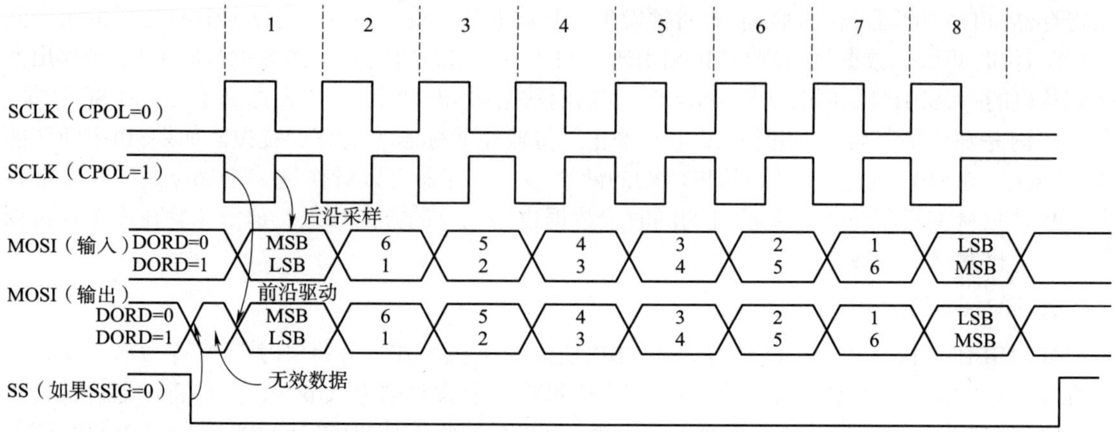

图9-10 从机传输（CPHA=1）

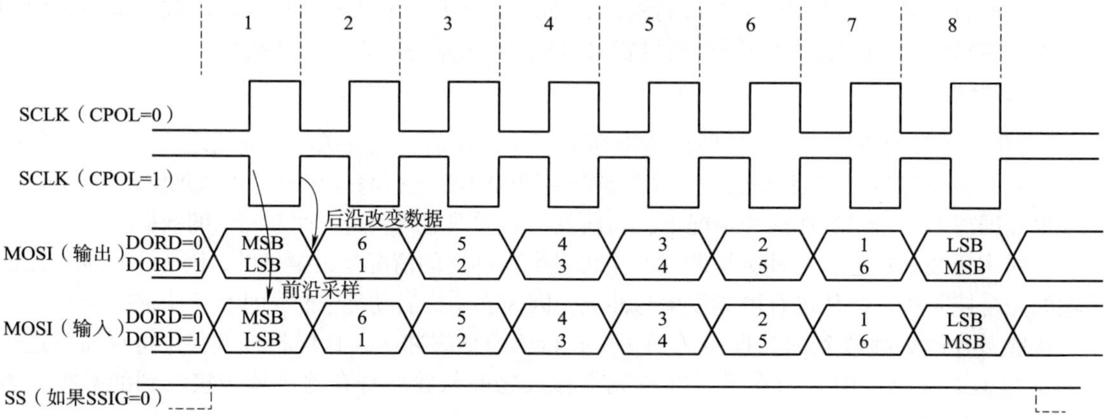

图9-11 主机传输（CPHA=0）

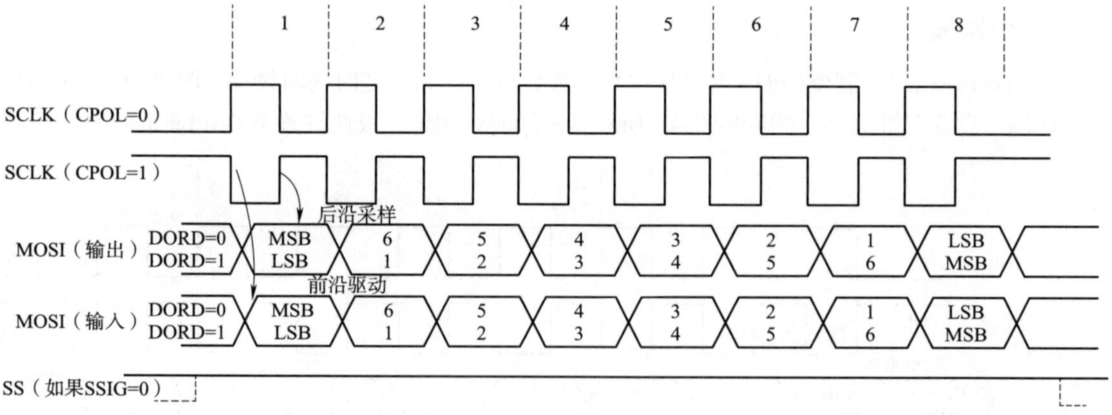

图9-12 主机传输（CPHA=1）

9.2.6 范例程序

1. SPI单主单从主机程序（中断方式）

C语言代码如下：

```
#include "reg51.h"
#include "intrins.h"
sfr  SPSTAT=0xcd;
sfr  SPCTL=0xce;
sfr  SPDAT=0xcf;
sfr  IE2=0xaf;
#define ESPI 0x02
sbit SS=P1^0;
sbit LED=P1^1;
bit  busy;
/*********************************
* @函数名: SPI_Isr
* @描述: SPI中断函数
* @参数: 无
* @返回值: 无
*********************************/
void SPI_Isr() interrupt 9
{
    SPSTAT=0xc0;                          //清中断标志
    SS=1;                                 //拉高从机的SS引脚
    busy=0;
    LED=!LED;                             //测试端口
}
void main()
{
    LED=1;
    SS=1;
    busy=0;
    SPCTL=0x50;                           //使能SPI主机模式
    SPSTAT=0xc0;                          //清中断标志
    IE2=ESPI;                             //使能SPI中断
    EA=1;
    while(1)
    {
        while(busy);
        busy=1;
        SS=0;                             //拉低从机SS引脚
        SPDAT=0x5a;                       //发送测试数据
    }
}
```

2. SPI单主单从系统从机程序（中断方式）

C语言代码如下：

```
#include "reg51.h"
#include "intrins.h"
sfr  SPSTAT=0xcd;
sfr  SPCTL=0xce;
sfr  SPDAT=0xcf;
sfr  IE2=0xaf;
```

```
#define ESPI 0x02

sbit LED=P1^1;
/*********************************
* @函数名: SPI_Isr
* @描述: SPI中断函数
* @参数: 无
* @返回值: 无
*********************************/
void SPI_Isr() interrupt 9
{
    SPSTAT=0xc0;                        //清中断标志
    SPDAT=SPDAT;                        //将接收到的数据回传给主机
    LED=!LED;                           //测试端口
}
void main()
{
    SPCTL=0x40;                         //使能SPI从机模式
    SPSTAT=0xc0;                        //清中断标志
    IE2=ESPI;                           //使能SPI中断
    EA=1;
    while(1)
}
```

3. SPI单主单从系统主机程序（查询方式）

C语言代码如下：

```
#include "reg51.h"
#include "intrins.h"
sfr  SPSTAT=0xcd;
sfr  SPCTL=0xce;
sfr  SPDAT=0xcf;
sfr  IE2=0xaf;
#define ESPI   0x02
sbit SS=P1^0;
sbit LED=P1^1;
void main()
{
    LED=1;
    SS=1;
    SPCTL=0x50;                         //使能SPI主机模式
    SPSTAT=0xc0;                        //清中断标志
    while(1)
    {
        SS=0;                           //拉低从机SS引脚
        SPDAT=0x5a;                     //发送测试数据
        while(!(SPSTAT & 0x80));        //查询完成标志
        SS=1;                           //拉高从机SS引脚
        LED=!LED;
    }
}
```

4. 单主单从系统从机程序（查询方式）

C语言代码如下：

```
#include "reg51.h"
#include "intrins.h"
sfr SPSTAT=0xcd;
sfr SPCTL=0xce;
sfr SPDAT=0xcf;
sfr IE2=0xaf;
#define ESPI 0x02
sbit LED=P1^1;
/**********************************
* @函数名：SPI_Isr
* @描述：SPI中断函数
* @参数：无
* @返回值：无
**********************************/
void SPI_Isr() interrupt 9
{
    SPSTAT=0xc0;                          //清中断标志
}
void main()
{
    SPCTL=0x40;                           //使能SPI从机模式
    SPSTAT=0xc0;                          //清中断标志
    while(1)
    {
        while(!(SPSTAT & 0x80));          //查询完成标志
        SPSTAT=0xc0;                      //清中断标志
        SPDAT=SPDAT;                      //将接收到的数据回传给主机
        LED=!LED;
    }
}
```

5. SPI互为主从系统程序（中断方式）

C语言代码如下：

```
#include "reg51.h"
#include "intrins.h"
sfr  SPSTAT=0xcd;
sfr  SPCTL=0xce;
sfr  SPDAT=0xcf;
sfr  IE2=0xaf;
#define ESPI 0x02
sbit SS=P1^0
sbit LED=P1^1;
sbit KEY=P0^0;
/**********************************
* @函数名：SPI_Isr
* @描述：SPI中断函数
```

```
 * @参数：无
 * @返回值：无
*********************************/
void SPI_Isr() interrupt 9
{
    SPSTAT=0xc0;                          //清中断标志
    if(SPCTL & 0x10)                      //主机模式
    {
        SS=1;                             //拉高从机的SS引脚
        SPCTL=0x40;                       //重新设置为从机待机
    }
    else
    {                                     //从机模式
        SPDAT=SPDAT;                      //将接收到的数据回传给主机
    }
    LED=!LED;                             //测试端口
}
void main()
{
    LED=1;
    KEY=1;
    SS=1;

    SPCTL=0x40;                           //使能SPI从机模式进行待机
    SPSTAT=0xc0;                          //清中断标志
    IE2=ESPI;                             //使能SPI中断
    EA=1;
    while(1)
    {
        if(!KEY)                          //等待按键触发
        {
            SPCTL=0x50;                   //使能SPI主机模式
            SS=0;                         //拉低从机SS引脚
            SPDAT=0x5a;                   //发送测试数据
            while(!KEY);                  //等待按键释放
        }
    }
}
```

6. SPI互为主从系统程序（查询方式）

C语言代码如下：

```
#include "reg51.h"
#include "intrins.h"
sfr      SPSTAT=0xcd;
sfr      SPCTL=0xce;
sfr      SPDAT=0xcf;
sfr      IE2=0xaf;
#define ESPI 0x02
```

```
sbit     SS=P1^0
sbit     LED=P1^1;
sbit     KEY=P0^0;
void main()
{
    LED=1;
    KEY=1;
    SS=1;

    SPCTL=0x40;                              //使能SPI从机模式进行待机
    SPSTAT=0xc0;                             //清中断标志
    while(1)
    {
        if(!KEY)                             //等待按键触发
        {
            SPCTL=0x50;                      //使能SPI主机模式
            SS=0;                            //拉低从机SS引脚
            SPDAT=0x5a;                      //发送测试数据
            while(!KEY);                     //等待按键释放
        }
        if(SPSTAT & 0x80)
        {
            SPSTAT=0xc0;                     //清中断标志
            if(SPCTL & 0x10)
            {                                //主机模式
                SS=1;                        //拉高从机的SS引脚
                SPCTL=0x40;                  //重新设置为从机待机
            }
            else
            {                                //从机模式
                SPDAT=SPDAT;                 //将接收到的数据回传给主机
            }
            LED=!LED                         //测试端口
        }
    }
}
```

单元三　I^{2}C总线

9.3.1　I^{2}C总线简介

I^{2}C（也可写为IIC）是一种总线式结构，它只需要SCL时钟信号线与SDA数据线与总线上的设备实现数据通信。它的结构简单，是一种较为常用的通信方式。I^{2}C主要用于单片机和周边外设之间的通信，典型的如EEPROM、电容触摸IC、各种传感器等。

I^{2}C采用的是主从式通信方式，所以，通信的过程完全由主设备仲裁。在通信之前，必须由主设备发送一个起始信号，决定数据是否可以开始传送，并且在结束通信时，必须再由主设备发送一个结束信号，以表示通信已经结束。

1. 物理接口：SCL+SDA

①SCL（serial clock）：时钟线，传输CLK信号，一般是I^2C主设备向从设备提供时钟的通道。

②SDA（serial data）：数据线，通信数据都通过SDA线传输。

2. 通信特征：串行、同步、非差分、低速率

①I^2C属于串行通信，所有的数据以位为单位在SDA线上串行传输。

②同步通信就是通信双方工作在同一个时钟下，一般是通信的A方通过一根CLK信号线传输A自己的时钟给B，B工作在A传输的时钟下。所以，同步通信的显著特征就是：通信线中有CLK。

③非差分：因为I^2C通信速率不高，而且通信双方距离很近，所以使用电平信号通信。

④低速率：I^2C一般是用在同一个电路板上的2个IC之间的通信，而且用来传输的数据量不大，所以本身通信速率很低（一般几百千赫，不同的I^2C芯片的通信速率可能不同，具体在编程时要看所使用的设备允许的I^2C通信最高速率，不能超过这个速率）。

3. 突出特征1：主设备+从设备

①I^2C通信时，通信双方地位是不对等的，而是分主设备和从设备。通信由主设备发起，由主设备主导，从设备只是按照I^2C协议被动地接收主设备的通信，并及时响应。

②谁是主设备、谁是从设备是由通信双方来定的（I^2C协议并无规定）。一般来说，一个芯片可以只能做主设备，也可以只能做从设备，也可以既能当主设备又能当从设备（软件配置）。

4. 突出特征2：可以多个设备挂在一条总线上（从设备地址）

①I^2C通信可以一对一（1个主设备对1个从设备），也可以一对多（1个主设备对多个从设备）。

②主设备负责调度总线，决定某一时间和哪个从设备通信。

注意：同一时间内，I2C的总线上只能传输一对设备的通信信息，所以同一时间只能有一个从设备和主设备通信。

③每一个I^2C从设备在通信中都有一个I^2C从设备地址，这个设备地址是从设备本身固有的属性，通信时主设备需要知道自己将要通信的那个从设备的地址，然后在通信时通过地址来甄别是否为要找的那个从设备。

STC8系列的单片机内部集成了一个I^2C串行总线控制器。I^2C是一种高速同步通信总线，使SCL（时钟线）和SDA（数据线）两线进行同步通信。对于SCL和SDA的端口分配，STC8系列的单片机提供了切换模式，可将SCL和SDA切换到不同的I/O接口上，以方便用户将一组I^2C总线当作多组进行分时复用。

STC8的I^2C与标准I^2C协议相比较，忽略了如下两种机制：

①发送起始信号（START）后不进行仲裁。

②时钟信号（SCL）停留在低电平时不进行超时检测。

STC8系列的I^2C总线提供了两种操作模式：主机模式（SCL为输出口，发送同步时钟信号）和从机模式（SCL为输入口，接收同步时钟信号）。

9.3.2　I^2C相关寄存器

I^2C相关寄存器见表9-14。

表9-14　I^2C相关寄存器

符　号	描　述	地　址	位地址与符号								复位值
			7	6	5	4	3	2	1	0	
I2CCFG	I^2C配置寄存器	FE80H	ENI2C	MSSL	MSSPEED[6:1]						00000000
I2CMSCR	I^2C主机控制寄存器	FE81H	EMSI	—	—	—	MSCMD[3:0]				0xxx0000
I2CMSST	I^2C主机状态寄存器	FE82H	MSBUSY	MSIF	—	—	—	—	MSACKI	MSACKO	00xxxx00
I2CSLCR	I^2C从机控制寄存器	FE83H	—	ESTAI	ERXI	ETXI	ESTOI	—	—	SLRST	x0000xx0
I2CSLST	I^2C从机状态寄存器	FE84H	SLBUSY	STAIF	RXIF	TXIF	STOIF	TXING	SLACKI	SLACKO	00000000
I2CSLADR	I^2C从机地址寄存器	FE85H	SLADR[7:1]							MA	00000000
I2CTXD	I^2C数据发送寄存器	FE86H	—								00000000
I2CRXD	I^2C数据接收寄存器	FE87H	—								00000000
I2CMSAUX	I^2C主机辅助控制寄存器	FE88H	—	—	—	—	—	—	—	WDTA	xxxxxxx0

9.3.3　I^2C主机模式

1. I^2C配置寄存器（见表9-15）

表9-15　I^2C配置寄存器

简　称	地　址	7	6	5	4	3	2	1	0
I2CCFG	FE80H	ENI2C	MSSL	MSSPEED[6:1]					

①ENI2C：I^2C功能使能控制位。

0：禁止I^2C功能。

1：允许I^2C功能。

②MSSL：I2C作模式选择位。

0：从机模式。

1：主机模式。

③MSSPEED[6:1]：I^2C总线速度（等待时钟数）控制，见表9-16。

表9-16 I²C总线速度（等待时钟数）控制

MSSPEED[6:1]	对应的时钟数	MSSPEED[6:1]	对应的时钟数
0	1	x	2x+1
1	3	…	…
2	5	62	125
…	…	63	127

只有当I²C模块工作在主机模式时，MSSPEED参数设置的等待参数才有效。此等待参数主要用于主机模式的以下几个信号：

- T_{SSTA}：起始信号的建立时间。
- T_{HSTA}：起始信号的保持时间。
- T_{SSTO}：停止信号的建立时间。
- T_{HSTO}：停止信号的保持时间。
- T_{HCKL}：时钟信号的低电平保持时间。

注意：由于需要配合时钟同步机制，对于时钟信号的高电平保持时间（T_{HCKH}）至少为时钟信号的低电平保持时间（T_{HCKL}）的1倍长，而T_{HCKH}确切的长度取决于SCL端口的上拉速度。

SDA在SCL下降沿后的数据保持时间固定为1个时钟。

时钟控制如图9-13所示。

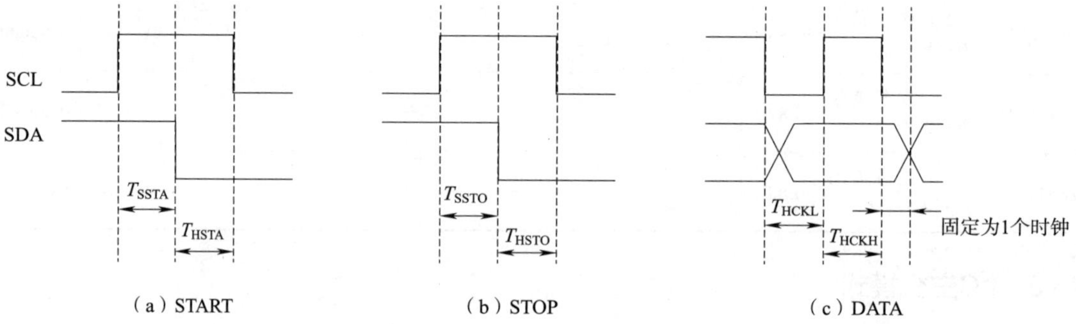

图9-13 时钟控制

2. I²C主机控制寄存器（见表9-17）

表9-17 I²C主机控制寄存器

简 称	地 址	7	6	5	4	3	2	1	0
I2CMSCR	FE81H	EMSI	—	—	—	—	MSCMD[2:0]		

①EMSI：主机模式中断使能控制位。

0：关闭主机模式的中断。

1：允许主机模式的中断。

②MSCMD[2:0]：主机命令。

0000：待机，无动作。

0001：起始命令。

如果当前I²C控制器处于空闲状态，即MSBUSY（I2CMSST.7）为0时，写此命令会使控制器进入忙状态，硬件自动将MSBUSY状态位置1，并开始发送START信号；若当前I²C控制器处于忙状态，写此命令可触发发送START信号。发送START信号的波形如图9-14所示。

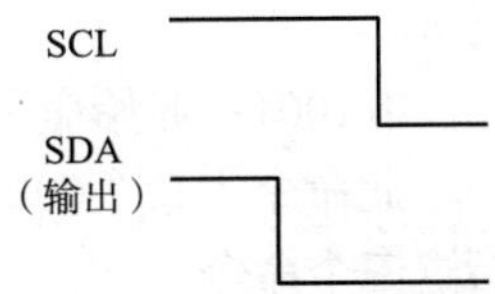

图9-14 START信号波形

①0010：发送数据命令。

写此命令后，I²C总线控制器会在SCL引脚上产生8个时钟，并将I2CTXD寄存器中的数据按位送到SDA引脚上（先发送高位数据）。发送数据的波形如图9-15所示。

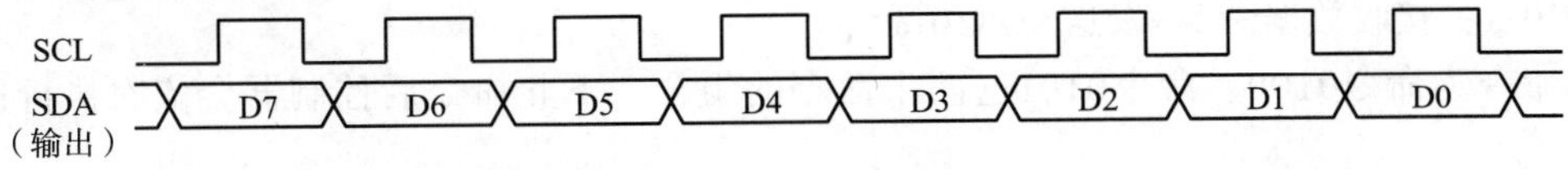

图9-15 发送数据的波形

②0011：接收ACK命令。

写此命令后，I²C总线控制器会在SCL引脚上产生1个时钟，并将从SDA端口上读取的数据保存到MSACKI（I2CMSST.1）。接收ACK的波形如图9-16所示。

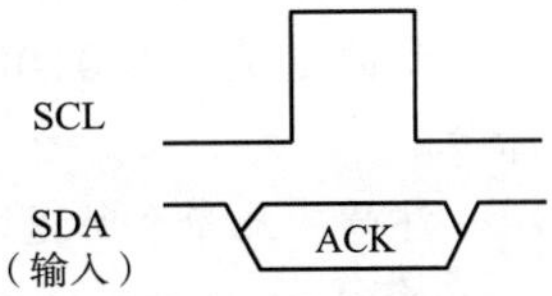

图9-16 接收ACK的波形

③0100：接收数据命令。

写此命令后，I²C总线控制器会在SCL引脚上产生8个时钟，并将从SDA端口上读取的数据依次左移到I2CRXD寄存器（先接收高位数据）。接收数据的波形如图9-17所示。

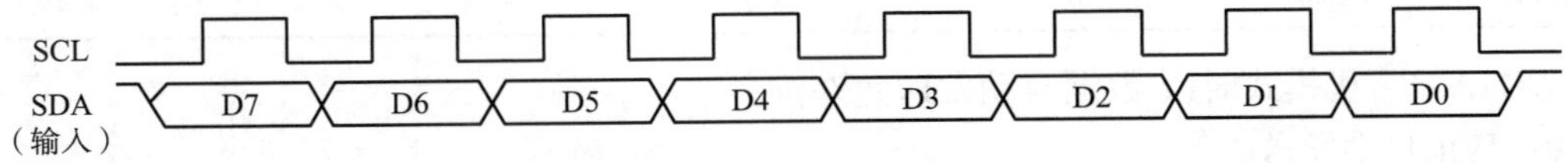

图9-17 接收数据的波形

④0101：发送ACK命令。

写此命令后，I²C总线控制器会在SCL引脚上产生1个时钟，并将MSACKO（I2CMSST.0）中的数据发送到SDA端口。发送ACK的波形如图9-18所示。

⑤0110：停止命令。

发送STOP信号。写此命令后，I²C总线控制器开始发送STOP信号。信号发送完成后，硬件自动将MSBUSY状态位清零。STOP信号的波形如图9-19所示。

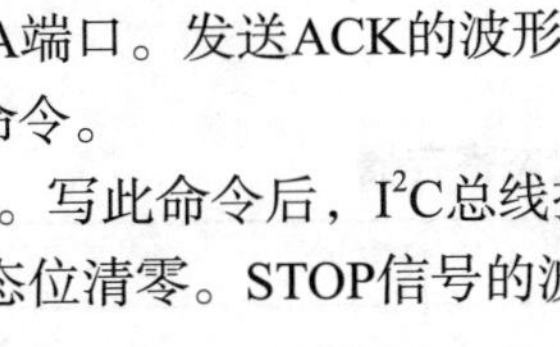

图9-18 发送ACK的波形图

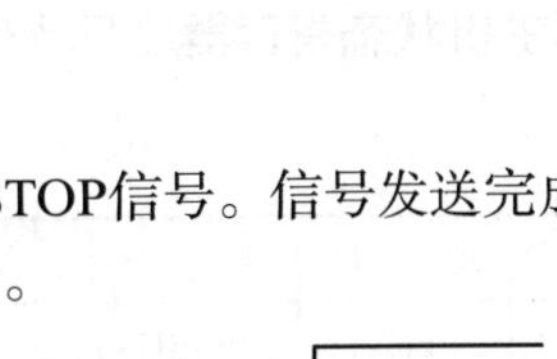

图9-19 STOP的波形图

⑥0111：保留。

⑦1000：保留。

注意：以下新增的扩展组合命令只对STC8F2K64S4系列的C版/D版芯片、STC8A8K64S4A12系列的E版/F版芯片、STC8F2K64S2系列的C版芯片/D版、STC8A4K64S2A12系列的E版/F版芯片有效。

⑧1001：起始命令+发送数据命令+接收ACK命令。

此命令为命令0001、命令0010、命令0011这三个命令的组合，下此命令后控制器会依次执行这三个命令。

⑨1010：发送数据命令+接收ACK命令。

此命令为命令0010、命令0011两个命令的组合，下此命令后控制器会依次执行这两个命令。

⑩1011：接收数据命令+发送ACK(0)命令。

此命令为命令0100、命令0101这两个命令的组合，下此命令后控制器会依次执行这两个命令。

注意：此命令所返回的应答信号固定为ACK(0)，不受MSACKO位的影响。

⑪1100：接收数据命令+发送NAK(1)命令。

此命令为命令0100、命令0101两个命令的组合，下此命令后控制器会依次执行这两个命令。

注意：此命令所返回的应答信号固定为NAK(1)，不受MSACKO位的影响。

3. I^2C主机辅助控制寄存器（见表9-18）

表9-18 I^2C主机辅助控制寄存器

简　称	地　址	7	6	5	4	3	2	1	0
I2CMSAUX	FE88H	—	—	—	—	—	—	—	WDTA

WDTA：主机模式时I^2C数据自动发送允许位。

0：禁止自动发送。

1：使能自动发送。

若自动发送功能被使能，当MCU执行完成对I2CTXD数据寄存器的写操作后，I^2C控制器会自动触发101命令，即自动发送数据并接收ACK信号。

4. I^2C主机状态寄存器（见表9-19）

表9-19 I^2C主机状态寄存器

简　称	地　址	7	6	5	4	3	2	1	0
I2CMSST	FE82H	MSBUSY	MSIF	—	—	—	—	MSACKI	MSACKO

①MSBUSY：主机模式时I^2C控制器状态位（只读位）。

0：控制器处于空闲状态。

1：控制器处于忙碌状态。

当I^2C控制器处于主机模式时，在空闲状态下，发送完成START信号后，控制器便进入忙碌状态，忙碌状态会一直维持到成功发送完成STOP信号，之后状态会再次恢复到空闲状态。

②MSIF：主机模式的中断请求位（中断标志位）。当处于主机模式的I^2C控制器执行完成寄存器I2CMSCR中MSCMD命令后产生中断信号，硬件自动将此位置1，向CPU发请求中断，响应中断后MSIF位必须用软件清零。

③MSACKI：主机模式时，发送0011命令到I2CMSCR的MSCMD位后所接收到的ACK

数据。

④MSACKO：主机模式时，准备将要发送出去的ACK信号。当发送0101命令到I2CMSCR的MSCMD位后，控制器会自动读取此位的数据当作ACK发送到SDA。

9.3.4　I²C从机模式

1. I²C从机控制寄存器（见表9-20）

表9-20　I²C从机控制寄存器

简　称	地　址	7	6	5	4	3	2	1	0
I2CSLCR	FE83H	—	ESTAI	ERXI	ETXI	ESTOI	—	—	SLRST

①ESTAI：从机模式时接收到START信号中断允许位。

0：禁止从机模式接收到START信号时发生中断。

1：使能从机模式接收到START信号时发生中断。

②ERXI：从机模式时接收到1 B数据后中断允许位。

0：禁止从机模式接收到数据后发生中断。

1：使能从机模式接收到1 B数据后发生中断。

③ETXI：从机模式时发送完成1 B数据后中断允许位。

0：禁止从机模式发送完成数据后发生中断。

1：使能从机模式发送完成1 B数据后发生中断。

④ESTOI：从机模式接收到STOP信号中断允许位。

0：禁止从机模式接收到STOP信号时发生中断。

1：使能从机模式接收到STOP信号时发生中断。

⑤SLRST：复位从机模式。

2. I²C从机状态寄存器（见表9-21）

表9-21　I²C从机状态寄存器

简　称	地　址	7	6	5	4	3	2	1	0
I2CSLST	FE84H	SLBUSY	STAIF	RXIF	TXIF	STOIF	—	SLACKI	SLACKO

①SLBUSY：从机模式I²C控制器状态位（只读位）。

0：控制器处于空闲状态。

1：控制器处于忙碌状态。

当I²C控制器处于从机模式时，在空闲状态下，接收到主机发送START信号后，控制器会继续检测之后的设备地址数据。若设备地址与当前I2CSLADR寄存器中所设置的从机地址相匹配，控制器便进入到忙碌状态，忙碌状态会一直维持到成功接收到主机发送STOP信号，之后状态会再次恢复到空闲状态。

②STAIF：从机模式接收到START信号后的中断请求位。从机模式的I²C控制器接收到START信号后，硬件会自动将此位置1，并向CPU发请求中断，响应中断后STAIF位必须用软件清零。STAIF被置1的时间点如图9-20所示。

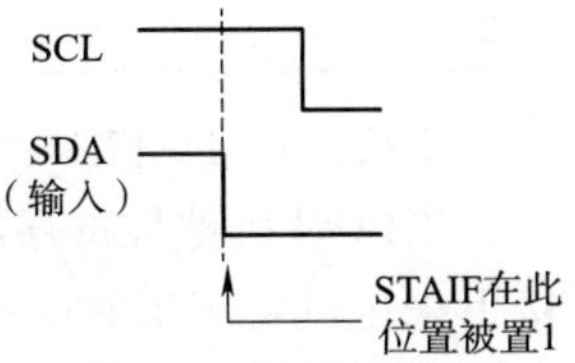

图9-20　置1的时间点

③RXIF：从机模式接收到1 B的数据后的中断请求位。从机模式的I^2C控制器接收到1 B的数据后，在第8个时钟的下降沿硬件会自动将此位置1，并向CPU发请求中断，响应中断后RXIF位必须用软件清零。RXIF被置1的时间点如图9-21所示。

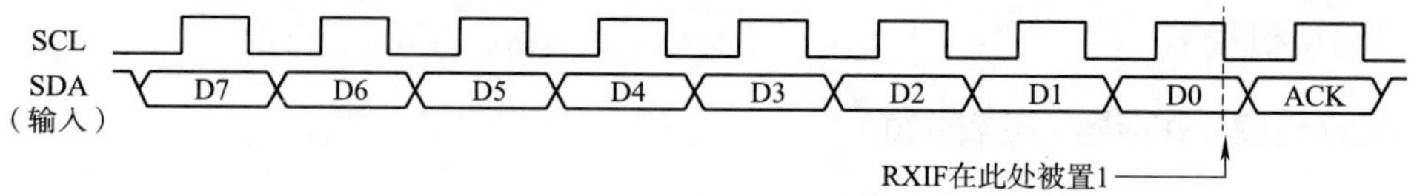

图9-21 RXIF被置1的时间点

④TXIF：从机模式时发送完成1 B的数据后的中断请求位。从机模式的I^2C控制器发送完成1 B的数据并成功接收到1位ACK信号后，在第9个时钟的下降沿时硬件会自动将此位置1，并向CPU发请求中断，响应中断后TXIF位必须用软件清零。TXIF被置1的时间点，如图9-22所示。

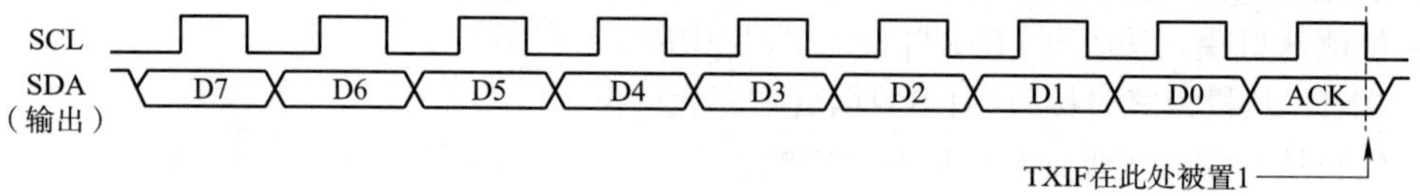

图9-22 TXIF被置1的时间点

⑤STOIF：从机模式接收到STOP信号后的中断请求位。从机模式的I^2C控制器接收到STOP信号后，硬件会自动将此位置1，并向CPU发请求中断，响应中断后STOIF位必须用软件清零。STOIF被置1的时间点如图9-23所示。

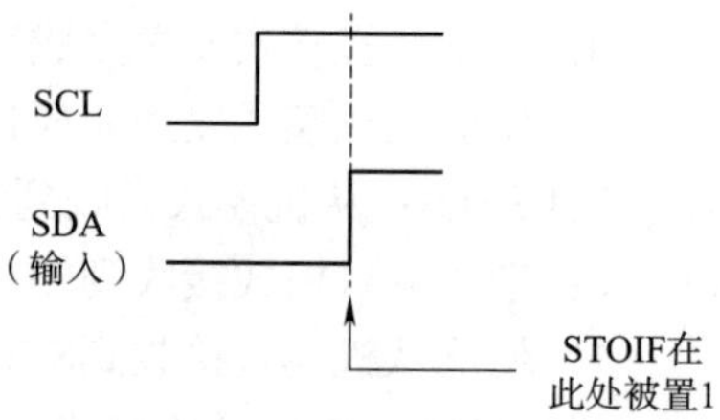

图9-23 STOIF被置1的时间点

⑥SLACKI：从机模式时，接收到的ACK数据。

⑦SLACKO：从机模式时，准备将要发送出去的ACK信号，如图9-24所示。

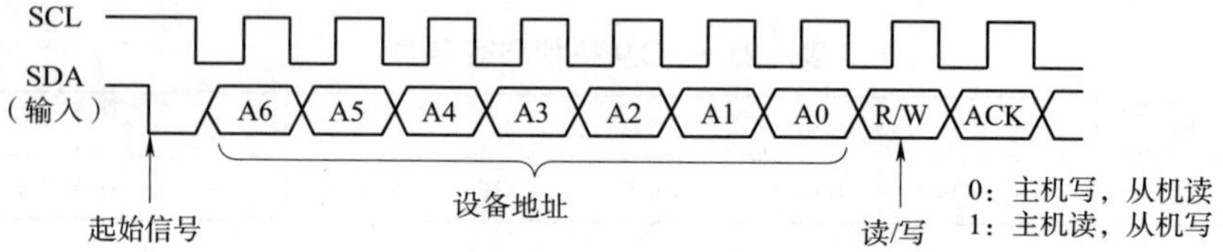

图9-24 准备发送出去的ACK信号

3. I^2C从机地址寄存器（见表9-22）

表9-22 I^2C从机地址寄存器

简　称	地　址	7	6	5	4	3	2	1	0
I2CSLADR	FE85H	I2CSLADR[7:1]							MA

①I2CSLADR[7:1]：从机设备地址。

当I^2C从机地址寄存器控制器处于从机模式时，控制器在接收到START信号后，会继续检测接下来主机发送出的设备地址数据以及读/写信号。当主机发送出的设备地址与I2CSLADR[7:1]

中所设置的从机设备地址相匹配时，控制器才会向CPU发出中断求，请求CPU处理I^2C从机地址寄存器事件；否则若设备地址不匹配，I^2C从机地址寄存器控制器继续监控，等待下一个起始信号，继续匹配下一个设备地址。

②MA：从机设备地址匹配控制。

0：设备地址必须与I2CSLADR[7:1]继续匹配。

1：忽略I2CSLADR[7:1]中的设置，接收所有的设备地址。

4. I^2C数据寄存器（见表9-23）

表9-23　I^2C数据寄存器

简　称	地　址	7	6	5	4	3	2	1	0
I2CTXD	FE86H								
I2CRXD	FE87H								

①I2CTXD：I^2C发送数据寄存器，存放将要发送的I^2C数据。

②I2CRXD：I^2C接收数据寄存器，存放接收完成的I^2C数据。

9.3.5　I^2C应用编程实训

1. I^2C主机模式访问AT24C256（中断方式）

C语言代码如下：

```
#include "reg51.h"
#include "intrins.h"
sfr       P_SW2=0xba;
#define   I2CCFG        (*(unsigned char volatile xdata *)0xfe80)
#define   I2CMSCR       (*(unsigned char volatile xdata *)0xfe81)
#define   I2CMSST       (*(unsigned char volatile xdata *)0xfe82)
#define   I2CSLCR       (*(unsigned char volatile xdata *)0xfe83)
#define   I2CSLST       (*(unsigned char volatile xdata *)0xfe84)
#define   I2CSLADR      (*(unsigned char volatile xdata *)0xfe85)
#define   I2CTXD        (*(unsigned char volatile xdata *)0xfe86)
#define   I2CRXD        (*(unsigned char volatile xdata *)0xfe87)
sbit      SDA=P1^4;
sbit      SCL=P1^5;
bit       busy;

/*********************************
* @函数名：I2C_Isr
* @描述：I2C中断函数
* @参数：无
* @返回值：无
*********************************/
void   I2C_Isr() interrupt 24
{
    _push_(P_SW2);
    P_SW2|=0x80;
```

```
    if(I2CMSST & 0x40)
    {
        I2CMSST &=~0x40;                                //清中断标志
        busy=0;
    }
}
/**********************************
* @函数名：Start
* @描述：发送起始命令
* @参数：无
* @返回值：无
**********************************/
void Start()
{
    busy=1;
    I2CMSCR=0x81;                                       //发送START命令
    while(busy);
}
/**********************************
* @函数名：SendData
* @描述：发送数据
* @参数：char dat，要发送的字符
* @返回值：无
**********************************/
void SendData(char dat)
{
    I2CTXD=dat;                                         //写数据到缓冲区
    busy=1;
    I2CMSCR=0x82;                                       //发送SEND命令
    while(busy);
}
/**********************************
* @函数名：RecvACK
* @描述：接收应答
* @参数：无
* @返回值：无
**********************************/
void RecvACK()
{
    busy=1;
    I2CMSCR=0x83;                                       //发送读ACK命令
    while(busy);
}
/**********************************
* @函数名：RecvData
* @描述：接收数据
* @参数：无
* @返回值：无
**********************************/
char RecvData()
```

```
{
    busy=1;
    I2CMSCR=0x84;                                    //发送RECV命令
    while(busy);
    return I2CRXD;
}
/**********************************
* @函数名：SendACK
* @描述：发送应答
* @参数：无
* @返回值：无
**********************************
void SendACK()
{
    I2CMSST=0x00;                                    //设置ACK信号
    busy=1;
    I2CMSCR=0x85;                                    //发送ACK命令
    while(busy);
}
/**********************************
* @函数名：SendNAK
* @描述：发送NAK
* @参数：无
* @返回值：无
**********************************
void SendNAK()
{
    I2CMSST=0x01;                                    //设置NAK信号
    busy=1;
    I2CMSCR=0x85;                                    //发送ACK命令
    while(busy);
}
/**********************************
* @函数名：Stop
* @描述：停止I2C
* @参数：无
* @返回值：无
**********************************
void Stop()
{
    busy=1;
    I2CMSCR=0x86;                                    //发送STOP命令
    while(busy);
}
/**********************************
* @函数名：Delay
* @描述：延时
* @参数：无
* @返回值：无
```

```
********************************
void Delay()
{
    int ;

    for(i=0;i<3000;i++)
    {
        _nop_();
        _nop_();
        _nop_();
        _nop_();
    }
}

void main()
{
    P_SW2=0x80;
    I2CCFG=0xe0;                    //使能I²C主机模式
    I2CMSST=0x00;
    EA=1;
    Start();                        //发送起始命令
    SendData(0xa0);                 //发送设备地址+写命令
    RecvACK();
    SendData(0x00);                 //发送存储地址高字节
    RecvACK();
    SendData(0x00);                 //发送存储地址低字节
    RecvACK();
    SendData(0x12);                 //写测试数据1
    RecvACK();
    SendData(0x78);                 //写测试数据2
    RecvACK();
    Stop();                         //发送停止命令
    Delay();                        //等待设备写数据
    Start();                        //发送起始命令
    SendData(0xa0);                 //发送设备地址+写命令
    RecvACK();
    SendData(0x00);                 //发送存储地址高字节
    RecvACK();
    SendData(0x00);                 //发送存储地址低字节
    RecvACK();
    Start();                        //发送起始命令
    SendData(0xa1);                 //发送设备地址+读命令
    RecvACK();
    P0=RecvData();                  //读取数据1
    SendACK();
    P2=RecvData();                  //读取数据2
    SendNAK();
    Stop();
    P_SW2=0x00;
```

```
    while(1);
}
```

单元四　PCA/CCP/PWM应用

CCP是一个集成功能的概念，它是“捕获”、“比较”与“脉宽调制”的合成简称。PWM就是其中的脉宽调制；PCA是可编程计数器的意思。

脉冲宽度调制是利用微处理器的数字输出来对模拟电路进行控制的一种非常有效的技术，广泛应用在从测量、通信到功率控制与变换的许多领域中。

脉冲宽度调制是一种模拟控制方式，其根据相应载荷的变化来调制晶体管基极或MOS管栅极的偏置，来实现晶体管或MOS管导通时间的改变，从而实现开关稳压电源输出的改变。这种方式能使电源的输出电压在工作条件变化时保持恒定，是利用微处理器的数字信号对模拟电路进行控制的一种非常有效的技术。

PWM控制技术以其控制简单、灵活和动态响应好的优点而成为电力电子技术最广泛应用的控制方式，也是人们研究的热点。由于当今科学技术的发展已经没有了学科之间的界限，结合现代控制理论思想或实现无谐振波开关技术将会成为PWM控制技术发展的主要方向之一。

脉冲宽度调制（PWM）是一种对模拟信号电平进行数字编码的方法。通过高分辨率计数器的使用，方波的占空比被调制用来对一个具体模拟信号的电平进行编码。PWM信号仍然是数字的，因为在给定的任何时刻，满幅值的直流供电要么完全有（ON），要么完全无（OFF）。电压或电流源是以一种通（ON）或断（OFF）的重复脉冲序列被加到模拟负载上的。通的时候即是直流供电被加到负载上的时候，断的时候即是供电被断开的时候。只要带宽足够，任何模拟值都可以使用PWM进行编码。

多数负载（无论是电感性负载还是电容性负载）需要的调制频率高于10 Hz，通常调制频率为1~200 kHz之间。

该方法的基本思想就是利用单片机具有的PWM端口，在不改变PWM方波周期的前提下，通过软件的方法调整单片机的PWM控制寄存器来调整PWM的占空比，从而控制充电电流。该方法所要求的单片机必须具有ADC端口和PWM端口这两个必要条件，另外ADC的位数尽量高，单片机的工作速度尽量快。在调整充电电流前，单片机先快速读取充电电流的大小，然后把设置的充电电流与实际读取到的充电电流进行比较。若实际电流偏小，则向增加充电电流的方向调整PWM的占空比；若实际电流偏大，则向减小充电电流的方向调整PWM的占空比。在软件PWM的调整过程中要注意ADC的读数偏差和电源工作电压等引入的纹波干扰，合理采用算术平均法等数字滤波技术。

STC8系列单片机内部集成了四组可编程计数器阵列（PCA/CCP/PWM）模块，可用于软件定时器、外部脉冲捕获、高速脉冲输出和PWM脉宽调制输出。

PCA内部含有一个特殊的16位计数器，四组PCA模块均与之相连接。PCA计数器的结构图如图9-25所示。

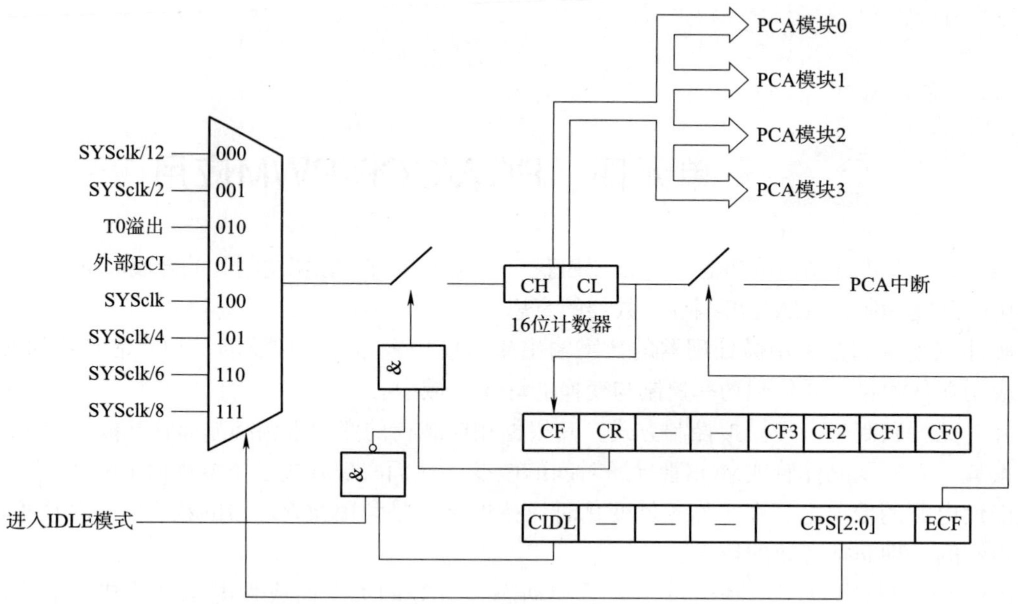

图9-25 PCA计数器的结构图

9.4.1 PCA相关寄存器

1. 与PCA相关的寄存器（见表9-24）

表9-24 与PCA相关的寄存器

简称	描述	地址	位地址与符号								复位值
			7	6	5	4	3	2	1	0	
CCON	PCA控制寄存器	D8H	CF	CR	—	—	CCF3	CCF2	CCF1	CCF0	00xx0000
CMOD	PCA模式寄存器	D9H	CIDL	—	—	—	CPS[2:0]			ECF	0xxx0000
CCAPM0	PCA模块0模式控制寄存器	DAH	—	ECOM0	CCAPP0	CCAPN0	MAT0	TOG0	PWM0	ECCF0	x0000000
CCAPM1	PCA模块1模式控制寄存器	DBH	—	ECOM1	CCAPP1	CCAPN1	MAT1	TOG1	PWM1	ECCF1	x0000000
CCAPM2	PCA模块2模式控制寄存器	DCH	—	ECOM2	CCAPP2	CCAPN2	MAT2	TOG2	PWM2	ECCF2	x0000000
CCAPM3	PCA模块3模式控制寄存器	DDH	—	ECOM3	CCAPP3	CCAPN3	MAT3	TOG3	PWM3	ECCF3	x0000000
CL	PCA计数器低字节	E9H	—								00000000
CCAP0L	PCA模块0低字节	EAH	—								00000000
CCAP1L	PCA模块1低字节	EBH	—								00000000
CCAP2L	PCA模块2低字节	ECH	—								00000000
CCAP3L	PCA模块3低字节	EDH	—								00000000
PCA_PWM0	PCA0的PWM模式寄存器	F2H	EBS0[1:0]		XCCAP0H[1:0]		XCCAP0L[1:0]		EPC0H	EPC0L	00000000

续表

简　称	描　述	地址	位地址与符号								复位值
			7	6	5	4	3	2	1	0	
PCA_PWM1	PCA1的PWM模式寄存器	F3H	EBS1[1:0]		XCCAP1H[1:0]		XCCAP1L[1:0]		EPC1H	EPC1L	00000000
PCA_PWM2	PCA2的PWM模式寄存器	F4H	EBS2[1:0]		XCCAP2H[1:0]		XCCAP2L[1:0]		EPC2H	EPC2L	00000000
PCA_PWM3	PCA3的PWM模式寄存器	F5H	EBS3[1:0]		XCCAP3H[1:0]		XCCAP3L[1:0]		EPC3H	EPC3L	00000000
CH	PCA计数器高字节	F9H	—								00000000
CCAP0H	PCA模块0高字节	FAH	—								00000000
CCAP1H	PCA模块1高字节	FBH	—								00000000
CCAP2H	PCA模块2高字节	FCH	—								00000000
CCAP3H	PCA模块3高字节	FDH	—								00000000

2. PCA控制寄存器（见表9-25）

表9-25　PCA控制寄存器

简　称	地　址	7	6	5	4	3	2	1	0
CCON	D8H	CF	CR	—	—	CCF3	CCF2	CCF1	CCF0

①CF：PCA计数器溢出中断标志。当PCA的16位计数器计数发生溢出时，硬件自动将此位置1，并向CPU提出中断请求。此标志位需要软件清零。

②CR：PCA计数器允许控制位。

0：停止PCA计数。

1：启动PCA计数。

③CCF*n*（*n*=0,1,2,3）：PCA模块中断标志。当PCA模块发生匹配或者捕获时，硬件自动将此位置1，并向CPU提出中断请求。此标志位需要软件清零。

3. PCA模式寄存器（见表9-26）

表9-26　PCA模式寄存器

简　称	地　址	7	6	5	4	3	2	1	0
CMOD	D9H	CIDL	—	—	—	CPS[2:0]			ECF

①CIDL：空闲模式下是否停止PCA计数。

0：空闲模式下PCA继续计数。

1：空闲模式下PCA停止计数。

②CPS[2:0]：PCA计数脉冲源选择位，CPS[2:0]各位的含义见表9-27。

表9-27　CPS[2:0]的含义

CPS[2:0]	PCA的输入时钟源	CPS[2:0]	PCA的输入时钟源
000	系统时钟/12	001	系统时钟/2

续表

CPS[2:0]	PCA的输入时钟源	CPS[2:0]	PCA的输入时钟源
010	定时器0的溢出脉冲	110	系统时钟/6
011	ECI引脚的外部输入时钟	111	系统时钟/8
100	系统时钟	101	系统时钟/4

③ECF：PCA计数器溢出中断允许位。

0：禁止PCA计数器溢出中断。

1：使能PCA计数器溢出中断。

4. PCA计数器寄存器（见表9-28）

表9-28　PCA计数器寄存器

简　称	地　址	7	6	5	4	3	2	1	0
CL	E9H								
CH	F9H								

由CL和CH两个字节组合成一个16位计数器，CL为低8位计数器，CH为高8位计数器。每个PCA时钟16位计数器自动加1。

5. PCA模块模式控制寄存器（见表9-29）

表9-29　PCA模块模式控制寄存器

简　称	地　址	7	6	5	4	3	2	1	0
CCAPM0	DAH	—	ECOM0	CCAPP0	CCAPN0	MAT0	TOG0	PWM0	ECCF0
CCAPM0	DBH	—	ECOM1	CCAPP1	CCAPN1	MAT1	TOG1	PWM1	ECCF1
CCAPM0	DCH	—	ECOM2	CCAPP2	CCAPN2	MAT2	TOG2	PWM2	ECCF2
CCAPM0	FD54H	—	ECOM3	CCAPP3	CCAPN3	MAT3	TOG3	PWM3	ECCF3

①ECOMn：允许PCA模块n的比较功能。

②CCAPPn：允许PCA模块n进行上升沿捕获。

③CCAPNn：允许PCA模块n进行下降沿捕获。

④MATn：允许PCA模块n的匹配功能。

⑤TOGn：允许PCA模块n的高速脉冲输出功能。

⑥PWMn：允许PCA模块n的脉宽调制输出功能。

⑦ECCFn：允许PCA模块n的匹配/捕获中断。

6. PCA模块模式捕获值/比较值寄存器（见表9-30）

表9-30　PCA模块模式捕获值/比较值寄存器

简　称	地　址	7	6	5	4	3	2	1	0
CCAP0L	EAH								
CCAP1L	EBH								

续表

简　称	地　址	7	6	5	4	3	2	1	0
CCAP2L	ECH								
CCAP3L	FD55H								
CCAP0H	FAH								
CCAP1H	FBH								
CCAP2H	FCH								
CCAP3H	FD56H								

当PCA模块捕获功能使能时，CCAPnL和CCAPnH用于保存发生捕获时的PCA的计数值（CL和CH）；当PCA模块比较功能使能时，PCA控制器会将当前CL和CH中的计数值与保存在CCAPnL和CCAPnH中的值进行比较，并给出比较结果；当PCA模块匹配功能使能时，PCA控制器会将当CL和CH中的计数值与保存在CCAPnL和CCAPnH中的值进行比较，看是否匹配（相等），并给出匹配结果。

7. PCA模块PWM模式控制寄存器（见表9-31）

表9-31　PCA模块PWM模式控制寄存器

简　称	地　址	7	6	5	4	3	2	1	0
PCA_PWM0	F2H	EBS0[1:0]		XCCAP0H[1:0]		XCCAP0L[1:0]		EPC0H	EPC0L
PCA_PWM1	F3H	EBS1[1:0]		XCCAP1H[1:0]		XCCAP1L[1:0]		EPC1H	EPC1L
PCA_PWM2	F4H	EBS2[1:0]		XCCAP2H[1:0]		XCCAP2L[1:0]		EPC2H	EPC2L
PCA_PWM3	FD57H	EBS3[1:0]		XCCAP3H[1:0]		XCCAP3L[1:0]		EPC3H	EPC3L

①EBSn[1:0]：PCA模块*n*的PWM位数控制，其含义见表9-32。

表9-32　EBSn[1:0]的含义

EBSn[1:0]	PWM位数	重载值	比较值
00	8位PWM	{EPCnH,CCAPnH[7:0]}	{EPCnL,CCAPnL[7:0]}
01	7位PWM	{EPCnH,CCAPnH[6:0]}	{EPCnL,CCAPnL[6:0]}
10	6位PWM	{EPCnH,CCAPnH[5:0]}	{EPCnL,CCAPnL[5:0]}
11	10位PWM	{EPCnH,XCCAPnH[1:0],CCAPnH[7:0]}	{EPCnL,XCCAPnL[1:0],CCAPnL[7:0]}

②XCCAPnH[1:0]：10位PWM的第9位和第10位的重载值。

③XCCAPnL[1:0]：10位PWM的第9位和第10位的比较值。

④EPCnH：PWM模式下，重载值的最高位（8为PWM的第9位，7为PWM的第8位，6为PWM的第7位，10为PWM的第11位）。

⑤EPCnL：PWM模式下，比较值的最高位（8为PWM的第9位，7为PWM的第8位，6为PWM的第7位，10为PWM的第11位）。

注意：在更新10位PWM的重载值时，必须先写高两位XCCAP*n*H[1:0]，再写低8位CCAP*n*H[7:0]。

9.4.2 PCA工作模式

STC8系列单片机共有四组PCA模块，每组模块都可独立设置工作模式。模式设置见表9-33。

表9-33 PCA模块设置表

CCAPMn							模块功能
ECOMn	CAPPn	CAPNn	MATn	TOGn	PWMn	ECCFn	
0	0	0	0	0	0	0	无操作
1	0	0	0	0	1	0	6/7/8/10位PWM模式，无中断
1	1	0	0	0	1	1	6/7/8/10位PWM模式，产生上升沿中断
1	0	1	0	0	1	1	6/7/8/10位PWM模式，产生下降沿中断
1	1	1	0	0	1	1	6/7/8/10位PWM模式，产生边沿中断
0	1	0	0	0	0	x	16位上升沿捕获
0	0	1	0	0	0	x	16位下降沿捕获
0	1	1	0	0	0	x	16位边沿捕获
1	0	0	1	0	0	x	16位软件定时器
1	0	0	1	1	0	x	16位高速脉冲输出

9.4.3 PCA捕获模式

要使一个PCA模块工作在捕获模式，寄存器CCAPMn中的CAPNn和CAPPn至少有一位必须置1（也可两位都置1）。PCA模块工作于捕获模式时，对模块的外部CCP0/CCP1/CCP2/CCP3引脚的输入块的捕获寄存器中CCAPnL和CCAPnH，同时将CCON寄存器中相应的CCFn置1。若CCAPMn中的ECCFn位被设置为1，将产生中断。由于所有PCA模块的中断入口地址是共享的，所以在中断服务程序中需要判断是哪一个模块产生了中断，并注意中断标志位需要软件清零。

PCA模块工作于捕获模式的结构图如图9-26所示。

9.4.4 软件定时器模式

通过置位CCAPMn寄存器的ECOM和MAT位，可使PCA模块用作软件定时器。PCA计数器值CL和CH与模块捕获寄存器的值CCAPnL和CCAPnH相比较，当两者相等时，CCON中的CCFn会被置1，当CCAPMn中的ECCFn被设置为1时将产生中断。CCFn标志位需要软件清零。

PCA模块工作于软件定时器模式的结构图如图9-27所示。

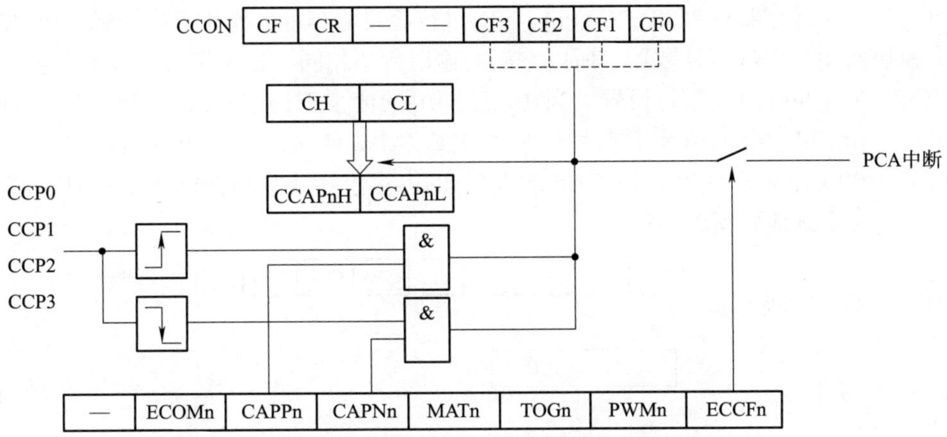

图9-26 PCA模块工作于捕获模式的结构图

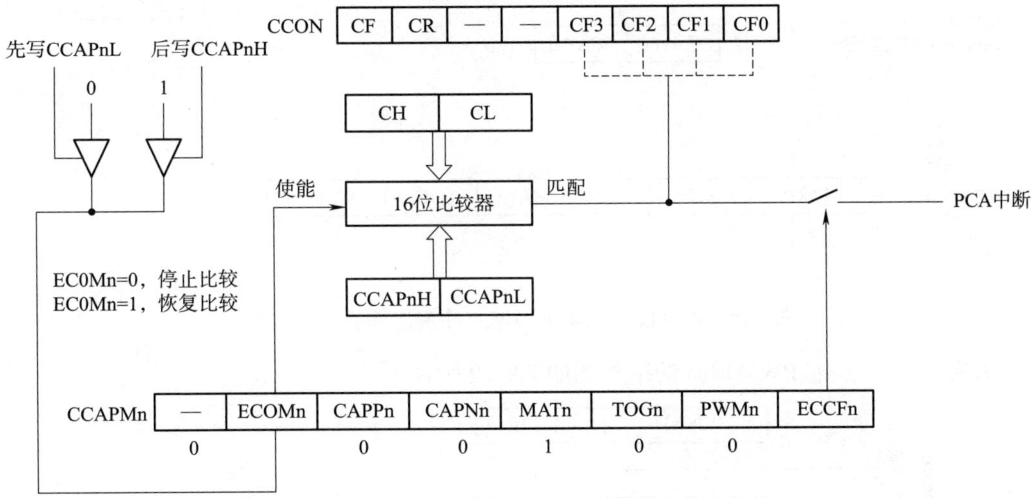

图9-27 PCA模块工作于软件定时器模式的结构图

9.4.5 高速脉冲输出模式

当PCA计数器的计数值与模块捕获寄存器的值相匹配时，PCA模块的CCPn输出将发生翻转。要激活高速脉冲输出模式，CCAPMn寄存器的TOGn、MATn和ECOMn位必须都置1。

PCA模块工作于高速脉冲输出模式的结构图如图9-28所示。

9.4.6 PWM脉宽调制模式

1. 8位PWM模式

脉宽调制是使用程序来控制波形的占空比、周期、相位波形的一种技术，在三相电动机驱动、D/A转换等场合有广泛的应用。STC8系列单片机的PCA模块可以通过设置各自的PCA_PWMn寄存器使其工作于8位PWM或7位PWM或6位PWM或10位PWM模式。要使能PCA模块的PWM功能，模块寄存器CCAPMn的PWMn和ECOMn位必须置1。

PCA_PWMn寄存器中的EBSn[1:0]设置为00时，PCA模块*n*工作于8位PWM模式，此时将

{0,CL[7:0]}与捕获寄存器{EPCnL,CCAPnL[7:0]}进行比较。当PCA模块工作于8位PWM模式时，由于所有模块共用一个PCA计数器，所以它们的输出频率相同。各个模块的输出占空比使用寄存器{EPCnL,CCAPnL[7:0]}进行设置。当{0,CL[7:0]}的值小于{EPCnL,CCAPnL[7:0]}时，输出为低电平；当{0,CL[7:0]}的值等于或大于{EPCnL,CCAPnL[7:0]}时，输出为高电平。当CL[7:0]的值由FF变为00溢出时，{EPCnH,CCAPnH[7:0]}的内容重新装载到{EPCnL,CCAPnL[7:0]}中。这样就可实现无干扰地更新PWM。

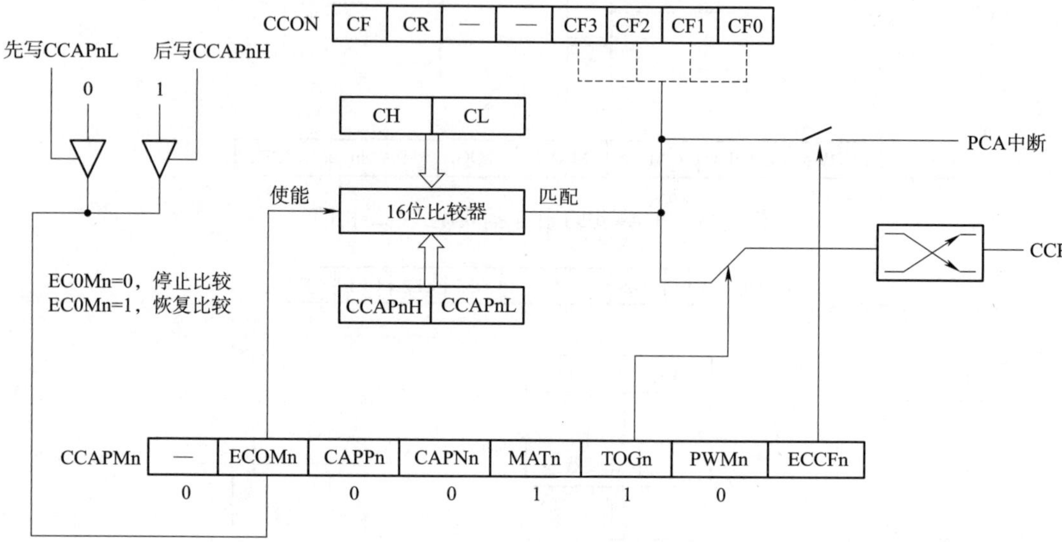

图9-28　PCA模块工作于高速脉冲输出模式的结构图

PCA模块工作于8位PWM模式的结构图如图9-29所示。

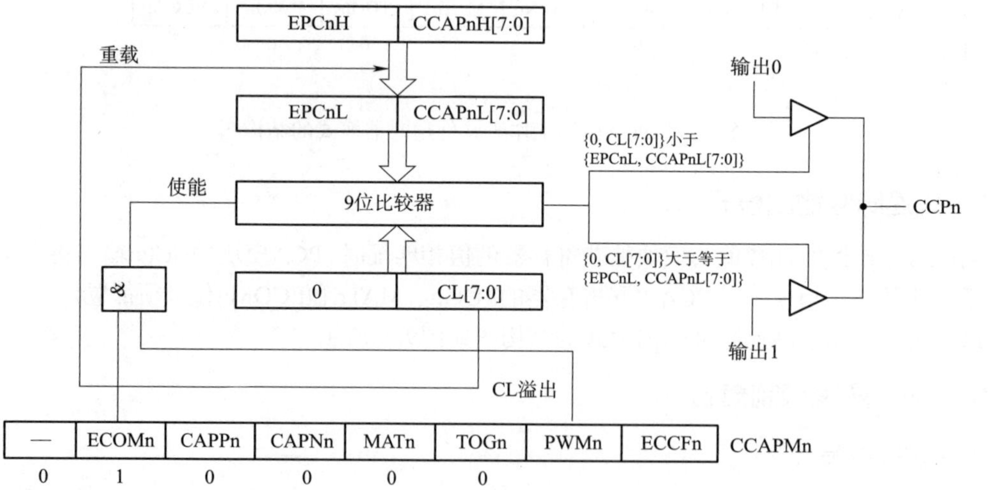

图9-29　PCA模块工作于8位PWM模式的结构图

2. 7位PWM模式

PCA_PWMn寄存器中的EBSn[1:0]设置为01时，PCA模块n工作于7位PWM模式，此时将{0,CL[6:0]}与捕获寄存器{EPCnL,CCAPnL[6:0]}进行比较。当PCA模块工作于7位PWM模式时，由于所有模块共用一个PCA计数器，所以它们的输出频率相同。各个模块的输出占空比使用寄存器{EPCnL,CCAPnL[6:0]}进行设置。当{0,CL[6:0]}的值小于{EPCnL,CCAPnL[6:0]}时，输出为低电平；当{0,CL[6:0]}的值等于或大于{EPCnL,CCAPnL[6:0]}时，输出为高电平。当CL[6:0]的值由7F变为00溢出时，{EPCnH,CCAPnH[6:0]}的内容重新装载到{EPCnL,CCAPnL[6:0]}中。这样就可实现无干扰地更新PWM。

PCA模块工作于7位PWM模式的结构图如图9-30所示。

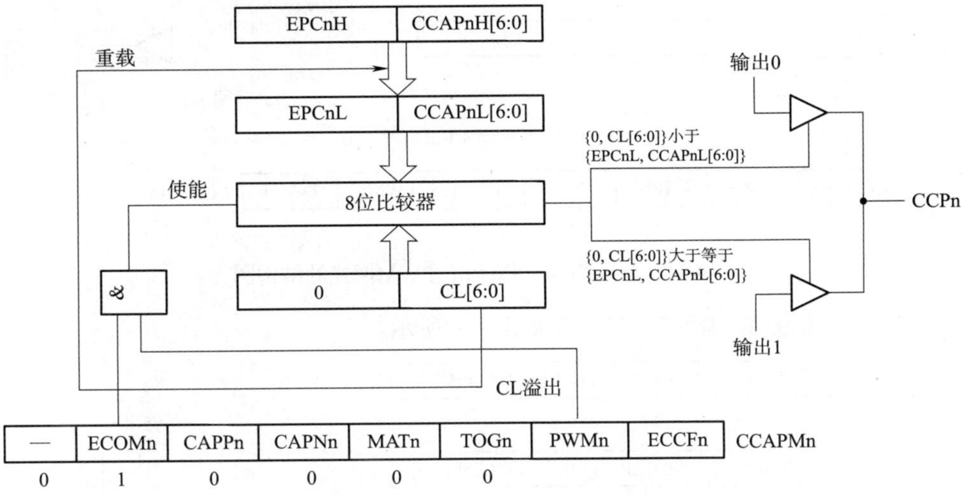

图9-30　PCA模块工作于7位PWM模式的结构图

3. 6位PWM模式

PCA_PWMn寄存器中的EBSn[1:0]设置为10时，PCA模块*n*工作于6位PWM模式，此时将{0, CL[5:0]}与捕获寄存器{EPCnL,CCAPnL[5:0]}进行比较。当PCA模块工作于6位PWM模式时，由于所有模块共用一个PCA计数器，所以它们的输出频率相同。各个模块的输出占空比使用寄存器{EPCnL,CCAPnL[5:0]}进行设置。当{0,CL[5:0]}的值小于{EPCnL,CCAPnL[5:0]}时，输出为低电平；当{0,CL[5:0]}的值等于或大于{EPCnL,CCAPnL[5:0]}时，输出为高电平。当CL[5:0]的值由3F变为00溢出时，{EPCnH,CCAPnH[5:0]}的内容重新装载到{EPCnL,CCAPnL[5:0]}中。这样就可实现无干扰地更新PWM。

PCA模块工作于6位PWM模式的结构图如图9-31所示。

4. 10位PWM模式

PCA_PWMn寄存器中的EBSn[1:0]设置为11时，PCA模块*n*工作于10位PWM模式，此时将{CH[1:0],CL[7:0]}与捕获寄存器{EPCnL,XCCAPnL[1:0],CCAPnL[7:0]}进行比较。当PCA模块工作于10位PWM模式时，由于所有模块共用一个PCA计数器，所以它们的输出频率相同。各个模块的输出占空比使用寄存器{EPCnL,XCCAPnL[1:0],CCAPnL[7:0]}进行设置。当{CH[1:0],CL[7:0]}的值小于{EPCnL,XCCAPnL[1:0],CCAPnL[7:0]}时，输出为低电平；当{CH[1:0],CL[7:0]}的值等于或大于{EPCnL,XCCAPnL[1:0],CCAPnL[7:0]}时，输出为高电平。当{CH[1:0],CL[7:0]}的值由3FF变为00溢出时，{EPCnH,XCCAPnH[1:0],CCAPnH[7:0]}的内容重新装载到{EPCnL,XCCAPnL[1:0],CCAPnL[7:0]}中。这样就可实现无干扰地更新PWM。

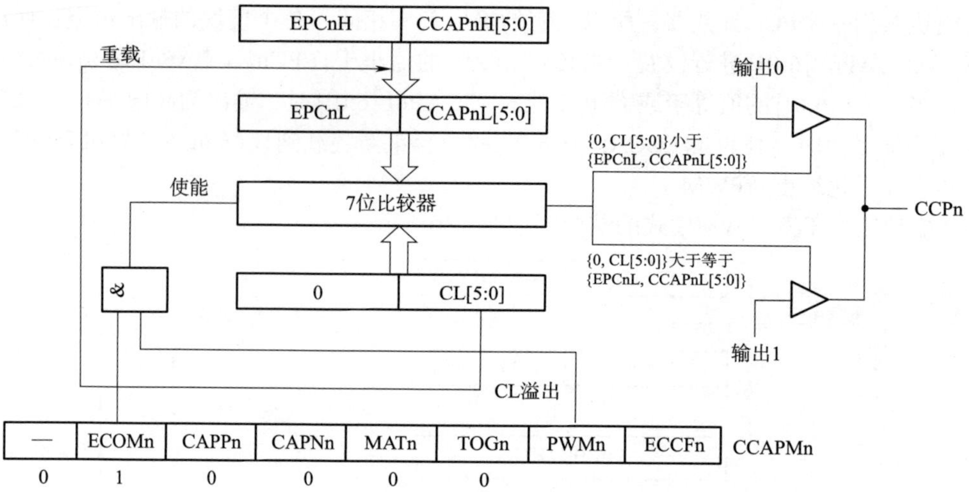

图9-31 PCA模块工作于6位PWM模式的结构图

PCA块工作于10位PWM模式的结构图如图9-32所示。

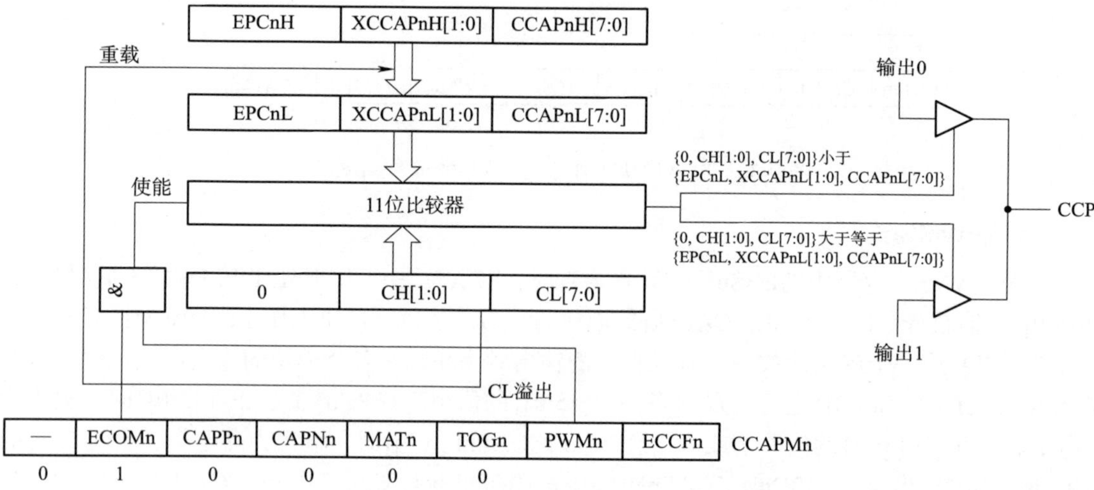

图9-32 PCA块工作于10位PWM模式的结构图

注意：

①4通道PCA工作于PWM时，切换到P1.4~P1.7或P2.3~P2.6或P3.3~P3.0，情况同上类似，I/O设置为准双向口或推挽输出，PWM输出正常，均为推挽输出，并且再直接操作I/O将不影响PWM波形。但是，如果将I/O设置为开漏输出（允许内部上拉电阻或外接上拉电阻），则如果对应的I/O输出高电平，PWM无输出（I/O为高阻），而对应的I/O输出低电平，PWM有推挽输出。

②4通道PCA工作于高速输出时，受到同一个端口其余I/O翻转的影响，例如，PCA3从P2.6高速输出脉冲，除了P2.6外任何一个P2口的改变都会影响到P2.6波形，哪怕是将I/O设置为高阻。

9.4.7 PCA应用编程实训

1. PCA输出PWM（6/7/8/10位）

C语言代码如下：

```
#include "reg51.h"
#include "intrins.h"
//测试工作频率为11.0592 MHz
sfr      CCON=0xd8;
sbit     CF=CCON^7;
sbit     CR=CCON^6;
sbit     CCF3=CCON^3;
sbit     CCF2=CCON^2;
sbit     CCF1=CCON^1;
sbit     CCF0=CCON^0;
sfr      CMOD=0xd9;
sfr      CL=0xe9;
sfr      CH=0xf9;
sfr      CCAPM0=0xda;
sfr      CCAP0L=0xea;
sfr      CCAP0H=0xfa;
sfr      PCA_PWM0=0xf2;
sfr      CCAPM1=0xdb;
sfr      CCAP1L=0xeb;
sfr      CCAP1H=0xfb;
sfr      PCA_PWM1=0xf3;
sfr      CCAPM2=0xdc;
sfr      CCAP2L=0xec;
sfr      CCAP2H=0xfc;
sfr      PCA_PWM2=0xf4;
sfr      CCAPM3=0xdd;
sfr      CCAP3L=0xed;
sfr      CCAP3H=0xfd;
sfr      PCA_PWM3=0xf5;
void main()
{
    CCON=0x00;
    CMOD=0x08;                    //PCA时钟为系统时钟
    CL=0x00;
    CH=0x00;
    CCAPM0=0x42;                  //PCA模块0为PWM工作模式
    PCA_PWM0=0x80;                //PCA模块0输出6位PWM
    CCAP0L=0x20;                  //PWM占空比为50%[(40-20)/40]
    CCAP0H=0x20;
    CCAPM1=0x42;                  //PCA模块1为PWM工作模式
    PCA_PWM1=0x40;                //PCA模块1输出7位PWM
    CCAP1L=0x20;                  //PWM占空比为75%[(80-20)/80]
    CCAP1H=0x20;
    CCAPM2=0x42;                  //PCA模块2为PWM工作模式
    PCA_PWM2=0x00;                //PCA模块2输出8位PWM
    CCAP2L=0x20;                  //PWM占空比为87.5%[(100-20)/100]
    CCAP2H=0x20;
    CCAPM3=0x42;                  //PCA模块3为PWM工作模式
    PCA_PWM3=0xc0;                //PCA模块3输出10位PWM
```

```
    CCAP3L=0x20;                        //PWM占空比为96.875%[(400-20)/400]
    CCAP3H=0x20;
    CR=1;                               //启动PCA计时器
    while(1);
}
```

单元五　增强型PWM

STC8系列单片机集成了一组（各自独立8路）增强型的PWM波形发生器。PWM波形发生器内部有一个15位的PWM计数器供8路PWM使用，用户可以设置每路PWM的初始电平。另外，PWM波形发生器为每路PWM又设计了两个用于控制波形翻转的计数器T1/T2，可以非常灵活地控制每路PWM的高低电平宽度，从而达到对PWM的占空比以及PWM的输出延迟进行控制的目的。由于8路PWM是各自独立的，且每路PWM的初始状态可以进行设置，所以用户可以将其中的任意两路配合起来使用，即可实现互补对称输出以及死区控制等特殊应用。

增强型的PWM波形发生器还设计了对外部异常事件（包括外部端口P3.5电平异常、比较器比较结果异常）进行监控的功能，可用于紧急关闭PWM输出。PWM波形发生器还可与ADC相关联，设置PWM周期的任一时间点触发ADC转换事件。

9.5.1　PWM相关寄存器

1. 增强型PWM输出功能引脚切换（见表9-34、表9-35）

表9-34　8路增强型PWM功能表

简　称	地　址	7	6	5	4	3	2	1	0
PWM0CR	FF14H	ENC0O	C0INI	—	C0_S[1:0]		EC0I	EC0T2SI	EC0T1SI
PWM1CR	FF1CH	ENC1O	C1INI	—	C1_S[1:0]		EC1I	EC1T2SI	EC1T1SI
PWM2CR	FF24H	ENC2O	C2INI	—	C2_S[1:0]		EC2I	EC2T2SI	EC2T1SI
PWM3CR	FF2CH	ENC3O	C3INI	—	C3_S[1:0]		EC3I	EC3T2SI	EC3T1SI
PWM4CR	FF34H	ENC4O	C4INI	—	C4_S[1:0]		EC4I	EC4T2SI	EC4T1SI
PWM5CR	FF3CH	ENC5O	C5INI	—	C5_S[1:0]		EC5I	EC5T2SI	EC5T1SI
PWM6CR	FF44H	ENC6O	C6INI	—	C6_S[1:0]		EC6I	EC6T2SI	EC6T1SI
PWM7CR	FF4CH	ENC7O	C7INI	—	C7_S[1:0]		EC7I	EC7T2SI	EC7T1SI

其中，Cn_S[1:0]用来控制第*n*通道的输出引脚选择。

表9-35　输出引脚选择

Cn_S[1:0]	PWMn	Cn_S[1:0]	PWMn
00	P2.n	10	P6.n
01	P1.n	11	保留

2. PWM相关的寄存器（见表9-36和表9-37）

表9-36　PWM相关的寄存器

简　称	描　述	地址	位地址与符号								复位值
			7	6	5	4	3	2	1	0	
PWMCFG	增强型PWM配置寄存器	F6H	—	—	—	—	PWMCBIF	EPWMCBI	ENPWMTA	PWMCEN	xxxx0000
PWMSET	增强型PWM全局配置寄存器	F1H	—	PWMRST	—	—	—	—	—	ENPWM	x0xxxxx0

表9-37　PWM相关的寄存器

简称	描述	地址	位地址与符号								复位值
			7	6	5	4	3	2	1	0	
PWMCH	PWM计数器高字节	FF00H	—	—							x0000000
PWMCL	PWM计数器低字节	FF01H	—								00000000
PWMCKS	PWM时钟选择	FF02H	—	—	—	SELT2	PWM_PS[3:0]				xxx0000
PWMTADCH	触发ADC计数高字节	FF03H	—	—							x0000000
PWMTADCL	触发ADC计数低字节	FF04H	—								00000000
PWMIF	PWM中断标志寄存器	FF05H	C7IF	C6IF	C5IF	C4IF	C3IF	C2IF	C1IF	C0IF	00000000
PWMFDCR	PWM异常检测控制寄存器	FF06H	INVCMP	INVIO	ENFD	FLTFLIO	EFDI	FDCMP	FDIO	FDIF	00000000
PWM0T1H	PWM0T1计数值高字节	FF10H	—	—							x0000000
PWM0T1L	PWM0T1计数值低字节	FF11H	—								00000000
PWM0T2H	PWM0T2计数值高字节	FF12H	—	—							x0000000
PWM0T2L	PWM0T2计数值低字节	FF13H	—								00000000
PWM0CR	PWM0控制寄存器	FF14H	ENO	INI	—	C0_S[1:0]		ENI	ENT2I	ENT1I	00xxx000
PWM0HLD	PWM0电平保持控制寄存器	FF15H	—	—	—	—	—	—	HLDH	HLDL	xxxxxx00
PWM1T1H	PWM1T1计数值高字节	FF18H	—	—							x0000000
PWM1T1L	PWM1T1计数值低字节	FF19H	—								00000000
PWM1T2H	PWM1T2计数值高字节	FF1AH	—	—							x0000000

续表

简称	描述	地址	位地址与符号								复位值
			7	6	5	4	3	2	1	0	
PWM1T2L	PWM1T2计数值低字节	FF1BH	—								00000000
PWM1CR	PWM1控制寄存器	FF1CH	ENO	INI	—	C1_S[1:0]		ENI	ENT2I	ENT1I	00xxx000
PWM1HLD	PWM1电平保持控制寄存器	FF1DH	—	—	—	—	—	—	HLDH	HLDL	xxxxxx00
PWM2T1H	PWM2T1计数值高字节	FF20H	—	—							x0000000
PWM2T1L	PWM2T1计数值低字节	FF21H	—								00000000
PWM2T2H	PWM2T2计数值高字节	FF22H	—	—							x0000000
PWM2T2L	PWM2T2计数值低字节	FF23H	—								00000000
PWM2CR	PWM2控制寄存器	FF24H	ENO	INI	—	C2_S[1:0]		ENI	ENT2I	ENT1I	00xxx000
PWM2HLD	PWM2电平保持控制寄存器	FF25H	—	—	—	—	—	—	HLDH	HLDL	xxxxxx00
PWM3T1H	PWM3T1计数值高字节	FF28H	—	—							x0000000
PWM3T1L	PWM3T1计数值低字节	FF29H	—								00000000
PWM3T2H	PWM3T2计数值高字节	FF2AH	—	—							x0000000
PWM3T2L	PWM3T2计数值低字节	FF2BH	—								00000000
PWM3CR	PWM3控制寄存器	FF2CH	ENO	INI	—	C3_S[1:0]		ENI	ENT2I	ENT1I	00xxx000
PWM3HLD	PWM3电平保持控制寄存器	FF2DH	—	—	—	—	—	—	HLDH	HLDL	xxxxxx00
PWM4T1H	PWM4T1计数值高字节	FF30H	—	—							x0000000
PWM4T1L	PWM4T1计数值低字节	FF31H	—								00000000
PWM4T2H	PWM4T2计数值高字节	FF32H	—	—							x0000000
PWM4T2L	PWM4T2计数值低字节	FF33H	—								00000000
PWM4CR	PWM4控制寄存器	FF34H	ENO	INI	—	C4_S[1:0]		ENI	ENT2I	ENT1I	00xxx000

续表

简称	描述	地址	位地址与符号								复位值
			7	6	5	4	3	2	1	0	
PWM4HLD	PWM4电平保持控制寄存器	FF35H	—	—	—	—	—	—	HLDH	HLDL	xxxxxx00
PWM5T1H	PWM5T1计数值高字节	FFF38H	—	—							x0000000
PWM5T1L	PWM5T1计数值低字节	FF39H	—								00000000
PWM5T2H	PWM5T2计数值高字节	FF3AH	—	—							x0000000
PWM5T2L	PWM5T2计数值低字节	FF3BH	—								00000000
PWM5CR	PWM05控制寄存器	FF3CH	ENO	INI	—	C5_S[1:0]		ENI	ENT2I	ENT1I	00xxx000
PWM5HLD	PWM5电平保持控制寄存器	FF3DH	—	—	—	—	—	—	HLDH	HLDL	xxxxxx00
PWM6T1H	PWM6T1计数值高字节	FF40H	—	—							x0000000
PWM6T1L	PWM6T1计数值低字节	FF41H	—								00000000
PWM6T2H	PWM6T2计数值高字节	FF42H	—	—							x0000000
PWM6T2L	PWM6T2计数值低字节	FF43H	—								00000000
PWM6CR	PWM6控制寄存器	FF44H	ENO	INI	—	C6_S[1:0]		ENI	ENT2I	ENT1I	00xxx000
PWM6HLD	PWM6电平保持控制寄存器	FF45H	—	—	—	—	—	—	HLDH	HLDL	xxxxxx00
PWM7T1H	PWM7T1计数值高字节	FF48H	—	—							x0000000
PWM7T1L	PWM7T1计数值低字节	FF49H	—								00000000
PWM7T2H	PWM7T2计数值高字节	FF4AH	—	—							x0000000
PWM7T2L	PWM7T2计数值低字节	FF4BH	—								00000000
PWM7CR	PWM7控制寄存器	FF4CH	ENO	INI	—	C7_S[1:0]		ENI	ENT2I	ENT1I	00xxx000
PWM7HLD	PWM7电平保持控制寄存器	FF4DH	—	—	—	—	—	—	HLDH	HLDL	xxxxxx00

3. 增强型PWM全局配置寄存器（PWMSET，见表9-38）

表9-38 增强型PWM全局配置寄存器（PWMSET）

简称	地址	7	6	5	4	3	2	1	0
PWMSET	F1H	—	PWMRST	—	—	—	—	—	ENPWM

①PWMRST：软件复位PWM。

0：无效。

1：复位所有PWM的XFR寄存器，但不复位SFR。（需要软件清零）。

②ENPWM：PWM使能位（包括PWM0~PWM7）。

0：关闭PWM。

1：是能PWM。

4. PWM配置寄存器（见表9-39）

表9-39 PWM配置寄存器

简称	地址	7	6	5	4	3	2	1	0
PWMCFG	F6H	—	—	—	—	PWMCBIF	EPWMCBI	ENPWMTA	PWMCEN

①PWMCBIF：PWM计数器归零中断标志位。

当15位的PWM计数器记满溢出归零时，硬件自动将此位置1，并向CPU提出中断请求，此标志位需要软件清零。

②EPWMCBI：PWM计数器归零中断使能位。

0：关闭PWM计数器归零中断（PWMCBIF依然会被硬件置位）。

1：使能PWM计数器归零中断。

③EPWMTA：PWM是否与ADC关联。

0：PWM与ADC不关联。

1：PWM与ADC相关联。允许在PWM周期中某个时间点触发A/D转换。使用PWMTADCH和PWMTADCL进行设置。

④PWMCEN：PWM波形发生器开始计数。

0：PWM停止计数。

1：PWM计数器开始计数

5. PWM中断标志寄存器（见表9-40）

表9-40 PWM中断标志寄存器

简称	地址	7	6	5	4	3	2	1	0
PWMIF	FF05H	C7IF	C6IF	C5IF	C4IF	C3IF	C2IF	C1IF	C0IF

CnIF：第*n*通道PWM的中断标志位。

可设置在各路PWM的T1和T2。当所设置的点发生匹配事件时，硬件自动将此位置1，并向CPU提出中断请求，此标志位需要软件清零。

6. PWM异常检测控制寄存器（见表9-41）

表9-41 PWM异常检测控制寄存器

简称	地址	7	6	5	4	3	2	1	0
PWMFDCR	FF06H	INVCMP	INVIO	ENFD	FLTFLIO	EFDI	FDCMP	FDIO	FDIF

①INVCMP：比较器结果异常信号处理。

0：比较器结果由低变高为异常信号。

1：比较器结果由高变低为异常信号。

②INVIO：外部端口PWMFLT异常信号处理。

0：外部端口PWMFLT信号由低变高为异常信号。

1：外部端口PWMFLT信号由高变低为异常信号。

③ENFD：PWM外部异常检测控制位。

0：关闭PWM外部异常检测功能。

1：使能PWM外部异常检测功能。

④FLTFLIO：发生PWM外部异常时对PWM输出口控制位。

0：发生PWM外部异常时，PWM的输出口不作任何改变。

1：发生PWM外部异常时，PWM的输出口立即被设置为高阻输入模式。（注：只有ENO=1所对应的端口才会被强制悬空）。

⑤EFDI：PWM异常检测中断使能位。

0：关闭PWM异常检测中断（FDIF依然会被硬件置位）。

1：使能PWM异常检测中断。

⑥FDCMP：比较器输出异常检测使能位。

0：比较器与PWM无关。

1：设定PWM异常检测源为比较器输出（异常类型有INVCMP设定）。

⑦FDIO：PWMFLT口电平异常检测使能位。

0：PWMFLT口电平与PWM无关。

1：设置PWM异常检测源为PWMFLT口（异常类型有INVIO设置）。

⑧FDIF：PWM异常检测中断标志位。

当发生PWM异常时，硬件自动将此位置1。当EFDI=1时，程序会跳转到相应中断入口执行中断服务程序，需要软件清零。

7. PWM计数器寄存器（见表9-42）

表9-42　PWM计数器寄存器

简称	地址	7	6	5	4	3	2	1	0
PWMnCH	FF00H	—	—						
PWMnCL	FF01H	—							

①PWMnCH：PWMn计数器周期值的高7位（$n=0\sim5$）。

②PWMnCL：PWMn计数器周期值的低8位（$n=0\sim5$）。

PWM计数器位一个15位的寄存器，可设置1~32 767之间的任意值作为PWM的周期。PWM波形发生器内部的计数器从0开始计数，每个PWM时钟周期递增1，当内部计数器的计数值达到[PWMCH,PWMCL]所设置的PWM周期时，PWM波形发生器内部的计数器将会从0重新开始开始计数，硬件会自动将PWM归零中断标志位PWMCBIF置1，若EPWMCBI=1，程序将跳转到相应中断入口执行中断服务程序。

8. PWM时钟选择寄存器（见表9-43）

表9-43　PWM时钟选择寄存器

简称	地址	7	6	5	4	3	2	1	0
PWMCKS	FF02H	—	—	—	SELT2	PWM_PS[3:0]			

SELT2：PWM时钟源选择。

0：PWM时钟源为系统时钟经分频器分频之后的时钟。

1：PWM时钟源为定时器2的溢出脉冲。

9. SELT2和PWM_PS[3:0]的作用（见表9-44）

表9-44　SELT2和PWM_PS[3:0]的作用

SELT2	PWM_PS[3:0]	PWM输入时钟源频率
1	××××	定时器2的溢出时钟
0	0000	SYSclk/1
0	0001	SYSclk/2
0	0010	SYSclk/3
…	…	…
0	×	SYSclk/(x+1)
…	…	…
0	1111	SYSclk/16

10. PWM触发ADC计数器寄存器（见表9-45）

表9-45　PWM触发ADC计数器寄存器

简称	地址	7	6	5	4	3	2	1	0
PWMTADCPH	FF03H	—	—						
PWMTADCPL	FF04H	—							

①PWMTADCH：PWM触发ADC时间点的高7位。

②PWMTADCL：PWM触发ADC时间点的低8位。

若EPWMTA=1且ADC_POWER=1，ADC_EPWMT=1时，在PWM的计数周期中，当PWM的内部计数值与{PWMTADCH,PWMTADCL}所组成一个15位的寄存器的值相等时，硬件自动触发A/D转换。

11. PWM电平输出设置计数值寄存器（见表9-46）

表9-46　PWM电平输出设置计数值寄存器

简称	地址	7	6	5	4	3	2	1	0
PWM0T1H	FF10H	—	—						
PWM0T1L	FF11H	—							
PWM0T2H	FF12H	—	—						
PWM0T2L	FF13H	—							
PWM1T1H	FF18H	—	—						

续表

<table>
<tr><th>简称</th><th>地址</th><th>7</th><th>6</th><th>5</th><th>4</th><th>3</th><th>2</th><th>1</th><th>0</th></tr>
<tr><td>PWM1T1L</td><td>FF19H</td><td colspan="8">—</td></tr>
<tr><td>PWM1T2H</td><td>FF1AH</td><td>—</td><td colspan="7">—</td></tr>
<tr><td>PWM1T2L</td><td>FF1BH</td><td colspan="8">—</td></tr>
<tr><td>PWM2T1H</td><td>FF20H</td><td>—</td><td colspan="7">—</td></tr>
<tr><td>PWM2T1L</td><td>FF21H</td><td colspan="8">—</td></tr>
<tr><td>PWM2T2H</td><td>FF22H</td><td>—</td><td colspan="7">—</td></tr>
<tr><td>PWM2T2L</td><td>FF23H</td><td colspan="8">—</td></tr>
<tr><td>PWM3T1H</td><td>FF28H</td><td>—</td><td colspan="7">—</td></tr>
<tr><td>PWM3T1L</td><td>FF29H</td><td colspan="8">—</td></tr>
<tr><td>PWM3T2H</td><td>FF2AH</td><td>—</td><td colspan="7">—</td></tr>
<tr><td>PWM3T2L</td><td>FF2BH</td><td colspan="8">—</td></tr>
<tr><td>PWM4T1H</td><td>FF30H</td><td>—</td><td colspan="7">—</td></tr>
<tr><td>PWM4T1L</td><td>FF31H</td><td colspan="8">—</td></tr>
<tr><td>PWM4T2H</td><td>FF32H</td><td>—</td><td colspan="7">—</td></tr>
<tr><td>PWM4T2L</td><td>FF33H</td><td colspan="8">—</td></tr>
<tr><td>PWM5T1H</td><td>FF38H</td><td>—</td><td colspan="7">—</td></tr>
<tr><td>PWM5T1L</td><td>FF39H</td><td colspan="8">—</td></tr>
<tr><td>PWM5T2H</td><td>FF3AH</td><td>—</td><td colspan="7">—</td></tr>
<tr><td>PWM5T2L</td><td>FF3BH</td><td colspan="8">—</td></tr>
<tr><td>PWM6T1H</td><td>FF40H</td><td>—</td><td colspan="7">—</td></tr>
<tr><td>PWM6T1L</td><td>FF41H</td><td colspan="8">—</td></tr>
<tr><td>PWM6T2H</td><td>FF42H</td><td>—</td><td colspan="7">—</td></tr>
<tr><td>PWM6T2L</td><td>FF43H</td><td colspan="8">—</td></tr>
<tr><td>PWM7T1H</td><td>FF48H</td><td>—</td><td colspan="7">—</td></tr>
<tr><td>PWM7T1L</td><td>FF49H</td><td colspan="8">—</td></tr>
<tr><td>PWM7T2H</td><td>FF4AH</td><td>—</td><td colspan="7">—</td></tr>
<tr><td>PWM7T2L</td><td>FF4BH</td><td colspan="8">—</td></tr>
</table>

PWM每个通道的{PWMnT1H,PWMnT1L}和{PWMnT2H,PWMnT2L}分别组合成两个15位的寄存器，用于控制各路PWM每个周期中输出PWM波形的两个翻转点。在PWM的计数周期中，当PWM的内部计数值与所设置的第1个翻转点的值{PWMnT1H,PWMnT1L}相等时，PWM的输出波形会自动翻转为低电平；当PWM的内部计数值与所设置的第2个翻转点的值{PWMnT2H,PWMnT2L}相等时，PWM的输出波形会自动翻转为高电平。

注意：当{PWMnT1H,PWMnT1L}与{PWMnT2H,PWMnT2L}的值设置相等时，若PWM的内部计数值与所设置的T1/T2的值相等，则会固定输出低电平。

12. PWM通道控制寄存器（见表9-47）

表9-47 PWM通道控制寄存器

简称	地址	7	6	5	4	3	2	1	0
PWM0CR	FF14H	ENO	INI	—	C0_S[1:0]		ENI	ENT2I	ENT1I
PWM1CR	FF1CH	ENO	INI	—	C1_S[1:0]		ENI	ENT2I	ENT1I
PWM2CR	FF24H	ENO	INI	—	C2_S[1:0]		ENI	ENT2I	ENT1I
PWM3CR	FF2CH	ENO	INI	—	C3_S[1:0]		ENI	ENT2I	ENT1I
PWM4CR	FF34H	ENO	INI	—	C4_S[1:0]		ENI	ENT2I	ENT1I
PWM5CR	FF3CH	ENO	INI	—	C5_S[1:0]		ENI	ENT2I	ENT1I
PWM6CR	FF44H	ENO	INI	—	C6_S[1:0]		ENI	ENT2I	ENT1I
PWM7CR	FF4CH	ENO	INI	—	C7_S[1:0]		ENI	ENT2I	ENT1I

①ENO：PWM输出使能位。

0：相应PWM通道的端口为GPIO。

1：相应PWM通道的端口为PWM输出口，受PWM波形发生器控制。

②INI：设置PWM输出端口的初始电平。

0：第*n*通道的PWM初始电平为低电平。

1：第*n*通道的PWM初始电平为高电平。

③Cn_S[1:0]：PWM输出功能脚切换选择。

④ENI：第*n*通道的PWM中断使能控制位。

0：关闭第*n*通道的PWM中断。

1：使能第*n*通道的PWM中断。

⑤ENT2I：第*n*通道的PWM在第2个翻转点中断使能控制位。

0：关闭第*n*通道的PWM在第2个翻转点中断。

1：使能第*n*通道的PWM在第2个翻转点中断。

⑥ENT1I：第*n*通道的PWM在第1个翻转点中断使能控制位。

0：关闭第*n*通道的PWM在第1个翻转点中断。

1：使能第*n*通道的PWM在第1个翻转点中断。

13. PWM通道电平保持控制寄存器（见表9-48）

表9-48 PWM通道电平保持控制寄存器

简称	地址	7	6	5	4	3	2	1	0
PWM0HLD	FF15H	—	—	—	—	—	—	HLDH	HLDL
PWM1HLD	FF1DH	—	—	—	—	—	—	HLDH	HLDL
PWM2HLD	FF25H	—	—	—	—	—	—	HLDH	HLDL
PWM3HLD	FF2DH	—	—	—	—	—	—	HLDH	HLDL
PWM4HLD	FF35H	—	—	—	—	—	—	HLDH	HLDL
PWM5HLD	FF3DH	—	—	—	—	—	—	HLDH	HLDL
PWM6HLD	FF45H	—	—	—	—	—	—	HLDH	HLDL
PWM7HLD	FF4DH	—	—	—	—	—	—	HLDH	HLDL

①HLDH：第n通道PWM强制输出高电平控制位。

0：第n通道PWM正常输出。

1：第n通道PWM强制输出高电平。

②HLDL：第n通道PWM强制输出低电平控制位。

0：第n通道PWM正常输出。

1：第n通道PWM强制输出低电平。

9.5.2 PWM应用编程实训

输出任意周期和任意占空比的波形。C语言代码如下：

```
#include "reg51.h"
#include "intrins.h"
//测试工作频率为11.0592 MHz
sfr      P_SW2=0xba;
sfr      PWMCFG=0xf1;
sfr      PWMIF=0xf6;
sfr      PWMFDCR=0xf7;
sfr      PWMCR=0xfe;
#define  PWMC       (*(unsigned int volatile  xdata *)0xfff0)
#define  PWMCKS     (*(unsigned int volatile  xdata *)0xfff2)
#define  TADCP      (*(unsigned int volatile  xdata *)0xfff3)
#define  PWM0T1     (*(unsigned int volatile  xdata *)0xff00)
#define  PWM0T2     (*(unsigned int volatile  xdata *)0xff02)
#define  PWM0CR     (*(unsigned int volatile  xdata *)0xff04)
#define  PWM0HLD    (*(unsigned int volatile  xdata *)0xff05)
#define  PWM1T1     (*(unsigned int volatile  xdata *)0xff10)
#define  PWM1T2     (*(unsigned int volatile  xdata *)0xff12)
#define  PWM1CR     (*(unsigned int volatile  xdata *)0xff14)
#define  PWM1HLD    (*(unsigned int volatile  xdata *)0xff15)
#define  PWM2T1     (*(unsigned int volatile  xdata *)0xff20)
#define  PWM2T2     (*(unsigned int volatile  xdata *)0xff22)
#define  PWM2CR     (*(unsigned int volatile  xdata *)0xff24)
#define  PWM2HLD    (*(unsigned int volatile  xdata *)0xff25)
#define  PWM3T1     (*(unsigned int volatile  xdata *)0xff30)
#define  PWM3T2     (*(unsigned int volatile  xdata *)0xff32)
#define  PWM3CR     (*(unsigned int volatile  xdata *)0xff34)
#define  PWM3HLD    (*(unsigned int volatile  xdata *)0xff35)
#define  PWM4T1     (*(unsigned int volatile  xdata *)0xff40)
#define  PWM4T2     (*(unsigned int volatile  xdata *)0xff42)
#define  PWM4CR     (*(unsigned int volatile  xdata *)0xff44)
#define  PWM4HLD    (*(unsigned int volatile  xdata *)0xff45)
#define  PWM5T1     (*(unsigned int volatile  xdata *)0xff50)
#define  PWM5T2     (*(unsigned int volatile  xdata *)0xff52)
#define  PWM5CR     (*(unsigned int volatile  xdata *)0xff54)
#define  PWM5HLD    (*(unsigned int volatile  xdata *)0xff55)
#define  PWM6T1     (*(unsigned int volatile  xdata *)0xff60)
#define  PWM6T2     (*(unsigned int volatile  xdata *)0xff62)
```

```
#define    PWM6CR     (*(unsigned int volatile   xdata *)0xff64)
#define    PWM6HLD    (*(unsigned int volatile   xdata *)0xff65)
#define    PWM7T1     (*(unsigned int volatile   xdata *)0xff70)
#define    PWM7T2     (*(unsigned int volatile   xdata *)0xff72)
#define    PWM7CR     (*(unsigned int volatile   xdata *)0xff74)
#define    PWM7HLD    (*(unsigned int volatile   xdata *)0xff75)

void main()
{
    P_SW2=0x80;
    PWMCKS=0x00;                          //PWM时钟为系统时钟
    PWMC=0x1000;                          //设置PWM周期为1000H个PWM时钟
    PWM0T1=0x0100;                        //在计数值为100H地方输出低电平
    PWM0T2=0x0500;                        //在计数值为500H地方输出高电平
    PWM0CR=0x80;                          //使能PWM0输出
    P_SW2=0x00;
    PWMCR=0x80;                           //启动PWM模块
    while(1);
}
```

小　结

随着技术的发展，STC8系列单片机的功能越来越强大，集成了更多的功能模块。本模块简要介绍了模数转换ADC、同步串行外设接口SPI、串行总线I²C，以及可编程计数/捕获比较/脉宽调制PCA/CCP/PWM。这些功能模块极大地增强了STC8系列单片机的功能，扩展了STC8系列单片机的应用。这些功能模块的应用非常广泛，内容也非常丰富，读者可以根据自己的需要进一步学习。

习　题

1. 简述串行通信、SPI、I²C的区别与联系。它们一般应用在什么情况下？
2. 说明ADC的含义，有什么用途。
3. 简述STC8单片机中ADC的一般配置流程。
4. 输出比较、输入捕获、脉宽调制指的是什么？各有什么用途？
5. 请使用Protues搭建电路并编程实现两个单片机系统通过SPI接口进行双机通信。

第三部分
单片机综合应用系统设计

模块十

STC8综合应用系统设计

学习导航

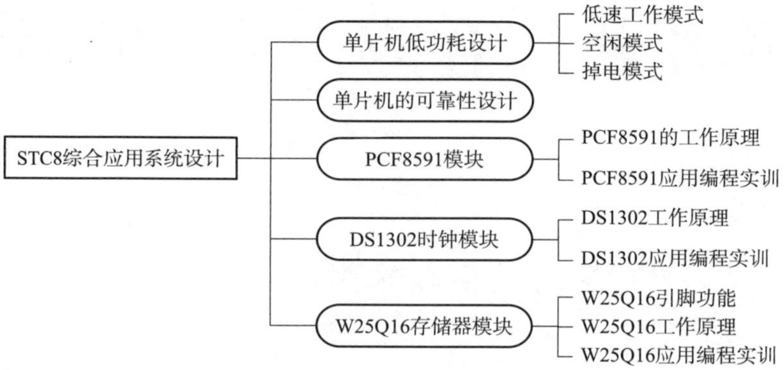

学习及素养目标

- 掌握单片机的低功耗工作模式及设计方法。
- 掌握单片机可靠性设计方法。
- 掌握单片机A/D、D/A、存储器、时钟等功能模块的方法与应用。
- 掌握单片机应用系统的规划与设计方法。

本模块根据单片机应用系统中的典型需求，结合开发板资源情况，对单片机应用系统中低功耗工作模式、DS1302时钟系统、PCF8591带有I^2C接口的AD/DA转换系统、W25Q16存储系统等典型应用系统进行介绍，以帮助读者尽快了解单片机及开发板应用系统的开发方法和技巧，尽早接触具有实用价值的单片机应用系统开发项目。

单元一　单片机低功耗设计

在具有无线、可移动等特性的嵌入式系统产品及物联网领域的应用越来越普遍的今天，对单片机进行低功耗方面的设计尤为重要。STC8单片机可通过软件方式将单片机设置在低速工作模式、空闲模式及掉电模式，以实现低功耗工作的目的。

STC8单片机有两个有关电源管理的寄存器，分别为电源控制寄存器PCON和电压控制寄存器VOCTRL，见表10-1。

表10-1　STC8单片机电源相关寄存器

符　　号	描　　述	地址	位地址与符号								复位值
			B7	B6	B5	B4	B3	B2	B1	B0	
PCON	电源控制寄存器	87H	SMOD	SMOD0	LVDF	POF	GF1	GF0	PD	IDL	00110000
VOCTRL	电压控制寄存器	BBH	SCC	—	—	—	—	—	0	0	0xxxxx00

其中，PD位为掉电模式控制位，将其置1后单片机进入掉电模式，CPU以及所有外设均停止工作。IDL位为空闲模式控制位，将其置1后，单片机进入IDLE模式，只有CPU停止工作，其他外设继续运行。VOCTRL寄存器中的SCC位为静态电流控制位，当其为0时，选择内部静态保持电流控制线路，单片机静态电流一般为1.5 μA左右；当其为1时，选择外部静态保持电流控制线路，选择此模式时功耗更低。此模式下STC8A8K系列的静态电流一般为0.15 μA以下。当选择外部静态保持电流控制线路模式进入掉电模式后，VCC引脚的电压不能有较大波动，否则对MCU内核可能会有不良影响。

10.1.1　低速工作模式

当用户对单片机运行速度没有太高要求，同时又需要尽可能降低单片机系统的功耗时，可以调整单片机时钟分频系数使单片机进入低速工作状态，从而达到降低功耗的目标。单片机时钟分频系数通过时钟分频寄存器CLK_DIV中的CLKS2~CLKS0位进行设置。CLK_DIV寄存器见表10-2。

表10-2　CLK_DIV寄存器

符　　号	描　　述	地址	位地址与符号								复位值
			B7	B6	B5	B4	B3	B2	B1	B0	
CLK_DIV	时钟分频寄存器	97H	MCKO_S1	MCKO_S0	ADRJ	TX_RX	—	CLKS2	CLKS1	CLKS0	0000x000

其中，CLKS2~CLKS0的值与分频系数的关系见表10-3。

表10-3　CLKS2~CLKS0的值与分频系数的关系

CLKS2	CLKS1	CLKS0	CPU系统时钟	CLKS2	CLKS1	CLKS0	CPU系统时钟
0	0	0	f_{osc}	1	0	0	$f_{osc}/16$
0	0	1	$f_{osc}/2$	1	0	1	$f_{osc}/32$
0	1	0	$f_{osc}/4$	1	1	0	$f_{osc}/64$
0	1	1	$f_{osc}/8$	1	1	1	$f_{osc}/128$

10.1.2　空闲模式

在程序中将PCON寄存器中的IDL位置为1后，单片机将进入空闲模式。在空闲模式中，仅CPU停止工作，RAM、堆栈指针SP、程序计数器PC、程序状态字PSW、累加器A等都保持原有数据，I/O接口保持空闲模式被激活前那一刻的逻辑状态。其他部件包括外部中断、内部低压检测电路、定时器、AD模块等仍可继续工作。在空闲模式中把关定时器（俗称看门狗）模块是否能够继续工作取决于其控制寄存器WDT_CONTR中的IDLE_WDT位。当IDLE_WDT为1时，把关定时器模块正常工作，当IDLE_WDT为0时，把关定时器模块停止工作。

在空闲模式中任何一个中断都会引起PCON中的IDL位被清零，从而使单片机退出空闲模式。单片机被唤醒后，CPU继续执行进入空闲模式语句的下一条代码。外部复位引脚RST的复位操作也可使单片机退出空闲模式，之后单片机从用户程序0000H地址开始正常工作。

10.1.3 掉电模式

掉电模式也称停机模式。在程序中将PCON寄存器的PD位置1后，单片机进入掉电模式。此时，单片机使用的时钟停止，CPU、把关定时器模块、定时器、串行口、A/D等模块停止工作，而外部中断及CCP模块继续工作。若低电压检测中断被允许，则低电压检测电路可正常工作。在停机模式中，所有特殊功能寄存器及I/O接口的状态维持在进入停机模式前的那一刻。

在掉电模式中，外部中断、CCP中断均可唤醒CPU。CPU被唤醒后首先执行单片机进入停机模式语句之后的语句，然后执行相应的中断服务程序。为保证程序运行不出现无法预知的错误，建议在设置单片机进入停机语句的后面加入几条空指令语句（_nop_();）。此外，如果串口模块、定制器模块、低电压检测电路在进入掉电模式前被允许中断，则RXD/RXD2/RXD3/RXD4引脚、定时器外部引脚T0/T1/T2/T3/T4及低电压检测中断均可将单片机从掉电模式唤醒。

STC8单片机还可通过内部低功耗掉电唤醒专用定时器实现从掉电模式中唤醒。低功耗掉电唤醒专用定时器WKTCL和WKTCH见表10-4，它是一个15位的定时器，由WKTCH的低7位和WKTCL共同构成0~32 767的计数值。其中，WKTCH的最高位WKTCH为低功耗掉电唤醒专用定时器的使能控制位，当该位为1时允许低功耗掉电唤醒专用定时器，为0时则为禁止。

表10-4 掉电唤醒定时器计数寄存器

符号	描述	地址	位地址与符号								复位值
			B7	B6	B5	B4	B3	B2	B1	B0	
WKTCL	掉电唤醒定时器低8位	AAH	低8位计数值								11111111
WKTCH	掉电唤醒定时器高8位	ABH	WKTEN	高7位计数值							01111111

单元二 单片机的可靠性设计

在设计单片机应用系统时，通常采用一系列软硬件设计方法来保障单片机系统运行的稳定性。把关定时器就是一种最典型的可靠性设计方法。

由于嵌入式系统、物联网系统工作场景的特殊性，当单片机程序出现执行错乱或死机时，通常无法通过人工复位的方式使其恢复正常工作。把关定时器就是专门解决这一问题的。把关定时器是独立于单片机定时器模块运行的一种特殊定时器，当单片机系统正常工作时，可周期性地通过软硬件的方式复位把关定时器；当程序运行出现故障时将无法复位把关定时器而导致其发生溢出，此时把关定时器将强制CPU复位而使单片机系统恢复正常工作状态。

STC8单片机中通过WDT_CONTR寄存器实现对把关定时器的控制，见表10-5。

表10-5　把关控制寄存器

符　号	描　述	地址	位地址与符号								复位值
			B7	B6	B5	B4	B3	B2	B1	B0	
WDT_CONTR	把关控制寄存器	C1H	WDT_FLAG	—	EN_WDT	CLR_WDT	IDLE_WDT	WDT_PS[2:0]			0x000000

①WDT_FLAG：把关定时器溢出标志位，当把关定时器发生溢出时由硬件将该位置1，可用软件将其清零。

②EN_WDT：把关定时器允许位，当设置该位为1时把关定时器启动。

③CLR_WDT：把关定时器清零位，当置为1时把关定时器将重新计数；启动后硬件将自动将此位清零。

④IDLE_WDT：把关定时器空闲模式位，当设置该位为1时，把关定时器在空闲模式下计数；当设为零时，把关定时器在空闲模式下不计数。

⑤PS2、PS1、PS0：把关定时器预分频系数控制位，设置方法见表10-6。把关定时器的溢出时间计算公式为：把关定时器溢出时间=（12 × 预分频系数 × 32 768）/时钟频率。例如，当振荡时钟为12 MHz，PS2~PS0为001时，把关定时器的溢出时间为（12 × 4 × 32 768）/ 12 000 000 s=131.0 ms。

表10-6　把关定时器预分频系数

PS2	PS1	PS0	预分频系数	PS2	PS1	PS0	预分频系数
0	0	0	2	1	0	0	32
0	0	1	4	1	0	1	64
0	1	0	8	1	1	0	128
0	1	1	16	1	1	1	256

把关定时器应用的示例代码如下：

```
#include<STC8.H>
void main()
{
    …                                       //其他功能模块的初始化
    WDT_CONTR=ox3c;                         //把关定时器初始化
    while(1)
    {
        Keyboard();                         //键盘子程序
        Display();                          //显示子程序
        …                                   //其他功能代码
        WDT_CONTR=0x3c;                     //复位把关定时器
    }
}
```

单元三　PCF8591模块

PCF8591是由NXP公司推出的一款具有I²C总线的单芯片、独立供电、低功耗、8 bit的A/D及

D/A转换器。PCF8591具有4个模拟输入、1个模拟输出和1个串行I^2C总线接口。PCF8591的3个地址引脚A0、A1和A2可用于硬件地址编程，允许在同个I^2C总线上接入8个PCF8591器件，而无须额外的硬件。在PCF8591器件上输入/输出的地址、控制和数据信号通过双线双向I^2C总线以串行的方式进行传输。PCF8591属于中低速的A/D、D/A转换器件，其中ADC为逐次逼近型。PCF8591转换速率受限于I^2C通信速率，主要应用于一些转换速度要求不高，且要求成本较低的场合。例如，在电池供电设备中用于测量电池的供电电压，电压低于某一个值，报警提示更换电池等类似场合。图10-1所示为PCF8591的引脚图，其包含DIP-16和SOP-16两种封装形式。

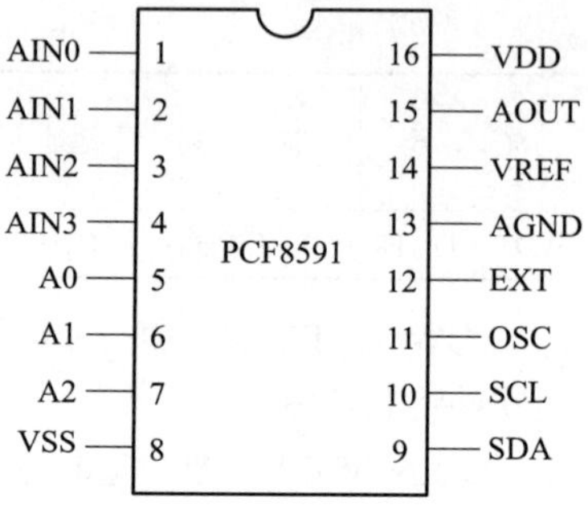

图10-1 PCF8591引脚图

①AIN0～AIN3：模拟信号输入引脚。

②A0～A2：I^2C总线的硬件地址引脚。

③SDA、SCL：I^2C总线的数据线、时钟线。

④OSC：外部时钟输入端，内部时钟输出端。

⑤EXT：内部、外部时钟选择线，使用内部时钟时EXT接地。

⑥AGND：模拟信号地。

⑦AOUT：D/A转换输出端。

⑧V_{REF}：基准电源端。

⑨VDD、VSS：电源端（2.5～6 V）。

当采用外部时钟输入时，时钟选择引脚EXT接高电平，接低电平则使用内部时钟，同时OSC脚悬空。在实际开发中，如果有比较复杂的模拟电路，那么模拟GND部分在布局布线上要特别处理，而且和数字GND的连接也有多种方式。如果在硬件系统中没有复杂的模拟电路部分，则可将模拟GND和数字GND接在一起。

10.3.1 PCF8591的工作原理

PCF8591采用I^2C总线实现和外部连接，初始化过程和工作过程都由CPU通过I^2C总线编程实现地址信息、控制信息和数据信息的传递。

1. PCF8591的初始化

在I^2C总线系统中需要向每一片PCF8591发送有效地址来进行激活操作，该地址包括固定部分和可编程部分，地址格式如图10-2所示。其中高7位为地址字段，最低位代表读/写方式，当主控器对A/D器件进行读操作时为1，进行写操作时为0。地址字段中4位固定为0b1001，低3位是A2、A1、A0，可通过编程进行设置。I^2C系统中最多可接2^3=8个具有I^2C总线接口的A/D器件。在I^2C总线协议中地址必须是起始条件，作为第一个字节发送。

发送到PCF8591的第二个字节为控制字，将被存储在控制寄存器，用于控制PCF8591功能，控制字格式如图10-3所示。其中第3位和第7位固定为0，其他6位各有分工。控制字第6位为D/A使能位，该位置1表示D/A输出引脚使能，将产生模拟电压输出功能。第4位和第5位实现将PCF8591的4路模拟输入配置成单端模式和差分模式。控制字的第2位是自动增量控制位。若自动增量使能，当使用多个通道时，读完通道0，下一次再读，会自动进入通道1进行读取，而不需要再指定下一个通道。由于A/D每次读到的数据，都是上一次的转换结果，所以在使用自动增量功能的时候，要特别注意，当前读到的是上一个通道的值。控制字的第0位和第1位为通道选择位，00、01、10、11分别代表了从0到3的四个通道。

D7	D6	D5	D4	D3	D2	D1	D0
1	0	0	1	A2	A1	A0	R/$\overline{W}$

固定部分（D7～D4）　可编程部分（D3～D1）

图10-2　I²C总线地址格式

D7	D6	D5	D4	D3	D2	D1	D0
0	×	×	×	0	×	×	×

图10-3　控制字格式

2. D/A转换

通过PCF8591实现D/A转换功能时，CPU将待转换数字量发送到PCF8591并存储在DAC数据寄存器中，并使用片内的D/A转换器将其转换为对应的模拟量。D/A转换器由连接至外部参考电压的具有256个接头的电阻分压电路组成，接头译码器切换一个接头至DAC输出线。模拟输出电压由自动清零单位增益放大器缓冲，该缓冲器可通过设置控制寄存器的模拟输出允许标志来开启或关闭。在激活状态，输出电压降保持到新的数据直接被发送。

3. A/D转换

PCF8591的A/D转换采用逐次逼近转换技术。在A/D转换周期将临时使用片内D/A转换器和高增益比较器。一个A/D转换周期总是开始于CPU发送一个读模式地址给PCF8591之后。A/D转换周期在应答时钟脉冲的后沿被处罚，并在传输前一次转换结果时执行。一旦一个转换周期被触发，所选通道的输入电压采样将保持到芯片并被转换为对应的8位二进制码。取自差分输入的采样将被转换为8位二进制补码。

10.3.2　PCF8591应用编程实训

采用安阳工学院常国权老师开发的STC8开发板分别进行PCF8591的A/D及D/A实验。开发板PCF8591模块的电路如图10-4所示。采用可调电阻器进行A/D转换实验，采用LED灯亮度控制电路进行D/A实验。

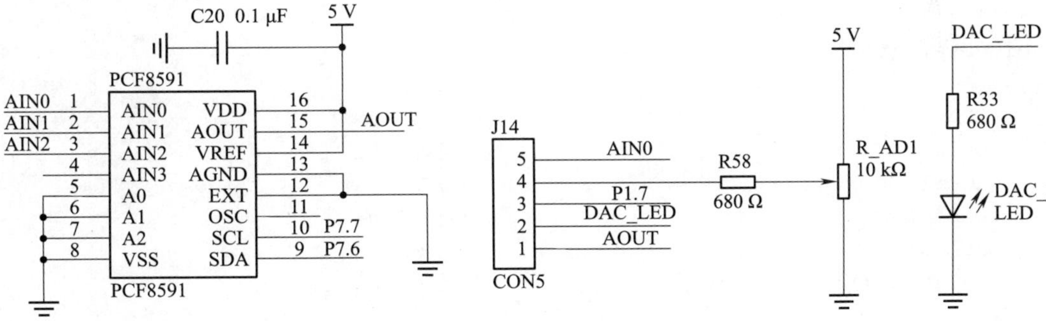

图10-4　PCF8591模块电路

1. A/D应用实例

本例程通过电路中10 kΩ的可调电阻产生可调电压，通过AIN0通道进行A/D转换，并将转换结果显示在数码管上。实验前须用杜邦线将J14中的AIN0与RAD引脚短接。

（1）软件模拟I²C总线接口

前面已经介绍了I²C的基本工作原理和编程方法，此例程中通过软件模拟方法实现I²C接口，并实现与PCF8591的I²C通信。软件模拟I²C接口即通过定义两条通用I/O接口线分别作为I²C接口的时钟线和数据线，并通过通用I/O接口编程实现I²C通信。代码中定义P7^6为I²C数据线，定义P7^7为I²C时钟信号线（此两条I/O接口线即单片机硬件I²C总线接口）。代码清单如下：

```
sbit SDA=P7^6;                              //数据线
sbit SCL=P7^7;                              //时钟线
```

（2）软件模拟I²C总线的功能函数

根据I²C总线通信需要，还要实现I²C总线的延时函数、起始信号函数、停止信号函数、应答函数、发送数据函数和接收数据函数。代码清单如下：

```
/**********************************
* @函数名：Delay5us
* @描述：延时5 μs
* @参数：无
* @返回值：无
**********************************/
void Delay5us()                             //@12.000 MHz
{
    unsigned char i;
    _nop_();
    _nop_();
    i=12;
    while (--i);
}
/**********************************
* @函数名：Start
* @描述：起始信号，在时钟线处于高电平时，数据线产生下降沿
* @参数：无
* @返回值：无
**********************************/
void Start(void)
{
    SDA=1;                                  //数据线拉高
    Delay5us();                             //延时5 μs
    SCL=1;                                  //时钟线拉高
    Delay5us();                             //延时5 μs
    SDA=0;                                  //数据线拉低
    Delay5us();                             //延时5 μs
}
/**********************************
* @函数名：Stop
* @描述：停止信号，在时钟线处于高电平时，数据线产生上升沿
* @参数：无
* @返回值：无
**********************************/
void Stop(void)
{
```

```
    SDA=0;                                       //数据线拉低
    Delay5us();                                  //延时5 μs
    SCL=1;                                       //时钟线拉高
    Delay5us();                                  //延时5 μs
    SDA=1;                                       //数据线拉低
    Delay5us();                                  //延时5 μs
}
/*********************************
* @函数名：RecvACK
* @描述：接收应答信号
* @参数：无
* @返回值：无
*********************************/
bit RecvACK()
{
    SCL=1;
    Delay5us();                                  //延时5 μs
    CY=SDA;
    SCL=0;
    Delay5us();                                  //延时5 μs
    return CY;
}
/*********************************
* @函数名：SendData
* @描述：发送数据
* @参数：待发送的数据
* @返回值：无
*********************************/
void SendData(unsigned char byt)
{
    unsigned char i;
    for(i=0;i<8;i++)                             //发送8位数据
    {
        SCL=0;                                   //拉低时钟线
        Delay5us();                              //延时5 μs
        if(byt & 0x80)
            SDA=1;                               //发送1
        else
            SDA=0;                               //发送0
        Delay5us();                              //延时5 μs
        SCL=1;                                   //拉高时钟线
        Delay5us();                              //延时5 μs
        byt<<=1;                                 //数据左移一位
    }
    SCL=0;                                       //拉低时钟线
    Delay5us();                                  //延时5 μs
    SDA=1;
    Delay5us();                                  //延时5 μs
}
/*********************************
```

```
* @函数名: RecvData
* @描述: 接收数据
* @参数: 无
* @返回值: 接收到的数据
*********************************/
unsigned char RecvData(void)
{
    unsigned char i,da;
    for(i=0;i<8;i++)                          //接收8位数据
    {
        SCL=1;                                //拉高时钟线
        Delay5us();                           //延时5 μs
        da<<=1;                               //数据左移一位
        if(SDA)
            da|=1;                            //接收1
        SCL=0;                                //拉低时钟线
        Delay5us();                           //延时5 μs
    }
    return da;                                //返回接收到的数据
}
```

（3）读取PCF8591的AD值

按照PCF8591的I2C接口的编程方法，读取PCF8591的AD采样值的代码如下：

```
/*********************************
* @函数名: Pcf8591_ReadAD
* @描述: 读取AD数据
* @参数: 无
* @返回值: AD数据
*********************************/
unsigned char Pcf8591_ReadAD()
{
    unsigned char dat;
    Start();                                  //I2C启动信号
    SendData(0x90);                           //PCF8591器件地址
    RecvACK();                                //等待应答
    SendData(0x00);                           //选择AIN0
    RecvACK();
    Start();
    SendData(0x91);                           //读取数据命令
    RecvACK();                                //等待应答
    dat=RecvData();                           //读数据
    RecvACK();
    Stop();                                   //I2C停止信号
    return dat;                               //返回数据
}
```

（4）主函数

主函数中通过调用Pcf8591_ReadAD()函数实现AD转换，并将转换结果以*.**的格式显示在数码管的前三位上面。main.c代码清单如下：

```
#include<STC8.h>
#include "pcf8591_i2c.h"
#include "hc595.h"
/**********************************
* @函数名: main
* @描述: ADC模数转换
* @参数: 无
* @返回值: 无
**********************************/
void main()
{
    unsigned int dat=0;
    while(1)
    {
        dat=((int)Pcf8591_ReadAD())/51.0*100;       //读取AD值
        display(0,dat/100);                         //在数码管上显示
        display(0,19);                              //显示小数点
        display(1,dat%100/10);
        display(2,dat%10);
    }
}
```

实验板上还提供了针对热敏电阻和光敏电阻进行A/D转换的电路，通过杜邦线连接相应端口即可实现对环境温度和光照度的数据采集。光敏及热敏电路如图10-5所示。

2. D/A应用实例

如图10-5所示，实验系统通过PCF8591实现D/A转换，并通过输出可调电压实现对LED明暗渐变效果的控制。实验时用跳线帽或杜邦线将AOUT与DLED引脚短接，程序开始运行时，数码管前三位显示“000”，之后该数字开始逐渐递增，与此同时DAC_LED灯由灭逐渐变亮；当数码管显示数值为“255”时DAC_LED等达到最亮，同时数值开始递减，DAC_LED灯由亮逐渐变暗，最后熄灭，此时数码管显示“000”。

（1）通过PCF8591进行D/A转换

按照I²C总线编程方法，通过PCF8591实现D/A转换的代码如下：

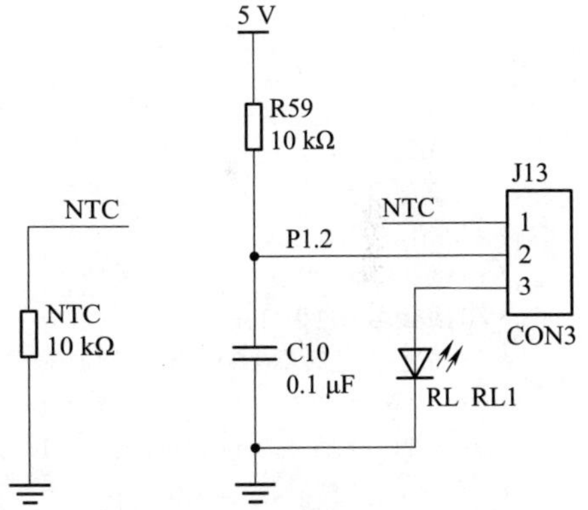

图10-5 光敏及热敏电路

```
/**********************************
* @函数名: Pcf8591_WriteDA
* @描述: DAC数模转换
* @参数: 待转换的数字量
* @返回值: 无
**********************************/
void Pcf8591_WriteDA(unsigned char dat)
{
    Start();                                //启动I2C
    SendData(0x90);                         //写入PCF8591硬件地址
```

```
    RecvACK();                              //等待应答
    SendData(0x40);                         //使能DA输出允许
    RecvACK();
    SendData(dat);                          //写入数字量
    RecvACK();
    Stop();                                 //I2C停止
}
```

（2）定时器函数

实验例程中通过定时器实现1 ms定时，并通过定时器中断函数实现每100 ms改变1次数字量count的值。代码如下：

```
bit flag=0;                                 //数字量递增递减标志
unsigned char count=0;                      //数字量计数值

/**********************************
* @函数名：Timer0Init
* @描述：定时器T0初始化，1ms@12.000 MHz
* @参数：无
* @返回值：无
**********************************/
void Timer0Init(void)
{
    AUXR|=0x80;                             //定时器时钟1T模式
    TMOD&=0xF0;                             //设置定时器模式
    TL0=0x20;                               //(66536-53536)×(1/12000000) s=1 ms
    TH0=0xD1;
    TF0=0;                                  //清除TF0标志
    TR0=1;                                  //定时器0开始计时
    ET0=1;                                  //开启定时器0中断
    EA=1;                                   //开启总中断
}
/**********************************
* @函数名：T0_Isr
* @描述：定时器T0中断
**********************************/
void T0_Isr() interrupt 1 using 1
{
    static unsigned char n=0;
    n++;
    if(n==100)                              //累计进100次中断，即100 ms
    {
        if(flag==0)
        {
            count++;
            if(count==255)                  //当count=255时，标志位置1
            {
                flag=1;
            }
        }
```

```
        else
        {
            count--;
            if(count==0)                    //当count=0, 标志位置0
            {
                flag=0;
            }
        }
        n=0;                                //复位计数值
    }
}
```

（3）主函数

主函数中调用Pcf8591_WriteDA()函数实现D/A转换，驱动LED灯实现渐亮渐暗的变化，并在数码管上显示当前的数字值。代码如下：

```
/*********************************
* @函数名: main
* @描述: DAC数模转换
* @参数: 无
* @返回值: 无
*********************************/
void main()
{
    Timer0Init();                           //定时器T0初始化
    while(1)
    {
        Pcf8591_WriteDA(count);             //将count数字量通过pcf8591转化为模拟量
        display(0,count/100);               //在数码管前三位显示count值
        display(1,count%100/10);
        display(2,count%10);
    }
}
```

单元四　DS1302时钟模块

日期及时间参数在嵌入式系统尤其是物联网应用系统中起到非常关键的作用。DS1302是DALLAS公司推出的一种高性能、低功耗、集成RAM存储器的实时时钟芯片，它被广泛地用在各类单片机应用系统中。DS1302可以对年、月、日、周、时、分、秒进行计时，具有闰年补偿功能，工作电压为2.0 ~ 5.5 V。DS1302采用三线SPI接口与CPU进行同步通信，并可采用突发方式一次传送多个字节的时钟信号或RAM数据。DS1302内部有一个31B的RAM寄存器，用于存放临时性数据。DS1302是DS1202的升级产品，与DS1202兼容，但增加了主电源/后备电源双电源引脚，同时提供了对后备电源进行涓细电流充电的能力。

DS1302有DIP-8及SOP-8两种封装形式，其引脚图如图10-6所示。

①VCC2引脚：主电源输入引脚，2.0~5.5 V供电。当VCC2比VCC1高0.2 V时，由VCC2供电，

否则由VCC1供电。当VCC2为5 V时，最大通信过程中的工作电流为1.28 mA，非通信过程时的最大计时电流为81 μA。

②X1、X2引脚：外接32.768 kHz晶振引脚。

③GND引脚：电源地引脚。

④RST/CE引脚：复位引脚及片选信号输入引脚。

⑤I/O引脚：数据输入输出口。

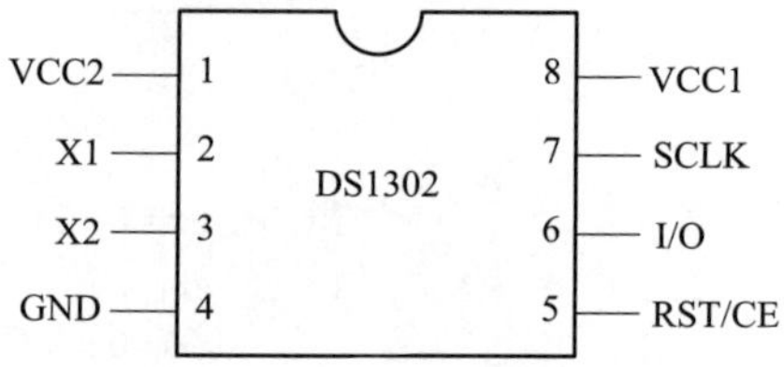

图10-6　DS1302管脚图

⑥VCC1引脚：备用电池输入引脚，允许范围为2.0~5.5 V，典型值为3.6 V。当VCC1为5 V时，最大通信过程中的工作电流为1.2 mA，非通信过程时的最大计时电流为1 μA。

10.4.1　DS1302工作原理

1. DS1302工作时序

DS1302通过SPI接口与单片机进行通信，包括数据读取和数据写入两种情况。数据读取过程实现单片机对DS1302内部时间信息的读取，数据写入过程实现对DS1302初始运行时间的设置。读/写过程时序情况如图10-7所示。

在读/写数据期间，RST信号必须为高电平，所有数据传送被初始化，以允许地址/命令信息送入移位寄存器。此外，如果在传送过程中将RST置为低电平，则将终止数据传送，I/O引脚进入高阻态。DS1302上电运行时必须保持低电平，当SCLK引脚为低电平时，才将RST置为高电平。

获取时间信息或向DS1302写入初始时间都是通过对DS1302内部寄存器的读/写操作来实现的。读/写过程都需要单片机先向DS1302发送寄存器地址字节，再进行读/写操作。地址及数据信息按照低位在前高位在后的顺序进行传输。单片机向DS1302发送数据是时钟上升沿有效，即在时钟由低变高前要将地址或数据放在I/O接口线上，在时钟上升沿瞬间将数据移入DS1302内部。DS1302向外输出数据时是在时钟下降沿完成的。

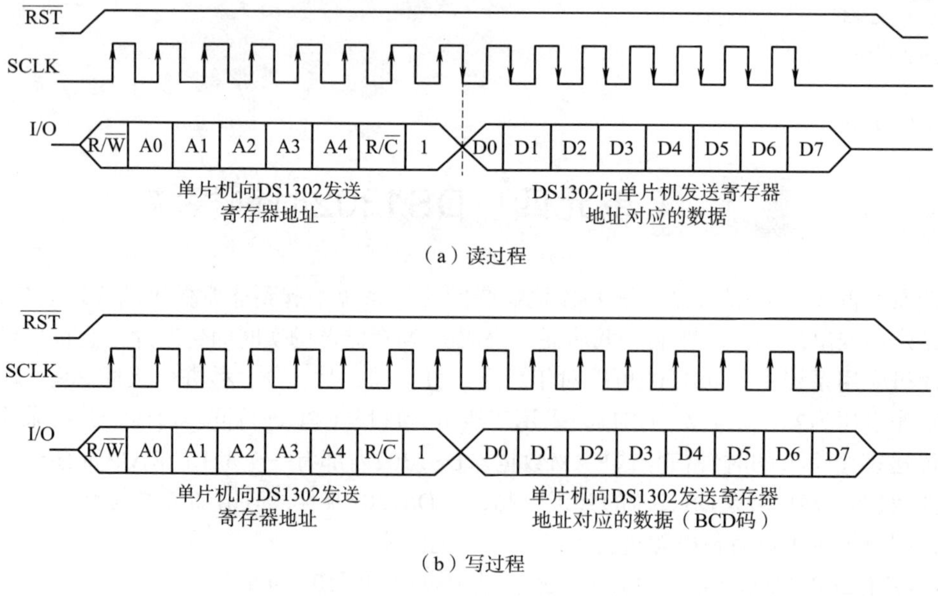

图10-7　DS1302的读/写过程时序

2. 读/写操作

在单片机向DS1302发送的地址字节中包含控制信息及地址信息。第1位R/W是读/写控制位，为1时进行读操作，为0时进行写操作；第2~6位为操作单元地址A0~A4；第7位R/C位为1时表示存取RAM数据，为0时表示存取日历时钟数据；第8位固定为1。例如，当前需要读取秒值数据，则单片机需要先发送的地址值为81H。DS1302内容寄存器地址及功能见表10-7，此表可以帮助用户快速实现所需要的读/写操作。

表10-7　DS1302内容寄存器及功能表

<table>
<tr><th>读地址</th><th>写地址</th><th>D7</th><th>D6</th><th>D5</th><th>D4</th><th>D3</th><th>D2</th><th>D1</th><th>D0</th><th>范围</th></tr>
<tr><td>81H</td><td>80H</td><td>CH</td><td colspan="3">秒10位</td><td colspan="4">秒</td><td>00~59</td></tr>
<tr><td>83H</td><td>82H</td><td>—</td><td colspan="3">分10位</td><td colspan="4">分钟</td><td>00~59</td></tr>
<tr><td rowspan="2">85H</td><td rowspan="2">84H</td><td rowspan="2">12/24</td><td rowspan="2">0</td><td>时10位</td><td rowspan="2">时10位</td><td colspan="4" rowspan="2">小时</td><td>1~12</td></tr>
<tr><td>AM（PM）</td><td>0~23</td></tr>
<tr><td>87H</td><td>86H</td><td>0</td><td>0</td><td colspan="2">日10位</td><td colspan="4">日</td><td>1~31</td></tr>
<tr><td>89H</td><td>88H</td><td>0</td><td>0</td><td>0</td><td>月10位</td><td colspan="4">月</td><td>1~12</td></tr>
<tr><td>8BH</td><td>8AH</td><td>0</td><td>0</td><td>0</td><td>0</td><td>0</td><td colspan="3">星期</td><td>1~7</td></tr>
<tr><td>8DH</td><td>8CH</td><td colspan="4">年10位</td><td colspan="4">年</td><td>00~99</td></tr>
<tr><td>8FH</td><td>8EH</td><td>WP</td><td>0</td><td>0</td><td>0</td><td>0</td><td>0</td><td>0</td><td>0</td><td>—</td></tr>
</table>

单片机向DS1302某个寄存器写入数据时，先向DS1302发送寄存器地址及表中的写地址值，紧接着发送需要写入寄存器的数据。需要读取数据时也应当先发送需要读取的寄存器的地址，即表中的读地址值，紧接着在单片机移位时钟作用下DS1302内部寄存器数据逐位读出，单片机数据端口按顺序接收，实现寄存器数据的读取。

DS1302中的日期及时间信息需要多个字节空间进行存放，读取操作时若一次只读取一个地址的数据，则可能出现读取错误。例如，当读取到59 s的秒值之后接着读取分钟数据，而此时分钟值已经进行了进位操作，这样读取的时间和实际时间相差了1 min。DS1302中采用突发模式实现多字节同时传输以避免这种错误的发生。突发模式是对DS1302中的数据缓冲区进行读/写。该数据缓冲区的多个字节是瞬间同时更新的，当DS1302接收到单片机突发模式读命令后，在整个数据传输过程结束后才会对缓冲区进行瞬时同时更新，以保障时间信息读取的准确性。突发模式下的操作单元地址A0~A4全为1，即读操作和写操作地址分别为0xBF、0xBE。

3. 数据格式

DS1302内部数据均以BCD码形式存放，单片机也采用BCD码形式进行读/写。用于表示日期和时间BCD码的位数并没有占满一个字节的所有8位，DS1302将其中一些位用于实现特殊的功能。读/写地址为81H和80H的秒寄存器中用于存放00~59的BCD码占用bit6~bit0，bit7位定义为CH位，用于控制时钟计时的启停。当CH为0时开始计时，反之则停止计时。小时寄存器中的bit7位用于设置DS1302运行于12小时模式或24小时模式，该位为1时选择12小时模式，此时bit5位为0表示AM，为1表示PM；bit7位为0时选择24小时模式。读/写地址为8F、8E的控制寄存器的bit7位WP为写保护位，WP=1时禁止写入，WP=0时允许写入。

10.4.2 DS1302应用编程实训

本节基于开发板上设置的DS1302模块，给出一个DS1302编程实例，实现DS1302初始时间的设置并在数码管上进行循环显示。

1. DS1302模块电路设计

DS1302模块电路如图10-8所示。

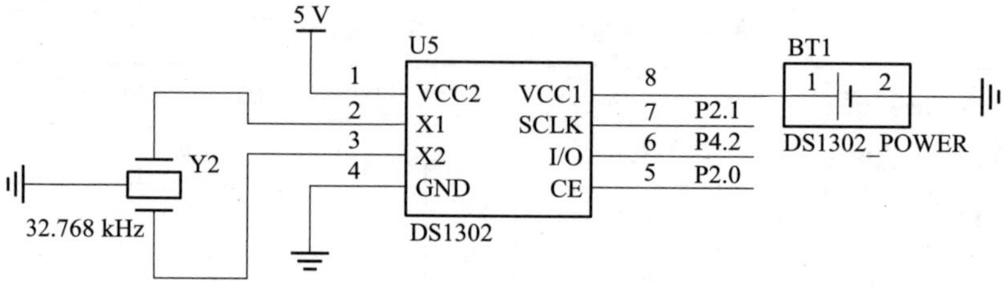

图10-8 DS1302模块电路

电路设计中除晶振电路和电源电路外还设置了后备电源电路。电路中通过单片机P2.1、P4.2、P2.0三位I/O接口线分别连接DS1302的SCLK、I/O、CE引脚，实现单片机与DS1302编程接口的连接。

2. 初始化程序

初始化程序中包含需要用到的一些全局变量及DS1302编程接口的初始化，以及对DS1302进行各种操作的函数定义。

（1）全局变量初始化

代码如下：

```
//---定义DS1302使用的编程I/O接口---//
sbit DSIO=P4^2;
sbit RST=P2^0;
sbit SCLK=P2^1;
//---读取DS1302秒、分、时、日、月、周、年信息的地址命令字---//
uchar code READ_RTC_ADDR[7]={0x81,0x83,0x85,0x87,0x89,0x8b,0x8d};
//---写入DS1302秒、分、时、日、月、周、年信息的地址命令字---//
uchar code WRITE_RTC_ADDR[7]={0x80,0x82,0x84,0x86,0x88,0x8a,0x8c};
//---初始化DS1302的日期时间值为2024年7月16日星期四12点00分00秒---//
//---存储顺序为秒、分、时、日、月、周、年，存储格式为BCD码 ---//
uchar TIME[7]={0,0,0x12,0x16,0x07,0x04,0x24};
```

（2）DS1302操作函数

DS1302操作函数包括向DS1302写数据函数、从DS1302读数据函数、设置DS1302初始日期时间函数、读取日期时间函数等。代码如下：

```
/******************************
* @函数名：Ds1302Write
* @描述：向DS1302某地址写数据
* @参数：addr(地址), dat(数据)
* @返回值：无
```

```
******************************/
void Ds1302Write(uchar addr,uchar dat)
{
    uchar n;
    RST=0;
    _nop_();
    SCLK=0;                                    //先将SCLK置低电平
    _nop_();
    RST=1;                                     //然后将RST（CE）置高电平
    _nop_();
    for(n=0;n<8;n++)                           //开始传送8位地址命令
    {
        DSIO=addr & 0x01;                      //数据从低位开始传送
        addr>>=1;
        SCLK=1;                                //在上升沿时DS1302读取数据
        _nop_();
        SCLK=0;
        _nop_();
    }
    for(n=0;n<8;n++)                           //写入8位数据
    {
        DSIO=dat & 0x01;
        dat>>=1;
        SCLK=1;                                //在上升沿时DS1302读取数据
        _nop_();
        SCLK=0;
        _nop_();
    }
    RST=0;                                     //写DS1302过程结束
    _nop_();
}
/******************************
* @函数名：Ds1302Read
* @描述：读取某个地址的数据
* @参数：addr（待读取的地址）
* @返回值：dat（读出的数据）
******************************/
uchar Ds1302Read(uchar addr)
{
    uchar n,dat,dat1;
    RST=0;
    _nop_();
    SCLK=0;                                    //先将SCLK置低电平
    _nop_();
    RST=1;                                     //再将RST（CE）置高电平
    _nop_();
    for(n=0;n<8;n++)                           //传送8位地址命令
    {
        DSIO=addr & 0x01;                      //数据从低位开始传送
        addr>>=1;
        SCLK=1;                                //上升沿时读取数据
```

```
        _nop_();
        SCLK=0;                                     //下降沿时放置数据
        _nop_();
    }
    _nop_();
    for(n=0;n<8;n++)                                //读取8位数据
    {
        dat1=DSIO;                                  //从最低位开始接收
        dat=(dat>>1)|(dat1<<7);
        SCLK=1;
        _nop_();
        SCLK=0;                                     //下降沿时放置数据
        _nop_();
    }
    RST=0;
    _nop_();                                        //DS1302复位的稳定时间
    SCLK=1;
    _nop_();
    DSIO=0;
    _nop_();
    DSIO=1;
    _nop_();
    return dat;
}
/*******************************
* @函数名：Ds1302Init
* @描述：初始化DS1302，写入初始的秒、分、时、日、月、周、年数据
* @参数：无
* @返回值：无
*******************************/
void Ds1302Init()
{
    uchar n;
    Ds1302Write(0x8E,0X00);                         //关闭写保护功能
    for(n=0;n<7;n++)                                //写入7字节的时间信息
    {
        Ds1302Write(WRITE_RTC_ADDR[n],TIME[n]);
    }
    Ds1302Write(0x8E,0x80);                         //打开写保护功能
}
/*******************************
* @函数名：Ds1302ReadTime
* @描述：读取时钟信息
* @参数：无
* @返回值：无
*******************************/
void Ds1302ReadTime()
{
    uchar n;
    for(n=0;n<7;n++)                                //读取秒、分、时、日、月、周、年数据
    {
```

```
        TIME[n]=bcdtodec(Ds1302Read(READ_RTC_ADDR[n]));
    }
}
/******************************
* @函数名: bcdtodec
* @描述: 将BCD码转换成十进制
* @参数: 待转换的BCD码
* @返回值: 转换后的十进制数
******************************/
unsigned char bcdtodec(unsigned char bcd)
{
    unsigned char data1;
    data1=bcd & 0x0f;                      //取BCD码低4位
    bcd=bcd & 0x70;                        //去除BCD码的最高位和低4位
    data1+=bcd>>1;
    data1+=bcd>>3;                         //用位移代替乘法运算
    return data1;
}
```

（3）主函数

主程序中通过单片机计时器T0中断函数产生3 s定时，每隔3 s通过改变标志位flag的状态确定当前显示日期信息还是时间信息。数码管显示函数display()前面已经介绍，此处不再赘述，完整代码见本书配套资料。代码如下：

```
bit flag=0;                                //显示切换标志位
unsigned int count=0;                      //记录进入中断次数
/******************************
* @ 函数名: main
* @ 描述: ds1302测试
* @ 参数: 无
* @ 返回值: 无
******************************/
void main()
{
    Ds1302Init();                          //初始化ds1302
    Timer0Init();                          //定时器T0初始化
    while(1)
    {
        Ds1302ReadTime();                  //读ds1302的数据，并保持在TIME数组中
        if(flag==0)                        //切换标志为0，显示时、分、秒
        {
            display(0,TIME[2]/10);         //时的显示
            display(1,TIME[2]%10);
            display(2,18);
            display(3,TIME[1]/10);         //分的显示
            display(4,TIME[1]%10);
            display(5,18);
            display(6,TIME[0]/10);         //秒的显示
            display(7,TIME[0]%10);
        }
```

```
        else                                        //切换标志位为1，显示年、月、日
        {
            display(0,2);                           //年的显示
            display(1,0);
            display(2,TIME[6]/10);
            display(3,TIME[6]%10);
            display(3,19);
            display(4,TIME[4]/10);                  //月的显示
            display(5,TIME[4]%10);
            display(5,19);
            display(6,TIME[3]/10);                  //日的显示
            display(7,TIME[3]%10);
        }
    }
}
/******************************
* @函数名：T0_Isr
* @描述：定时器T0中断，5 ms进一次中断
******************************/
void T0_Isr() interrupt 1
{
    count++;                                        //进一次中断加一次1
    if(count==600)                                  //进600次，即3 s
    {
        count=0;                                    //为下次计数做准备
        flag=~flag;                                 //显示切换标志位取反
    }
}
```

单元五　W25Q16存储器模块

外扩存储器模块在单片机应用系统中也比较常见，用于扩大单片机系统的存储容量，便于存储大规模数据。采用SPI、I^2C等接口的存储器芯片使外扩存储器变得更加灵活、占用总线资源更少。W25Q16是由华邦电子（Winbond）推出的一款SPI接口的Flash存储芯片。根据容量的不同，此系列的Flash芯片包括W25Q80、W25Q16和W25Q32三个版本，存储容量分别为8M位、16M位和32M位。W25Qxx系列存储器芯片基于双倍/四倍的SPI总线，能够快速为RAM提供数据，包括声音、文本及数据等。W25Qxx芯片支持的工作电压为2.7~3.6 V，正常工作时电流小于4 mA，掉电时低于1 μA。工作温度为-40~85 ℃。下面以W25Q16为例进行讲解。

10.5.1　W25Q16引脚功能

W25Q16芯片提供了两种封装版本，分别是SOIC贴片式封装和PDIP直插式封装。两种封装均为8引脚。W25Q16引脚图如图10-9所示。

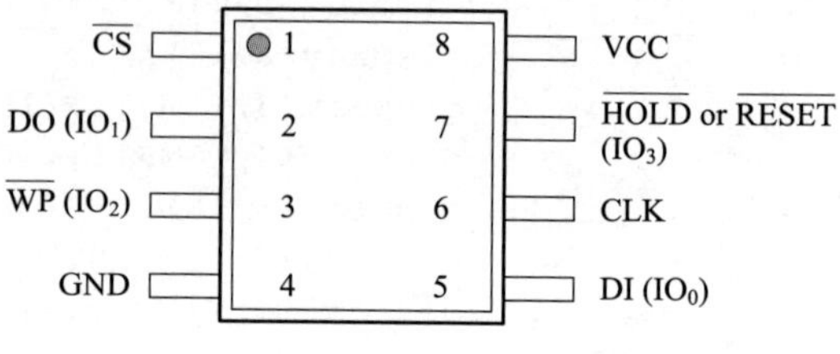

图10-9　W25Q16芯片引脚图

CS为片选线，SPI片选引脚决定是否选中该

设备。当CS为高电平时，芯片未被选择，串行数据输出（DO、IO_0、IO_1、IO_2和IO_3）引脚为高阻态。未被选择时，芯片处于待机状态下的低功耗，除非芯片内部在擦除、编程。当CS变成低电平时，芯片功耗将增长到正常工作，能够从芯片读/写数据。

DI、DO和IO_0、IO_1、IO_2、IO_3为串行数据输入、输出和IO引脚。W25Q16支持标准SPI、双倍SPI和四倍SPI。标准的SPI传输用单向的DI（输入）引脚连续地写命令、地址或者数据在串行时钟（CLK）的上升沿时写入到芯片内。标准的SPI用单向的DO（输出）在CLK的下降沿从芯片内读出数据或状态。双倍和四倍SPI指令用双向的I/O引脚在CLK的上升沿连续地写指令、地址或者数据到芯片内，在CLK的下降沿从芯片内读出数据或者状态。四倍SPI指令操作时要求在状态寄存器2中的四倍使能位（QE）一直是置位状态。当QE=1时$\overline{WP}$引脚变为IO2，$\overline{HOLD}$引脚变为IO_3。

$\overline{WP}$为写保护引脚，用来阻止状态寄存器被更改。状态寄存器保护位（SEC、TB、BP2、BP1和BP0）和状态寄存器保护位（SRP）结合起来对存储器进行一部分或者全部的硬件保护，低电平有效。当状态寄存器2中的QE位置呈四倍速I/O时，引脚（硬件保护功能）无效。因为这个引脚被用作IO_2。

$\overline{HOLD}$引脚有效时，设备将暂停。当DO引脚为高阻态时，DI和CLK引脚上的信号将被忽略。当引脚为高电平时，设备恢复工作。暂停功能常用在多个设备共享同一个SPI信号，引脚低电平有效。当状态寄存器2中的QE位置呈四倍速I/O时，引脚无效。

CLK为串行时钟输入引脚，为串行输入和输出操作提供时序。

10.5.2　W25Q16工作原理

W25Q16分为8 192页，每页256字节，用“页编程指令”每次就可以编程256字节，用“扇区擦除指令”每次可擦除16页，用“块擦除指令”每次可擦除256页，用“整片擦除指令”可一次擦除整个芯片，W25Q16有512个可擦除扇区或32个可擦除块。页、扇区、块的容量可以归纳如下：

1页=256字节

1扇区=16页=16 × 256字节=4 096字节（W25Q16有512个扇区）

1块=256页=256 × 256字节=65 536字节（W25Q16有32块）

W25Q16包括15个基本指令，通过这15个基本指令与SPI总线就可以完全控制芯片。指令在$\overline{CS}$拉低后开始传送，DI引脚上数据的第一个字节就是指令码，在CLK引脚的上升沿采集DI数据，高位在前。指令的长度从1字节到多字节，有时还会跟随地址字节、数据字节、伪字节或者它们的组合，在$\overline{CS}$引脚的上升沿完成指令的传输，所有的读指令都可以在任意时钟位完成，而所有的写、编程和擦除指令在一个字节的边界后才能完成。否则，指令将不起作用，这个特征可以保护芯片不被意外写入，当芯片正在被编程、擦除或写状态寄存器时，除“读状态寄存器”指令，其他所有指令都将被忽略直到擦写周期结束。

说明：W25Q16芯片在一些地方将DI引脚标为DIO引脚，在普通工作方式下，这个引脚是串行输入引脚（DI），数据、地址和命令通过此引脚送到芯片内部，在CLK引脚的上升沿捕获。当使用了“快读双输出指令”时，这个引脚就变成了DO引脚，这种情况下，芯片就有了两个DO引脚，所以称为双输出，这时芯片的通信速度相当于翻了一倍，所以传输速度更快。本书仅介绍该芯片普通工作方式。

①写使能指令（06H）：将会使状态寄存器WEL位置位，在执行每个“页编程”、“扇区擦

除”、“块擦除”、“芯片擦除”和“写状态寄存器”命令之前，都要先置位WEL，再把$\overline{CS}$脚先拉低之后，“写使能”指令码06H从DI引脚输入，在CLK上升沿采集，然后再拉高/CS引脚。

②写禁止指令（04H）：时序与写使能相同，执行完“页编程”、“扇区擦除”、“块擦除”、“芯片擦除”和“写状态寄存器”命令之后WEL位会自动变0，即自动进入写禁止状态。

③读状态寄存器指令（05H）：当$\overline{CS}$拉低之后，开始把05H从DI引脚送入芯片，在CLK的上升沿数据被芯片采集，当芯片认出采集到的数据是05H时，芯片就会把“状态寄存器”的值从DO引脚输出，数据在CLK的下降沿输出，高位在前。读状态寄存器指令在任何时候都可以用，甚至在编程、擦除、写状态寄存器的过程中也可以用，这样就可从状态寄存器的BUSY位判断编程、擦除、写状态寄存器周期是否结束，从而让用户知道芯片是否可以接收下一指令，如果$\overline{CS}$不被拉高，状态寄存器的值将一直从DO脚输出，当$\overline{CS}$拉高后，该指令结束。

④写状态寄存器指令（01H）：在执行写状态寄存器指令以前，需要先按“写使能时序”执行完“写使能”指令，然后再次将$\overline{CS}$拉低，把01H从DI引脚送入芯片，然后再把需要的状态寄存器的值送入芯片，拉高$\overline{CS}$，指令结束，如果此时没把/CS脚拉高，或者是拉得晚了，值将不会被写入，指令无效。

⑤读数据指令（03H）：允许读取一个或多个字节，先将$\overline{CS}$拉低，把03H从DI引脚送入芯片，然后再把24位地址送入芯片，这些数据在时钟的上升沿被芯片采集，芯片收到24位在CLK引脚的下降沿从DO引脚输出。高位在前。当读完这个地址的数据后，地址自动增加，然后通过DO引脚把下一个地址的数据输出。也就是说，只要CLK在工作，通过一条指令就可把整个芯片存储区的数据全部读出来，把$\overline{CS}$脚拉高，“读数据”指令结束。当芯片在执行编程、擦除和读状态寄存器指令的周期内时，“读数据”指令无效。

⑥页编程指令（02H）：在执行页编程指令以前，需要先擦除整个待写入区域，保证待写入区域全为1，然后按“写使能时序”执行完“写使能”指令，再把$\overline{CS}$拉低，将02H从DI引脚送入芯片，再把24位地址送入芯片，然后接着将要写入的字节送到芯片，在写完数据后，把$\overline{CS}$拉高。写完一页后必须把地址改为0，否则，如果时钟还在继续，地址将自动变为页的开始地址，如果写入的字节不足256字节（如200字节），那么（除了这200字节以外）其他写入的字节都是无意义的。如果写入的字节大于256字节，多余的字节加上无用的字节覆盖刚刚写入的256字节，所以需要保证写入的字节小于或等于256字节。如果写入的地址处于写保护状态，则“页编程”指令无效。

⑦扇区擦除指令（20H）：将一个扇区（4 096字节）擦除，擦除后扇区字节都为FFH，在执行扇区擦除指令以前，需要先按“写使能时序”执行完“写使能”指令，然后再次将$\overline{CS}$拉低，把20H从DI引脚送入芯片，然后再把24位扇区地址送入芯片，然后拉高$\overline{CS}$，指令结束，如果此时没及时把$\overline{CS}$脚拉高，指令将不起作用。如果擦除的地址处于写保护状态，“扇区擦除”指令无效。

⑧块擦除指令（D8H）：将一个块（65 536 B）擦除，擦除后扇区字节都为FFH，在执行块擦除指令以前，需要先按“写使能时序”执行完“写使能”指令，然后再次将$\overline{CS}$拉低，把D8H从DIO引脚送入芯片，再把24位扇区地址送入芯片，拉高$\overline{CS}$，指令结束。如果此时没及时把/CS脚拉高，指令将不起作用。如果擦除的地址处于写保护状态，“块擦除”指令无效。

⑨芯片擦除指令（C7H）：将整个芯片存储区擦除，擦除后整个芯片存储区字节都为FFH，在执行芯片擦除指令以前，需要先按“写使能时序”执行完“写使能”指令，然后再次将$\overline{CS}$拉低，把C7H从DIO引脚送入芯片，然后拉高$\overline{CS}$，指令结束，如果此时没及时把$\overline{CS}$脚拉高，指令

将不起作用。任何一个块处于写保护状态，“块擦除”指令无效。

这些重要指令通常均由芯片厂商官方或第三方以库函数的形式给出，了解其工作原理后，在编程过程中通过库函数调用即可实现W25Q16的应用。

10.5.3 W25Q16应用编程实训

1. W25Q16模块电路设计

为实现Flash存储器扩展功能，在开发板上设计了W25Q16模块电路，如图10-10所示。

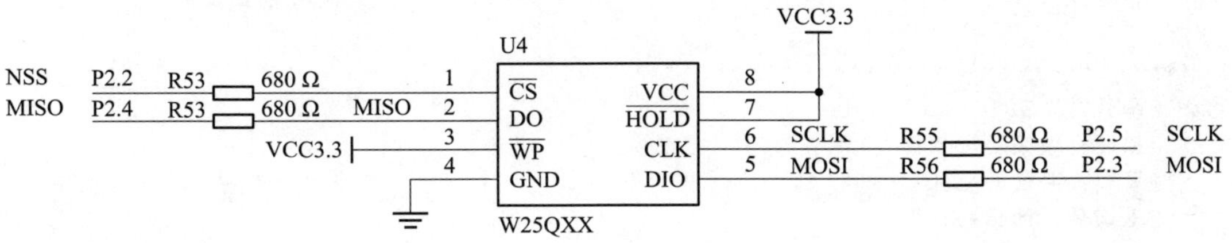

图10-10 W25Q16模块电路

W25Q16模块中分别采用P2.3和P2.4实现SPI接口的MOSI和MISO，采用P2.5实现串行时钟SCLK，采用P2.2实现片选信号NSS。在初始化代码中要按照此设计方案进行I/O接口定义。

2. W25Q16初始化及功能函数

通常通过一个独立的C文件实现W25Q16相关端口和功能函数的定义。代码如下：

（1）I/O接口定义

按照电路设计情况，实现I/O接口的定义。

```
sbit W25X_CS=P2^2;                          //W25QXX CS
sbit W25X_DO=P2^4;                          //W25QXX MISO
sbit W25X_CLK=P2^5;                         //W25QXX CLK
sbit W25X_DIO=P2^3;                         //W25QXX MOSI
```

（2）W25Q16功能函数定义

按照SPI总线工作特性及W25Q16芯片各指令的工作原理，实现W25Q162各个功能函数。

```
/*********************************
* @函数名：SPI_Read_StatusReg
* @描述：读状态寄存器
* @参数：无
* @返回值：状态寄存器内数据
*********************************/
unsigned char SPI_Read_StatusReg()
{
    unsigned char byte=0;
    W25X_CS=0;                              //使能设备
    SPI_Send_Byte(W25X_ReadStatusReg);      //发送读状态寄存器命令
    byte=SPI_Get_Byte();                    //接收数据
    W25X_CS=1;                              //禁止设备
    return byte;
}
/*********************************
```

```
* @函数名: SPI_Write_Enable
* @描述: 写使能
* @参数: 无
* @返回值: 无
*********************************/
void SPI_Write_Enable()
{
    W25X_CS=0;                                     //使能设备
    SPI_Send_Byte(W25X_WriteEnable);               //发送写使能命令
    W25X_CS=1;                                     //禁止设备
}
/*********************************
* @函数名: SPI_Read_Byte
* @描述: 读某地址数据
* @参数: 要读的地址
* @返回值: 读出的数据
*********************************/
unsigned char SPI_Read_Byte(unsigned long Dst_Addr)
{
    unsigned char byte=0;
    W25X_CS=0;                                     //使能设备
    SPI_Send_Byte(W25X_ReadData);                  //发送读命令
    SPI_Send_Byte((unsigned char)((Dst_Addr & 0xFFFFFF)>>16));
                                                   //发送读地址
    SPI_Send_Byte((unsigned char)((Dst_Addr & 0xFFFF)>>8));
    SPI_Send_Byte((unsigned char)(Dst_Addr & 0xFF));
    byte=SPI_Get_Byte();
    W25X_CS=1;                                     //禁止设备
    return byte;                                   //返回读到的数据
}
/*********************************
* @函数名: SPI_FastRead_nBytes
* @描述: 快读，从某地址开始读取最多255字节的数据
* @参数: 读取数据区的首地址，字节数及存放数据的地址
* @返回值: 无
*********************************/
void SPI_FastRead_nBytes(unsigned long Dst_Addr,unsigned char *str,unsigned
char nBytes)
{
    unsigned char i=0;
    W25X_CS=0;                                     //使能设备
    SPI_Send_Byte(W25X_FastReadData);              //发送读命令
    SPI_Send_Byte(((Dst_Addr & 0xFFFFFF)>>16));    //发送地址
    SPI_Send_Byte(((Dst_Addr & 0xFFFF)>>8));
    SPI_Send_Byte(Dst_Addr & 0xFF);
    SPI_Send_Byte(0xFF);                           //dummy byte
    for(i=0;i<nBytes;i++)                          //读数据
    {
        str[i]=SPI_Get_Byte();                     //接收数据并存入str[i]
    }
    W25X_CS=1;                                     //禁止设备
```

```
}
/*********************************
* @函数名：SPI_Write_Byte
* @描述：把数据写入某地址
* @参数：要写入的地址和数据
* @返回值：无
*********************************/
void SPI_Write_Byte(unsigned long Dst_Addr,unsigned char byte)
{
    W25X_CS=0;                                          //使能设备
    SPI_Write_Enable();                                 //发送写使能命令
    SPI_Wait_Busy();
    W25X_CS=0;
    SPI_Send_Byte(W25X_PageProgram);                    //发送字节编程命令
    SPI_Send_Byte(((Dst_Addr & 0xFFFFFF)>>16));         //发送地址
    SPI_Send_Byte(((Dst_Addr & 0xFFFF)>>8));
    SPI_Send_Byte(Dst_Addr & 0xFF);
    SPI_Send_Byte(byte);                                //发送要写入的数据
    W25X_CS=1;                                          //禁止设备
}
/*********************************
* @函数名：SPI_Write_nBytes
* @描述：页编程（最多255字节）
* @参数：要写入区域的首地址，要写入数组的指针，要写入字节数
* @返回值：无
*********************************/
void SPI_Write_nBytes(unsigned long Dst_Addr,unsigned char *str,unsigned
char nBytes)
{
    unsigned char i,byte;
    W25X_CS=0;                                          //使能设备
    SPI_Write_Enable();                                 //发送写使能命令
    W25X_CS=0;
    SPI_Send_Byte(W25X_PageProgram);                    //发送字节编程命令
    SPI_Send_Byte(((Dst_Addr & 0xFFFFFF)>>16));         //发送写入地址
    SPI_Send_Byte(((Dst_Addr & 0xFFFF)>>8));
    SPI_Send_Byte(Dst_Addr & 0xFF);

    for(i=0;i<nBytes;i++)
    {
        byte=str[i];
        SPI_Send_Byte(byte);                            //发送写入的数据
    }
    W25X_CS=1;                                          //禁止设备
}
/*********************************
* @函数名：SPI_Erase_Sector
* @描述：扇区擦除
* @参数：要擦除扇区的地址
* @返回值：无
*********************************/
```

```
void SPI_Erase_Sector(unsigned long Dst_Addr)
{
    W25X_CS=0;                                          //使能设备
    SPI_Write_Enable();                                 //发送写使能命令
    W25X_CS=0;
    SPI_Send_Byte(W25X_SectorErase);                    //发送扇区擦除命令
    SPI_Send_Byte((unsigned char)((Dst_Addr & 0xFFFFFF)>>16));
                                                        //发送地址
    SPI_Send_Byte((unsigned char)((Dst_Addr & 0xFFFF)>>8));
    SPI_Send_Byte((unsigned char)Dst_Addr & 0xFF);
    W25X_CS=1;                                          //禁止设备
}
/*********************************
* @函数名：SPI_Wait_Busy
* @描述：等待忙结束
* @参数：无
* @返回值：无
*********************************/
void SPI_Wait_Busy()
{
    while(SPI_Read_StatusReg()==0x03)
    {
        SPI_Read_StatusReg();                           //查询状态寄存器值指导忙标志结束
    }
}
```

（3）主函数定义

本例实现过程为：按独立按键1擦除首地址为0x00000000的一个扇区；按独立按键4，查看读出的128字节是否都是FF；若是，表示擦除扇区命令执行成功。接着按独立按键2，往地址0x00000000~0x0000004、0x00000010~0x00000014和0x0000001f中写入数据；按独立按键3，可以查看0x0000001f中写入的数据。按独立按键4，用于查看从地址0x00000000起的128字节数据内容；顺便看一下，地址0x00000000~0x0000004、0x00000010~0x00000014中的数据是否为写入的数据，如果是说明写入和读出过程正确。

按键定义和数据缓冲区定义如下：

```
sbit keyCtrol=P0^7;                                     //独立按键总开关
sbit key1=P0^0;                                         //独立按键1
sbit key2=P0^1;                                         //独立按键2
sbit key3=P0^2;                                         //独立按键3
sbit key4=P0^3;                                         //独立按键4
unsigned char xdata str1[128]={0x12,0x13,0x14,0x15,0x16};
                                                        //要写入的数组
unsigned char xdata str2[128];                          //用于存放读出数据的缓冲区
```

主函数定义如下：

```
/*********************************
* @函数名：main
* @描述：w25qxx读写测试
* @参数：无
```

```
* @返回值：无
*********************************/
void main()
{
    unsigned char i,dat=0;
    SPI_init();                                 //SPI初始化
    Uart1Init();                                //串口1初始化，波特率9600
    keyCtrol=0;                                 //打开按键总开关
    while(1)
    {
        if(key1==0)                             //判断独立按键1按下
        {
            Delay_ms(10);                       //按键消抖
            if(key1==0)                         //擦除首地址为0x00000000的扇区
            {
                SPI_Erase_Sector(0x00000000);
            }
            while(!key1);
        }
        if(key2==0)                             //判断独立按键2按下
        {
            Delay_ms(10);
            if(key2==0)
            {   //在0x00000000~0x00000004写入5个数据
                SPI_Write_nBytes(0x00000000,str1,5);
                Delay_ms(1);                    //延时确保数据完全写入
                //在0x00000010~0x00000014写入5个数据
                SPI_Write_nBytes(0x00000010,str1,5);
                Delay_ms(1);
                //在0x0000001f处写入0x6f
                SPI_Write_Byte(0x0000001F,0x6f);
                Delay_ms(1);
            }
            while(!key2);
        }
        if(key3==0)                             //判断独立按键3按下
        {
            Delay_ms(10);
            if(key3==0)
            {
                dat=SPI_Read_Byte(0x0000001F);  //读出地址0x0000001f处的数据
                printf("%c",dat);
            }
            while(!key3);
        }
        if(key4==0)                             //判断独立按键4按下
        {
            Delay_ms(10);
            if(key4==0)
            {
```

```
                SPI_FastRead_nBytes(0X00000000,str2,128);
                                                //读出0x00000000起始的128字节
                for(i=0;i<128;i++)
                {
                    printf("%c",str2[i]);
                }
            }
            while(!key4);
        }
    }
}
```

为便于观察实验结果，通过printf()函数将读/写结果显示在串口上进行观察比对。